石井 亨
元 香川県議会議員

もう「ゴミの島」と言わせない

豊島《てしま》産廃不法投棄、終わりなき闘い

藤原書店

はじめに

豊島《てしま》事件――おそらくそれは、人類史上に残る挑戦である。

有害産業廃棄物により汚染された土壌および地下水を、廃棄物の除去・無害化とともに再利用し、環境基準に達するまで浄化する。果たしてそれは、自然科学的に、あるいは社会科学的に可能なことなのか。未だかつて達成したことのない、この問いに向き合う歴史は、今年四三年目の春を迎える。

二〇一七年三月、処理対象廃棄物および汚染土壌九一万一〇〇〇トン余、総事業費およそ八〇〇億円、固形物の撤去は終えたが、後には設備の撤去、さらに地下水浄化の問題が残され今なお浄化作業の途上にある、史上最大の原状回復事業である。

今、自宅の二階の窓から眼下に小さな船だまりが見える。豊島甲生《こう》漁港だ。静けさと、船だまりの隣に広がる砂浜の渚の音が心に染み入る。

海辺での生活は初めてであり、どこからともなく家の中に赤手ガニが入って来てガサゴソとせわしない音を立てる。老いた母は、それでも個体毎に色柄が異なることを面白がっているようだ。

筆者は、この豊島で生まれ、山の中の開拓村で育った。

本書は、我が国最大と言われた豊島有害産業廃棄物不法投棄事件が、香川県の判断の誤りと、その後繰り返される過ちの結果であることを突き止め、全国の方々の支援をうけて全面撤去を勝ち取り実現させた豊島住民運動の歴史を記したものである。

また、なぜこれほどまでに過酷な運動を維持できたのか、運動を通してステークホルダーとして成長していく豊島の運動に迫り、併せてその運動に翻弄される筆者の人生にも目を向けた記録である。本書が、一人でも多くの方々に読まれ、この時代において、あるいは後生に向かって何を伝えるべきか、共に考えていただければ、これほど幸いなことはない。なぜなら、この問題はあなたの問題でもあるからだ。それでは、筆者の経験をひもといてみよう。あなたと共に……

もう「ゴミの島」と言わせない　目次

もう「ゴミの島」と言わせない

豊島産廃不法投棄、終わりなき闘い

小豆島から豊島を望む。手前は小豊島。
(k_river/PIXTA)

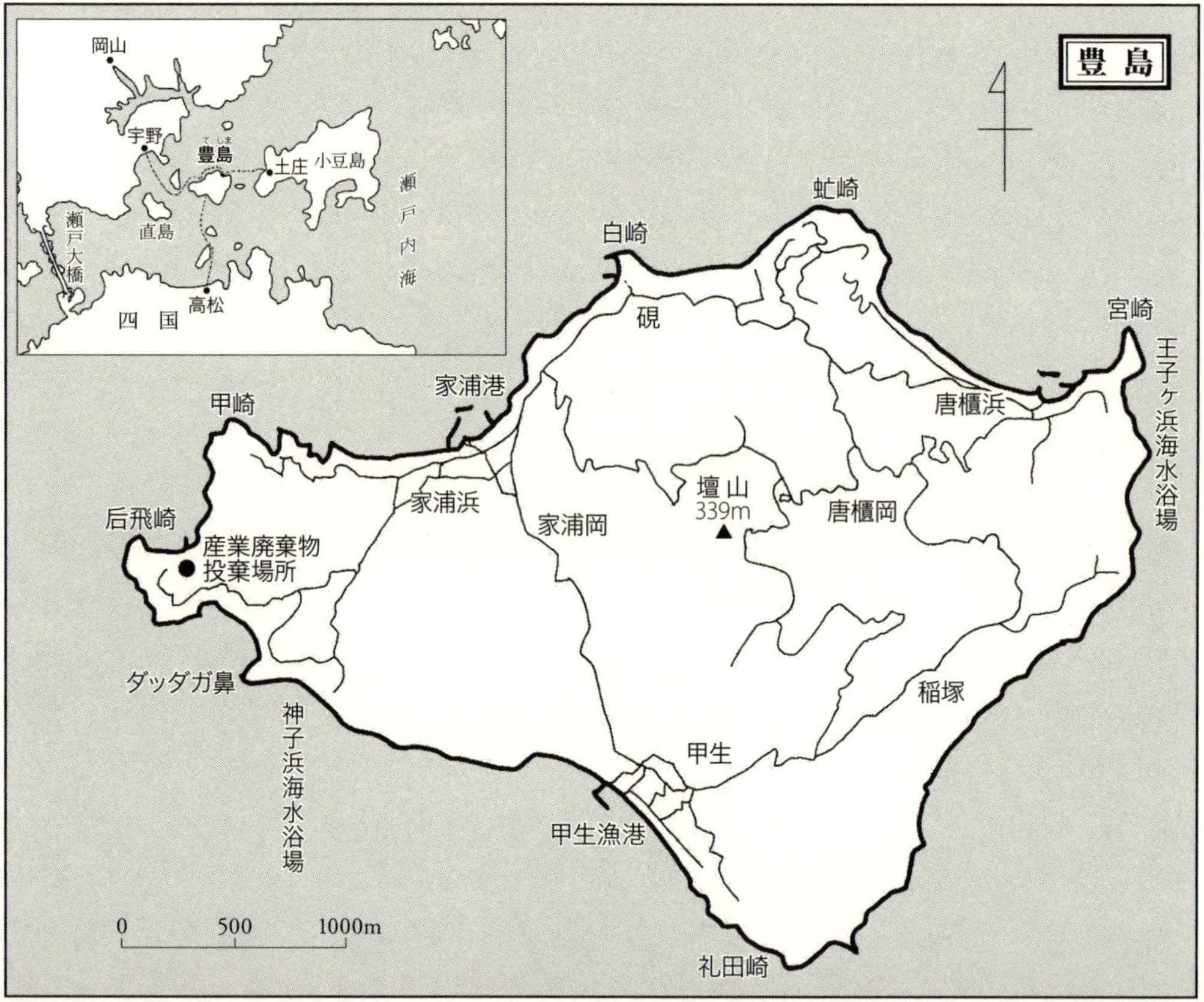
豊島
岡山
宇野
豊島《てしま》
土庄
小豆島
瀬戸内海
瀬戸大橋
直島
高松
四国
蛇崎
白崎
宮崎
王子ヶ浜海水浴場
硯
家浦港
唐櫃浜
甲崎
壇山
339m
唐櫃岡
家浦浜
家浦岡
后飛崎
産業廃棄物
投棄場所
ダッダガ鼻
稲塚
神子浜海水浴場
甲生
甲生漁港
礼田崎
0
500
1000m

プロローグ　ふる里を奪われる人々——福島・水俣・豊島

まぎれもない人災——福島

故郷を奪う権利がだれかに与えられていたというのだろうか
今も多くの人々が生きては帰れないかもしれないと思いながら
仮設住宅で暮らしている
そして一人、また一人とこの世を去っていく
彼らは被害者である
では、加害者はいったいだれなのか
私たちは、この問いに答えなければならない
私たちは、また繰り返してしまったのだから

二〇一一年五月八日、宮城県女川《おながわ》港を出発した私たちは、牡鹿半島・石巻を経由して、仙台市から海岸線づたいに南へと向かっていた。明暗を分ける境界となった仙台東部有料道路、常磐自動車道、さらに陸前浜街道を一路南へと福島第一原発を目指して走った。

三・一一から既に五八日がたっているとは言え、未だ被災情報の詳細は不明で、まして原発事故の報道は常軌を逸していた。

女川港という港は、私にとって一度は訪ねてみたい港だった。一九七六年九月、一隻の船がドラム缶を満載して、この港から瀬戸内海へ向けて出航する。その名は高共丸。山本海運所属の船で、広島へ向かうはずだった。しかし、太平洋を南下したこの船のドラム缶が広島へたどりつくことはなかった。

高共丸を用船したのは、三基実業の実質的経営者であった。三基実業は東京都で一九七四年一二月に産業廃棄物の収集運搬の許可を受けた事業者であり、許可の内容は、東京都内で廃棄物を収集し瀬戸内海大三島《おおみしま》にある瀬戸内タンククリーン（油水分離処理）に運んで処理するというものである。ところが、三基実業による瀬戸内海での海洋投棄が明るみに出たほか、原因不明の船舶沈没事故を起こし、後に会社の所在がわからなくなって、一九七六年七月一五日に許可が取り消されている。わずか一年半ほどしか存在しなかった事業者なのだ。

三基実業は、廃油・廃酸、廃アルカリを満載した第二・せと丸という自社所有のはしけを横浜港湾内に係留していたため、海上保安庁から、繰り返し移動要請を受け、やがて移動命令を受ける。このため、一九七六年四月七日、用船してきた第一・三笠丸で第二・せと丸を曳航し、瀬戸内海を目指して出港するのだが、同日、伊豆下田沖で原因不明の事故を起こし沈没してしまう。

この事故は実に不可解で、まず、沈没時の積荷は廃酸、廃アルカリ一〇〇〇キロリットルと廃油四〇〇キロリットルとされている。しかし、三基実業は東京湾外での廃酸、廃アルカリの海洋投棄許可を持っていたため、積荷の三分の二は経費をかけて瀬戸内海へ運ぶ必要のないものだった。にもかかわらず、海洋投棄せずに、なぜ瀬戸内海を目指し伊豆沖を航行していたのか説明がつかないこと。

次に、同日は視界もよく、天候も沈没事故が起きるような状態ではなく、目撃者もいないため沈没原因が全くわからないことである。また、当日の乗組員のうち、機関士は無免許であったため検挙され、曳航されていて沈没したはしけにはだれも乗船していない無人状態であったこと。

さらに、老朽化した第二・せと丸には、不釣合いな保険がかけられていたことである。このため、海上保安庁は過失事故と故意（保険金詐欺目的と廃棄物不法投棄などの可能性）の両面から捜査を進めたものの、唯一の物証である船そのものが、廃棄物もろとも水深一〇〇〇メートルの海底に沈んでしまったために、捜査に行き詰まってしまう。そして三基実業は、保険金を受け取ると相前後して所在がわからなくなってしまうのである。

この三基実業が、宮城県女川町内に約一八〇〇本のドラム缶を野積みしていたため、宮城県警は独自の捜査を始める。

三基実業の経営者は宮城県からドラム缶の撤去を求められ、山本海運所属の高共丸に積み込み瀬戸内海へ向けて出航したのであった。この時点で、三基実業が、許可を受けていない廃棄物を収集していたことが明らかとなっている。

宮城県に対して、三基実業の経営者は、高共丸の目的地は広島県内の処理業者であると説明していたにもかかわらず、出航後に、女川港への届け出目的港が愛媛県今治港となっていたために、不審に思った宮城県は愛媛県に連絡をとった。これを受けて、今治に現れた高共丸に対し、愛媛県はドラム缶の処理計画を明らかにしない限り荷揚げを認めないことを申し渡し、同時に一連の経過が新聞・テレビで報道され全国の知るところとなった。三基実業は具体的なドラム缶処理の委託先にあてがないまま高共丸を出航させていたのである。

今治を出た高共丸は広島県尾道糸崎港へと向かうが、広島県も同様の措置をとった。尾道を後にした高共丸は、一路香川県豊島に向かう。一九七六年、豊島にある豊島総合観光開発株式会社（以下松浦という）との間で、陸揚げの合意ができたのである。後に、我が国の公害史に残る「豊島事件」を引き起こすことになる松浦は、この時香川県に対して産業廃棄物の処理業許可申請を行ってはいたものの、島では大きな反対運動が起きていて、許可が出る見通しは立っていなかった。

豊島にたどり着いた高共丸に対して香川県は、許可を受けていない松浦への陸揚げを認めなかった。こうしているうちに三基実業の実質的経営者は行方不明になってしまい、高共丸は引き受け先のないドラム缶を積んだまま、豊島沖に二六日間錨泊することになる。ドラム缶の中身は、油泥（硫酸ピッチ）と溶剤であった。

硫酸ピッチは特殊な廃棄物で、水分と反応して亜硫酸ガスを発生するため取り扱いが厄介なうえ腐食性がとても強い。その一方で時間とともに流動性を失って固まる。そこで、ガス吸引設備を有する施設で中和の後、高性能炉で焼却するなどの方法をとるが、流動性を失うと手作業となってしまうため、その処理には手間と高い費用がかかる。技術が随分進んだ現在でも、処理費はドラム缶一本当たり八～一〇万円程度とも言われている。

石油精製等で使用される硫酸洗浄工程において出てくる廃棄物である。技術としては別に新しいものでもなんでもない。ただ、大手の精製会社以外で硫酸ピッチを排出するのは、不正軽油製造現場がほとんどで、これ自体が違法行為であるため、不法投棄されることが極めて多いのが特徴である。

自ら引き受け処理業者を探さざるを得なかった高共丸は、処理業者を探し求めて、日本海を北上して一路北海道を目指すことになる。二転三転する現実の中で全国を放浪することとなった高共丸の様子はテレビで放映され、不法投棄防止のために、巡視艇や海上保安庁の航空機が監視に当たった。

こうしているあいだにも船内でドラム缶の腐食が進んで硫酸ピッチが漏れ出し、亜硫酸ガスが発生した。北海道到着と相前後して船員が被害を受け入院する事態となり、引受先の決まらないまま、保安庁が毎日ガス濃度調査に入るという異常事態になる。

この問題は、国会で議論の俎上に載せられた。「汚染物を出したのはだれか」「だれが責任を負うのか」「どこに押し付けるのか」……第〇七八国会公害対策及び環境保全特別委員会での応酬が虚しく繰り広げられた。

高度成長の陰で、一九五〇年代から一九六〇年代にかけて水俣病に代表される四大公害病など多くの犠牲者を出したこの国は、大幅な公害規制に乗り出すことになる。一九七〇年公害国会である。この年、初の本格的な産業廃棄物に対する法律「廃棄物の処理及び清掃に関する法律」（廃掃法）が清掃法改正によって生まれた。

しかし、法律上の規制に対して、実際の処理施設整備は追いつかず、輸出と称して韓国や台湾へ不法投棄する事件が国際問題化しており、船ごと公海上で沈めてしまう事件も続発していた。そんな時代背景の中で、高共丸事件は、ここ女川港を起点にして歴史に刻まれたのだ。

あれから何か本当に変わったのだろうか。疑念がこみ上げてくる。

目の前には、女川の港が広がっている。思ったよりも小さな港だった。巨大地震と大津波、そして地盤沈下のあとを訪ねることになるとは夢にも思わなかった。

まもなく三・一一から二カ月がたとうとしている。潮を被った松は褐色に枯れあがり、くっきりと津波の高さを残している。入江の右岸側には、荷揚げ施設なのか漁業施設なのか、H鋼の骨組みだけを残した構造物が赤く錆びていた。無数のかもめが群がり哀れを誘う。高台に残された無傷の建物と、役場をはじめ一部の崩壊しかけたコンクリート構造物を残して何もかも流されてしまった入江の平地。その明暗は、破壊力の凄まじさをまざまざと見せつける。

どこまでいっても海面下に透けて見える荷揚げ場を後にして、海岸伝いに牡鹿半島へと下る。幸いにして難を逃れ住民の避難所に充てられている女川原発を左に眺めながら、太平洋に開けた半島南部から西部へと回り込んでいく。

海岸沿いの入江には、ほんの二カ月前までここに集落があったであろう痕跡こそ残されているが、全く何もない。ただ時折、海岸線や沖合に家が漂っている。どこの集落のものだったかは全くわからない。事実だったのか誤報だったのかわからないが、このあたりは一千体の遺体が海岸に打ち上げられたと報道されたあたりだ。

入江ごとに集落の痕跡はある。痕跡といっても住宅の基礎や道路の一部が残されているだけで、あとは何もない。行けども行けども入江という入江には集落の痕跡だけしか残されていない。

沢山の集落を回って出会ったのは野生鹿の群れだけだった。

いったいどれだけの人々が、家族が、その人生の記憶や思いとともに消え去ったのか……三陸海岸の太平洋に開けた奥深い入江では、数百キロにわたって同じような光景が広がっているに違いない。

やがて、女川街道から県道二四〇号線を経て石巻街道へと進む。途中、時折避難所となっている建物に、大勢が集まっている姿が逞しくも痛ましい。そこから三陸自動車道へとつながる。

仙台東部自動車道は、それ自体が防潮堤の役割を果たし、海側と陸側では全く様相が異なる。広大な田畑には、無数の自動車や船舶が無残に散乱している。途中立ち寄った海岸線の街では、膨大な瓦礫の地平となった新興住宅地跡にポツリと花が供えてあった。

黒くどこまでも続く砂浜には、太平洋の波が荒々しく押し寄せていた。風は強い南風に変わり、まっすぐ福島第一原発から吹き付ける風に変わっていた。行き交う車は少なく、時折出会う「災害派遣」と表示された自衛隊車両が痛々しい。民間の車も自衛隊車両も一様に窓を閉めマスクをしている。


「僕たちも被曝しているだろうな……」

言葉少なにみな頷く。

この日未明、福島第一原発が大量の黒煙ないしは水蒸気を噴き上げ、定点監視カメラが停止していたことを、私たちは知る由もなかった。


三・一一、あの日のテレビ映像にだれもが目を奪われたに違いない。行かねば、という思いに駆られた人も少なくはないと思う。しかし、そのあまりの壮絶さに言葉にも行動にもならなかった。

さらに悲惨なことは、福島第一原発の電源喪失と並行して発生したメルトダウンである。といっても、当時はまだ、原子力発電所が一度に三基もメルトダウン及びメルトスルーを起こすという人類史上最悪の商用原子炉事故であることを、国も電力会社も認めてはいなかった。この事故は紛れもない人災であり、人の奢りと無関心の顚末である。

状況確認のためにボランティア団体等にも連絡をとってみるのだが、支援に駆けつけたいと思っている人たちの情報は入るけれど、被災地の情報はほとんど入らない。限られた情報の中、現地にたどり着くことは可能と判断して、二〇一一年五月七日未明、高松から車で四八時間、二五〇〇キロの強行軍に出発する。現地に迷惑をかけるようであれば、引き返すことだけを申し合わせた。

原発事故に伴う避難区域との境界線になっている南相馬の避難区域封鎖線に行き当たり、ここで南下は終わる。このあたりは、商店もシャッターを下ろし、人気もほとんどない。多くの人が自主避難したようだった。引き返して一路飯舘村へと向かうことにする。

境界線からわずかに引き返した交差点で、手押し車をおした老婆を見かけた。

一人暮らしなのだろうか。

避難境界線からほんの少し外れたことで強制的な避難とはならず、かといって自主避難のあてもないのかもしれない。相談する相手もいなければ、ひょっとして経済的にも無理なのかもしれない。そこかしこに黄色く揺れる菜の花のおだやかな美しさと裏腹に、あまりにも痛ましい光景に思えた。ふと、島に残してきた母の姿と重なって見える。いったいどれだけの人が原子力発電所事故に引き裂かれているのだろうか。

おばあちゃん、「人生」ってなんだろうね……心の中でつぶやいた。

飯舘村は山間部とはいえ、その面影は私の故郷豊島にも似ている。

山々は新緑から濃い緑に移ろいかけていて、実に美しい典型的な農山村風景が広がっている。本来ならそこかしこの田畑でトラクターがうなりを上げ、活気に満ち満ちた人々の笑顔に溢れている季節なのだろう。しかし今、五月だというのに、田畑には雑草が生い茂り、静けさに支配されて耕作している気配はない。人けもまばらで、昨日まで人が暮らしていた温もりさえ感じさせる空家が一つまた一つと見受けられる。決して廃虚ではない。手入れの行き届いた、人の声の聞こえそうな空家が目立つのである。

放射能汚染の実態も対策もわからない状態の中で、村を離れる人、残る人たちが散りぢりになったのだろうか。被災地だけではなく、東京そのものからも、西日本へ、沖縄へ、さらには海外へと逃げ出した人々も多い。

ふるさとを奪う権利は一体だれに与えられていたのか……この問いに答えなくてはならない。答えを求められているのはだれでもない、あなたであり、私である。

原発事故の被害者がたどるであろう苦難に思いを馳せ、私たちは帰路についた。

……車中だれしも寡黙であった。

五月の風は頰に心地よい。若葉から深緑への息吹は夏のおとずれを告げるかのようだ。

これから歴史が始まる。この村の新たな歴史が……

被害を受けるということ——水俣の記憶

被害を受けるということの酷さを多くの人は知らない。暗闇に突き落とされ、這い上がろうとしても繰り返し踏みにじられる。それが被害なのだ。多くの人に加害という意識はない。無知・無関心という名の暴力が横行する。

それだけではない、大局を見失うと被害者が被害者を攻撃することで、自分を慰めるという、最も悲惨な構図に陥る。そして、その姿を加害者が指を指して笑うのだ。

闘う相手はだれか、だれでもない、自分自身である。

私が水俣を考えるようになったのは、豊島事件の被害住民当事者として事件処理に関わり、その紛争の佳境を迎えようとする頃だった。

実は、恥ずかしながら豊島事件に直面するまで、水俣事件というのはすでに終わった歴史上の公害事件だと思っていた。少なくとも学校の社会の授業ではそう習ったと記憶している。

チッソという加害企業が、水銀を含んだ排水を水俣湾に垂れ流し、食物連鎖（生物濃縮）を経て、住民が水俣病という公害病（水銀中毒）に罹患した。世界に公害という概念を提示した歴史上の事件であり、被害患者は約五〇〇人というものだった。

今思えば、公害とはそんな定量化されるような問題ではない。そこに暮らす人々の尊厳が、繰り返し根底から否定されることをいうのである。

公害の被害者は三度殺されるという。

一度目は、加害企業に殺され（人生・あるいは命を奪われ）

二度目は、法や政治に救済を求めて裏切られ

三度目は、世論に殺される

水俣病患者慰霊碑（水俣、2008 年）

という。

事件の中で出会った言葉だが、後に私は、この言葉の意味を自分ごととして思い知らされることになる。

実は、公害事件は終わりなどしない。それぞれの事件も終わりはしないし、公害そのものも姿形を変えて私たちに忍び寄る。現に福島第一原発による放射能汚染は、人類史上最大の公害事件そのものである。

私は豊島事件の中で、もしもこの国が水俣に学んでいたなら、豊島事件など起こらなかっただろうと、何度も考えさせられた。そして福島。豊島の提起した問題に真摯に向き合っていたなら、福島は防げたかもしれないと今また痛感する。

と同時に、自分は何をすればいいのか、繰り返し自問の淵にたたずむ。

水俣との最初の出会いは水俣病患者の緒方正人さんとの出会いからだった。緒方さんは漁師だった。父を急性劇症型の水俣病で亡くしており、同じ頃自分もまた水俣病を発症している。水俣病認定申請患者協議会の急先鋒に立つが、後に運動から退き、みずからの認定申請も取り下げた。

水俣を取り巻く世界の本質、つまりこの国や企業といったものはシステムでしかなく、責任を取れるような存在ではないこと。本質的な責任を取れないから責任を金に置き変える。そうすると本当に大切なことが失われていく。もしも自分が国やチッソに身を置けば、彼らと同じことをしている。

緒方さんは、チッソが自分の中にもあるということで、この事件は人間の罪であり、その本質的責任は人間の存在にある、その責任が発生したのは「人が人を人だと思わなくなった時だ」と言う。つまるところ人のあり方そのものを問うているのが水俣を取り巻く世界だというのである。その緒方さんと共に、仏教会が主催する信徒・壇家の勉強会に招かれて、緒方さんと対談したことがきっかけであった。生きることの意味、人のあり方を問おうとする試みであった。

その後、水俣を訪ねる機会を得て、緒方さんを訪ねるとともに、患者の杉本栄子さんに出会った。

今は亡き彼女の口からは、

「よそから来た人は、喧嘩の仕方は教えてくれたが、喧嘩した相手とともに働くすべは教えてくれなかった」
と、意味深長な言葉を聞かされた。不知火海を見つめる視線は、水俣公害の長い歴史を物語っていた。

水俣病という病気への恐怖と闘い、水俣病だと認定しない行政システムと闘い、「金を欲しがる偽患者」という非難と闘い、偏見風評と闘う壮絶な被害者の苦悩の日々……決して報われることはなく、一度被害を受けると闘い続けるしか道はなくなる。尊厳を取り戻す闘いである。病を恐れ、二次被害、三次被害と闘う中で、故郷を離れる決断を迫られた者も少なくはない。

一九五六年五月一日、水俣病が正式に認定された日である。最初の水銀中毒症状（神経症状）は、一九四二年には確認されているとの記録もある。

あの、高共丸事件で汚染物の行方と責任が追及された、一九七六年第〇七八回国会の公害対策及び環境保全特別委員会では、不知火海沿岸住民三三万人の健康診断が四分の一にしか及んでいない実態を取り上げ、患者の認定の方法や救済の姿勢が糾弾されている。既に被害発生から二〇年、あるいは三〇年あまりを経て、なお患者（被害者）の認定方法に答えが出されていなかったのだ。

この年、福島第一原発一・二号機に続き、三号機に火が入った。折からの常磐炭鉱の衰退、夜ノ森以北の林業衰退を受けて、福島県が誘致した福島県の将来を担う一大電源開発である。一九七三年に勃発した第四次中東戦争によるオイルショックが引き起こした日本経済の危機は、原油に依存した経済の脆弱さを露呈し、代替エネルギーとしての原子力が脚光を浴びた時代である。

人気の無い住宅地（福島県夜ノ森、2015 年）

これに先立つこと三年、一九七三年は第二水俣病が新潟で確認された年である。この年の第〇七一国会の同特別委員会では、水俣市長が国会に参考人招致され、次のように陳述している。

「……胎児性の患者もこの療養施設明水園に収容いたしまして、水俣市が終生めんどうを見させていただきたい、このように考えて……明水園だけでも国立に移管できたらいかがかと……」

「……現在水俣市民が最も心配をいたしておりますことは、チッソがつぶれはしないか、チッソが水俣から撤退するのではなかろうか、そのとき水俣市はどうなるであろうか……何とか国の力でチッソがつぶれないように、水俣から撤退しないようにできないものだろうか……どうぞひとつ国のお情けある措置をとっていただくようここでお願いをいたしますし、それが水俣病患者に対しますます補償の完済にもつながる問題であると私は思います……」

業態移行が時代に乗り遅れ、日本を襲ったオイルショックで債務超過に陥ったチッソの救済を懇願しているのである。水俣の苦悩が見て取れる。

後にチッソは、救済のための熊本県債発行、国の特別支援などを受けた後、全事業を子会社に移譲し、現在では水俣病被害患者への補償業務専門会社として国の管理下に置かれている。水俣病被害者の救済及び水俣病問題の解決に関する特別措置法によるものである。

二〇一〇年四月一六日、同法に基づく救済措置の方針が閣議決定され、未認定患者であっても一定の感覚障害（水俣病様症状）のある人には、一時金および療養手当などが支給されることとなった。

これだけ聞けば、画期的な措置にも思える。

しかし、現実には、これに伴う生活保護の打ち切りが暮らしを襲った。つまり、患者が働けず生活に困窮していても、一時金が支払われるのだから、それを食いつぶしてお金がなくなるまで生活保護は打ち切る、ということが起きているのだ。生活保護の給付が続いている状態と何も変わるところはない。

むしろ、一時金を支払うことで責任を果たしたという「免責のための言い訳」が成り立ち、一方で受け取った側は「お金を受け取った者」として蔑視の対象になる。

これでは尊厳の回復どころか、二次被害・三次被害を引き起こすことになる。事実、認定請求訴訟はまだ続いている。被害患者の救済にはまだまだ課題が多い。

豊島から水俣へ贈られた豊島石地蔵（水俣、2008 年）

水俣病の行政による公式認定患者は二二七三名（新潟は六九八）、裁判によって水俣病と認定された患者は七八九〇名、医療救済を受けている水俣病患者は五万名を超えており、特措法に基づく一時金を受け取った未認定患者一万三五三人、申請者は四万四四七六名、差別偏見を恐れて隠していたり、自分の症状が水俣病だと気づかずに生活している患者は二万人〜三万人と推計されている。

水俣病公式認定から六二年、症状確認から七六年、患者の認定訴訟は今も続いている。

その後私は、何度か水俣を訪ね、あるいは講演に招かれているが、二〇〇三年には巨大な産業廃棄物処分場が計画され、反対運動が持ち上がった。二〇〇五年には百軒排水路で基準値を三・八倍上回るダイオキシンが検出された。産廃処分場計画地を見て回り、同時にチッソの産業廃棄物埋立地をも見て回った。法面《のり》や石垣からカーバイドが流れ出し白く固まっている様子はおぞましい。実は、科学的な環境汚染の全容も未だ明らかになっていないのではないかと思える。責任を取るとは、どういうことか。それは一体だれが取るのかと、今さらながら考えさせられてしまう。

しかし、世の多くの人たちは、以前の私のように「水俣病事件」は、終わった過去のことと信じているに違いない。学校の教科書からもその記述は消えつつある。

福島では、東京電力並びに政府機関等が自然界に拡散した放射性物質の総量試算を繰り返しているが、何が本当の数字か、それがどういう意味を持つのかはよくわからない。ベントや水蒸気爆発を中心に大気中に放出された放射性物質は、チェルノブイリ事故で拡散した総量の一〜二割程度かという数字が散見される。キセノンについてはチェルノブイリを超えている。

セシウム137は、三・一一から同年六月までだけで、広島型原爆の約一六八個分であるという政府の発表もある。

とは言え、事故から七年たった今日でさえ、事故の収束というにはあまりにも不安定で、既に海に流れ出した未知数の放射性物質、日々増え続ける汚染水と、問題山積である。未だ放射能漏れが止まったと言えるものではない。さらに、四〇年と言われる廃炉計画では、メルトダウンないしは

除染作業（福島県、2015年）

メルトスルーした原子炉から燃料を取り出す技術は現在未だない。これから研究開発するとともに、その作業に当たる人材をも育成するという未知なるものである。

廃炉のためのロードマップは作ったものの、単純に考えれば、最後の作業に当たる人材が五〇歳前後のベテランだとすれば、現在生まれたばかりか、せいぜい小学生である。その下で働くであろう若手技術者にあたる人たちが生まれてくるのは、これからまだ先のことだ。そう、私たちは、この事故の後処理を、これから生まれてくる人たちに頼ることになるのだ。もちろんその費用も負担してもらうことになる。

気の遠くなるような広範囲の除染作業も同様、技術開発と並行して行われることになる。そして、こうした作業を経て集められる膨大な放射性廃棄物の最終的な行き場所も方法も宙に浮いたままで、低レベルのものは全国の公共事業に使うという話まである。

事故で拡散した放射性物質はいったいだれのものか、そしてだれが責任を負うのか。東京電力は、拡散した放射性物質は付着し汚染された土地の所有者のものであると裁判で主張した。なにか違ってはいまいか。

福島第一原子力発電所の事故を受けて、S4と呼ばれる超小型原子炉がにわかに脚光を浴びた。最大のメリットは、理論上、三〇年間燃料を入れ替える必要がないことだという。このため燃料が尽きた時には、同時に廃炉になる。また、超小型で付帯施設が極めて少なく、完成させてから簡単に運べるので、工場での安価な大量生産・大量普及に向いているのだそうだ。

そしてなによりも、大量に普及した超小型原発を稼働させ、廃炉までの三〇年間、廃炉の方法と技術、そして廃棄する場所を模索する時間が稼げることが最大のメリットだというのである……

第Ⅰ部　「豊島《てしま》事件」とは何か

第一章　豊島事件との再会——住民会議最年少メンバーとして

一九七五年に端を発する豊島事件は、一九九〇年兵庫県警の摘発によって全国に知られることとなった、我が国最大の有害産業廃棄物不法投棄事件である。悪質な豊島観光開発株式会社（以下松浦という）によって、島の西端に、大量の有害産業廃棄物が不法に野焼きされ、埋め立てられたものだ。松浦は逮捕され、有罪判決は確定したものの、あとには大量の廃棄物が放置されたままとなった。

一九九三年、豊島住民たちは廃棄物の撤去を求めて公害調停を申し立て、県際事件として国の公害調停が進められ、二〇〇〇年六月六日、住民側の訴えをほぼ全面的に認める形で調停は成立した。そして調停内容に従って、ここに前人未到の汚染からの回復という挑戦が始まることとなった。しかし、私にとって、今日に至る事件の顛末から見えてきたのは、思いもかけないこの国の形だった。

私は一九六〇年にこの島の中でも少々特別な環境にあった戦後の開拓入植地で生まれた。私の生い立ちは、一言で言えば、小さな開拓村が崩壊していく中で育ったということになる。

発端となった一九七五年といえば、私が中学を出た年である。一九四七年に二〇戸が入植した檀《だん》山《やま》開拓村は、すでに三戸にまで減っていた。もちろん当時産廃問題に直接関わっていたのは、私ではなく父である。言葉少ない父であり、また開拓村は当時島の自治組織にも加盟しておらず、情報はほとんど入らなかった。そのためか、私には「なにやら大人の世界で大変なことが起こっているらしい……」程度の認識しかなかった。まさか、大人になって当事者として直接関わることになるとは夢にも思ってはいなかったし、なによりも、この頃は将来島で暮らすつもりもなかった。

高校を出たあと、農業大学校へと進み、一年をおいて、その後二年間を米国で過ごして、一九八三年七月、私は再び島に戻った。二三歳の時である。米国で二年を過ごした私には、思うところあって、過疎地で人生を送りたいと考えたのだ。その頃には、正直なところ、高校時代の産廃騒ぎは記憶の中から消えてしまっていた。もっぱらの関心は、この国が崩壊していくという予感と、一方で急速に高齢化が進むこの島の将来と、農業のことであった。

帰国したとき、すでに二戸にまで減っていた開拓村で、荒れ果てた農地を再度開墾することから始めた。最初の頃は、両親ととなりのお爺さん以外の顔は見ないという日が何日も続くのも稀ではなかった。

青年団活動と農業、紆余曲折を経て、挫折を繰り返しながらも、おおよそ七年をかけて農地を元に戻し、無添加の平飼養鶏を始めた頃、再びこの事件に出会うことになる。

摘発

一九九〇年一一月一六日、これはもうとんでもない騒ぎだった。

夜明けとともに轟音が聞こえる。八機のヘリコプターが島の上空に現れ、離れようとしないのだ。畑仕事をしながら、何事だろうかと胸騒ぎがした。

それは、テレビのスイッチを入れた途端に聞こえてきた……。

「今日……瀬戸内海香川県の豊島で我が国最大の不法投棄事件……兵庫県警による摘発、強制捜査が行われて……それでは現場上空からの映像をご覧下さい……」

どのチャンネルのニュースもワイドショーも、この話題である。報道ヘリだったのだ。上陸する無数の捜査員、不法投棄現場、事務所、輸送船が次々と映し出される。このニュースは世界中で報道された。

数日して夜のこと、唐櫃《からと》の自治会長から電話があった。

「石井君よな、手伝うてくれんか。これから長引くと思うんじゃ」

この日、島にある三つの自治会の会長や町議が集まって県庁へ出向いた。その帰りの船の中で、こんな話になったというのだ。

この事件は長引くに違いない、自治会の役員は高齢者が多い、また任期ごとに交代すると継続性が失われる。その対策として、長引いても死なない年代を、任期のない永久役員として今のうちに

兵庫県警摘発（豊島、1990年）

入れておこう。その人選は、地区の互選などの手続きは取らず、各自治会長に一任、一本釣り、自治会推薦の後、全体承認で行うというのである。

一方で本業の養鶏の方は、育雛を終え元気に育った赤鶏たちが、それはもう元気に走り回っていた。生まれたばかりの雛から、全く添加物のない餌を自分で配合して、牧草類とともに生まれたばかりの雛の時から与えるのだ。本来の野生に近い速度で、手間ひまかけてゆっくりと育てると、信じられないほど逞しい体力を身につける。こうして大人になった鶏たちは、とても力のある卵を産んでくれるのだ。

摘発の三年ほど前、小さな企業倒産事件に巻き込まれてしまい、開墾のための融資に加え、新たに借金をせざるを得なくなってしまう。開拓村の暮らしそのもののような我が家にとっては、かなり大変なものであった。

これがきっかけで、目が思うように見えないという父を、診断の結果入院させることとなった。網膜剝離だった。ところが、退院しても父の目は回復しなかった。

不思議に思い担当医師に話を聞きに行くと、「器質的にはもう回復しています。こころの問題でしょう」と言われて戸惑った。正直なところ父との関係は、お世辞にも良いとは言えなかったからだ。胸が痛むところはあった。

倒産騒ぎで春の作付はしていない。秋に作付しても売上は来年の春になる。畑の復元と小規模な作付、それにわずかばかりの父の現金収入が当時の生活を支えていたのだから、借金を抱えて現金収入が途絶え、一年後まで収入が無いというのは持ちこたえられない。

豊島の中で起きた倒産騒ぎが落ち着いたら、島を出て一時的に借金の返済に専念しようと考えていたところ、海苔の養殖場で働かないかと誘っていただいた。ほとんど機械化されていない当時の養殖場の仕事はとても厳しかったが、十分な報酬をいただけたので、出稼ぎには行かずに済んだ。半年は海、半年は山の生活をしながら、島に残って立て直しをすることに落ち着いた。

同時に、私は独学で心理学の本を読み始めた。

強姦による父の出生。乳飲み子で母親から引き離され、大人になるまで生きてはいないであろうと言われるほどの虐待の中で育った父。父の出身地へ赴き、父の子供時代を知る人たちに話を聞いてまわる中で、父の生い立ちが少しずつ見えてきた。少なくとも私の限られた経験や知識では追いつかないという思いが、多くの本を読ませるのだった。父を追い詰めたのが自分であることに気づくのには、それほど時間はかからなかった。

いったん農業は白紙に戻した。

そこいらあたりに鶏を放し、山羊を飼った。犬も飼っていた。猫までが住み着いた。草むらに産み落とした卵を、鶏には内緒で拾ってきて食べた。ヤギの乳で作られた濃厚なプリンは我が家の定番おやつとなった。

そんな暮らしを訪ねてくる人たちが次々と現れ、アトピーの子供が食べられる卵を作ってくれないかと頼まれたのが、平飼無添加養鶏に取り組むきっかけだった。

三年かけて準備をしてきた私の養鶏場は、一九九〇年秋、初出荷を迎えることになる。

「ふん！　汚染された卵やこ要らんわ！」

これが、私の卵に浴びせられた第一声であった。兵庫県警の摘発と見事なまでに重なってしまったのだった。

その頃、母は夜中になると喘息の発作のように咳き込んでいた。なにやら異様な匂いがしてくる。と、その匂いとともに母の咳が始まる。朝まで生きていないのではないかと思うことも度々あった。しかし、その原因はわからなかった。

一方で、ちょうど一年ほど前から、フェリーで運ばれてくる異様な廃棄物が気になって、ときどき島のあちこちで何が起きているのか聞き取りをしていた。ただ、当時はその話がまちまちで、今ひとつ全体像がつかめてはいなかった。

何かが一つずつ繋がっていく……そんな気がした。自治会長の電話に「私でよければ……」と答えた。

報道によれば、香川県の許可の下、島の西端に不法投棄された廃棄物は五〇万トンにも及ぶという。香川県の指導監督責任が指摘されている。

一九九〇年一一月二八日、家浦《いえうら》、唐櫃《からと》、甲生《こう》の三自治会と各種団体に呼びかけて緊急対策会議が開かれた。その席上で、一九七七年当時結成され、休眠状態になっている「廃棄物持ち込み絶対反対豊島住民会議」を継承し、再結成して全島一丸となってこの問題の対応に当たることが決められた。名称は「廃棄物対策豊島住民会議」(以下住民会議という)である。そして住民への周知が最も大切な作業になるとして、住民会議「広報」を出すこととし、私が原稿を担当することになった。

とはいえ、議論の中では「この問題は家浦の問題や、家浦がやったらえんや」という意見も飛び出す始末で、温度差は、地域差というよりも個々人の間にかなり大きなものがあった。前途多難な船出である。

私はといえば、ほとんどの出席者が私の親かそれ以上の世代の中で、一人飛びぬけた若輩であった。六〇歳の人が「おい、そこの若いの」と呼ばれる高齢社会である。三〇歳の私に発言権など無いも同然、多くは語らず、聞いているほかなかった。

一方で、事件現場に香川県が入ったのは、摘発から五日もたってからのことだ。知事を筆頭にマスコミを連れての一団である。それまでの数日間、行政指導という名の下で、土堰堤の整備や廃棄物の移動などの突貫工事が昼夜を徹して行われた。

社民党国会調査団（豊島、1990年）

刑事事件なのだから、そんなことをしたら証拠が消えてしまうかも知れない。いや、むしろ行政ぐるみの証拠隠滅と見ても不思議ではないほどの異様な工事が続いた。

私自身も現場を直接見たかったが、思うように入れず、一九九〇年の一二月四日になって初めて国会の調査団に紛れ込んで現地入りした。

広大な土地には正体のわからない廃棄物が膨大な量で埋め立てられており、一面に悪臭が立ち込め、臭いが鼻に来るというよりも、臭いが目に来るといった印象だ。

時折吹く風にホコリが舞い上がるのだが、目に見えないような粒子が太陽の光を受けて一面がキラキラと光る。シュレッダーダスト（自動車の破砕くず）の上を歩くと、ふわりふわりとこの世ではないような異様な感覚が足の裏に伝わってくる。そして足元から熱気がする部分もあった。

現場の真ん中にあるどす黒い池、原色に近いような色合いの、水とも油ともわからない液体も見えていて、二千本はあろうかというドラム缶の中にはドクロマークに「ＰＯＩＳＯＮ」と表示された怪しいものも多数ある。

ほどなくして香川県の保健環境部長が豊島に現れた。住民説明会である。こともあろうに「……某国会議員からの要請でドクロマークのドラム缶を全量撤去する。ついては、この事件とは一切関係のなかったことにして欲しい……」というのだ。

怒った住民は、これは刑事事件なのだから、事件としての整理がつくまで、一切の現状変更は認めないと強く申し入れたのだが、当の香川県はそんな住民などお構いなしで、持ち込んだ排出業者に許可を出し、ドクロマークドラム缶を運び出させてしまった。ドラム缶を積んだトラックがフェリーに乗ろうとしているところを住民が発見して、岡山県宇野港から追跡したものの、兵庫県内で見失ってしまう。なにもかも都合の悪いものは隠蔽していくのだ。

暮れも押し詰まった一二月二〇日の御用納めの日、香川県は兵庫県警の摘発から三四日もたって、松浦が行っていたのは廃棄物の不法処分であることを追認して、松浦に与えていたミミズ養殖（無害物に限定された廃棄物中間処理業）の許可を取り消した。

そして、同二八日には、廃棄物から有害物質が確認されたことから「この廃棄物を放置することは、生活環境保全上の支障を生ずるおそれがあるので、廃棄物を島外へ撤去し、法の要件の整った正規の処分場で処分すること」という内容の第一次行政措置命令を発動する。

香川県はこの決定を記者会見で発表し「これで責任の所在が明らかとなった」とコメントしている。住民にとっては不可解な発言と思えたが、私たちが、その本当の意味を知るのは随分あとになってからのことだった。

年が明けて一九九一年一月、松浦は逮捕され、裁判が始まった。刑事事件として松浦が逮捕されたという事実は、豊島住民にとって、一七年間苦しめられてきた廃棄物の問題が解決に向かうのではないかという大きな期待を抱かせた。

その一方で、香川県が第一次措置命令（撤去命令）を出した段階で、既に事業者に廃棄物撤去の意思も能力もないのは明らかである。当時の香川県の対応からは、廃棄物の撤去を実現しようなどという意欲は微塵も感じられず、怒りの中で住民たちの心は揺れ動いていた。

再度、香川県保健環境部長が現れて、今度はこう言いだした。「廃棄物をそのまま現地で燃やして処分したい」と松浦が主張しているので、検討してやって欲しいと言うのである。認められるはずはなかった。

日を改めて今度は、非公式な香川県の提案として「焼却炉を設置し、全国から廃棄物を集めて焼却する場所にして、その廃棄物に少しずつ不法投棄廃棄物を混ぜながら燃やしてはどうか」と切り出した。それも若い関係者だけと話をしたいという前提の中でである。

責任の一端を抱えているかもしれない香川県が、こともあろうに本当の処分場をつくろうと提案してきたのだから、まるで住民を馬鹿にしているかのような香川県の態度に、住民の怒りは半端なものではなかった。

こうしている間に、松浦への判決が下ったが、その内容は「罰金五〇万円、懲役一〇月執行猶予五年」という信じられないほど軽いものだった。

撤去は一向に進まず、年が明けて再び夏がやってきた。

その工事は、突然に始まった。何の前触れもなく廃棄物が押しならされ、大量の土砂が運び込まれ始めたのだ。廃棄物をならして覆土し、ミニゴルフ場にするという。

「事件の真相も、汚染の状態も解明されていないのに、ゴルフ場だと!!!」

住民会議は急遽、香川県と土庄町《とのしょうちょう》に対して現場の保全を申し入れる。

時間ばかりが過ぎていくが、繰り返し説明会に訪れる香川県の言葉には誠意も進展もなかった。

ある日の説明会で、苛立つ住民に、

「あんたらなあー、気に入らんかったら、知事を訴えたらどうですかあ——、言うときますけど、絶対勝てませんで——!」

香川県保健環境部長の住民を罵倒する声が響き渡った。香川県による住民の「恫喝」そのものだ。

ところが、県議会へ傍聴に行ってみると、まるで住民を挑発しているかのような、あの部長が、議場で登壇して答弁に立っている。

「住民の方々の理解と協力を求めるため誠意ある話し合いを重ね……」

粛々と答弁している保健環境部長の説明に、県議会議員たちは聞き入っている。きつねにつままれたような思いだった。こんな茶番が香川県議会では通用するのだ。なるほど実態を、現場を知らないということは恐ろしいことだ。

進展がなかったのは香川県だけではない。住民会議の会合も堂々巡りを繰り返していた。法的な責任の所在についての考え方がわからない。もちろん科学的な問題性もよくわからないのだ。同じ所でいつも議論が行き詰まる。

「法的な解釈、科学的な問題性がわからないという所でいつも行き詰まります。だったら、わかる人のところへ聞きに行くか、来ていただいてお話を伺う機会を作ったらどうでしょうか」と提案してみた。

「あんたはなあー、知らんだけや！」と怒鳴り返されて審議にもなにもならなかった。

この反応には驚いたが、県はもちろんのこと住民も一筋縄ではいかないかもしれないという思いが募った。この出来事以来、私は住民の集団というものの趨勢を、少し距離をおいて考えるようになった。また、なけなしのお金をはたいて、時間を見つけては何かしら情報を求めて、いろんなところに足を運び一人で調べるようになっていったのもこの頃である。

やがて、二度目の夏が終わっても撤去はさほど進展を見せなかった。それよりも気になるのは、不法投棄廃棄物の総量が当初五〇万トンと報道されていたのに、繰り返される香川県の公式発表の中で、いつの間にやら残存廃棄物の量は一七万トン程度とされ、さらに一四万トン程度のシュレッダーダストと汚泥類という表現に変わっていたのだ。現場の化学分析の結果も、数値は改善されていると発表している。報道熱も冷めていった。

私の養鶏場は、六〇〇羽の成鶏と二〇〇羽の雛たちで賑やかだった。

赤外線ランプの下に敷き詰められた籾殻の上を走り回る初生雛たちは、特に元気である。面白いのは、人間の赤ちゃんと同様、いま走り回っていたかと思うと次の瞬間には眠っているのだ。走っている雛が、止まったかと思うとその場でぺたっと座り目を閉じる、この切り替りがほぼ瞬間的なのである。いくら見ていても飽きない。

この子たちが最初に口にする食べ物は、わずかばかりの小米と雑草である。野生であればそれほど高栄養のものはなかなか口にできない。その野生の雛たちに近い餌を与えるのだ。こうすることで最初の数日間のうちに胃が急速に成長する。限られた栄養の中で成長に必要な栄養を吸収するための消化吸収能力が、最初に身につくことになる。そして、この数日が後の成長のほぼ全てに影響してくる。

この頃、我が家には新しい仲間が増えていた。家畜試験場から連れてきた数羽の烏骨鶏《うこっけい》とともにやってきた「初代讃岐コーチン」である。美味として知られる中国産コーチンとブロイラー用種をかけ合わせた一代交配Ｆ１である。

ブロイラー（品種名ではない）は、生まれたばかりの時から高タンパク栄養を与え、五〇日程度で肉として出荷される。人間で言えば中学生になるかならないかの年齢で、体だけは大人並みの体格に成長させて短期で肉にされるようなもの、いわば成長速度が命の鶏である。日本では使用が禁止されているが、成長速度を上げるために、餌に増体ホルモンを混ぜることもしばしば。メキシコかどこかの記事として、五歳にも満たない幼女たちが初潮を迎え、鶏肉に残留する増体ホルモンが原因かという指摘を見た記憶もある。少々空恐ろしい。知らないところで、知らないルールや制度の中でつくられる食べ物には、時に信じられないようなことが起きるのだから。

私は、無添加で育てるに当たって、抗生物質などを使っていないという表示をしようかと思い、公認されている薬剤を調べに家畜保健所へ行ったことがある。そこに表示されていた薬剤の種類の多さに驚いた。なんと！　こんなにも薬を使っているのか、と。それでも鶏はまだ少ない方で、豚やハマチ、鰻などの抗生物質類は、とんでもない量の薬剤が登録されていた。

育雛を終えた中雛は、私が竹で作ったバタリー（飼育舎）から地面に下ろすのだが、この時多くの鶏はコクシジウムに感染する。盲腸や小腸の細胞内に住み着く小型の寄生虫である。地面で群れとして飼う以上避けられない感染であり、この子たちの最初の試練と言えるかもしれない。逆にいえば野生の世界では感染しているのが当たり前ということになる。重症感染すると死ぬこともあるが、健康な鶏はほとんどが無症状である。中に血便をして少し元気をなくす鶏も出るが、数日もすると元気に走り回っている。

一般的なブロイラー生産などでは、コクシジウムを駆除するために、餌にサルファ剤などの細菌・真菌や原虫にも効果のある合成抗菌剤を混ぜて与える。市販の育雛飼料には、各種病気に対する抗生物質や抗菌剤が最初から配合されているのである。この道の先輩たちの経験や書籍の情報から、我が家では感染に備えた健康管理を行うだけで、感染を否定しないこととしていた。

さて、そのブロイラー用種とコーチンを交配すれば、ブロイラー並みの速度で成長し、コーチン並みの味をもった鶏が産出できるのではないかと考えたのだそうだ。そんなうまい話はどこにでも転がっているものではないと思うが。中国から輸入されたという純粋のコーチンは大型で足の指にまで羽毛が生え、独特の外見とともに、とてつもない貫禄を感じさせられる。交配種である讃岐コーチンにも足の指の羽毛はあり、貫禄がある。結果は見事に裏切られ、成長速度はコーチン並みに遅いのだが、味の方はブロイラー並みと、両方の悪い面が優勢に出た。失敗作である。

「あっ！　いらないから、それ連れて帰って」と言われて我が家に仲間入りしたのであった。しかも卵は産まない。だって雄なのだから。

この子は、この日から育雛舎の番人である。大きな体には似つかわしくないほどに温厚で人なつっこい。朝鳴きもほとんどしなかった。

鶏舎に卵を集めに行く。決められた産卵箱に産んでいるので集めるのは簡単だ。それも鶏が出入りする入り口と卵を取り出す口は反対側についているので、鶏舎内に入らずとも通路から集められる。鶏は一定の数に達するまで卵を産み、数が揃うと就巣して雛を孵《かえ》すために温め始める。こうなるともうそのシーズンには産まなくなってしまう。卵を採っているうちは産み続けるので、少々気の毒な気もするが、この習性を利用して採卵は行われる。分けてもらっていることにほかならない。

産卵箱は、鶏に教えるわけではない。適度な狭さ、高さ、入りやすさ、明るさなどの条件が鶏の習性に合致すると、鶏が勝手に探し出して産み付けていく。人間は鶏に合格点をいただけるように工夫して産卵箱を作るだけなのだ。

たくさんの鶏たちが共用で産卵箱を利用する。ひと箱に二〇個くらい産み付けていることがある。そうすると、自分が産んだわけでもないのに、他の鶏たちが産んだたくさんの卵を見て少々勘違いし、いきなり就巣を試みる雌がいる。産卵箱を後ろから開けて、機嫌よく座り込んでいる鶏のお尻を持ち上げて温かい卵を取り出す。もちろん彼女は振り返って「クエー！」と抗議してくるが、卵がなくなるとまた立ち上がって餌をついばみ始める。

餌を与えに鶏舎に入るとそれは賑やかだ。歩けないほどに一斉に足元へ集まってくる。時々、鶏の足を踏んでしまうことがある。鶏は眼が左右に付いている。人間や高等類人猿などのように両眼で同じ視野を見ることはない。そこで、集中してものを見つめるときは、必ず片方の目でしっかりと被写体を捉えるのだ。

足を踏んづけると顔を斜めにして、地際から片眼で私を睨みつけて「クァー！」と文句を言う。糞床は柔らかいので骨折したり怪我をすることはない。「ごめん、ごめん！」と言いながら足をどけてやると、今度は平気で私の足を踏んづけて通り過ぎていく。

「こら、人の足を踏んだらなんとか言えよ！……」

口をついて出る自分の言葉についつい一人で苦笑いしてしまう。

物置が欲しいと思って、鶏舎の余り材を使って納屋を建てることとした。わずか一二坪ほどの建物だが、将来自分で家を建てたいと思っていた私には、練習問題としての初挑戦という位置づけがあった。

開拓入植村と私（豊島、1992年）

鶏舎用に用意していた手持ちの材料で作るので、工法はいい加減である。小さな箱を作って、コンクリートを流し込み羽子板ボルトを埋め込んで、これを束石にする。整地した地面に並べて、そこに生コンを打って固定。固まったあとに水盛りで高さの誤差を調べ、平面のズレも確認する。

日本建築の大工さん、特に昔ながらの職人さんは、家を建てるのに図面らしい図面を引かない。ベニヤ板の切れっ端に柱位置を記し、「いろは」で符号を打った簡単な平面図だけで家を建てる。その位置関係が決まれば、あとは全て頭に入っているのだろう。

私も図面は紙切れ一枚のデッサンと、そこに書き込まれた計算値と実測との誤差だけで仕事を進めた。柱を刻み、トラス部材を加工して、棟木にホゾ穴を開けた。そして棟上げ……というほど大げさではないにしろ、部材を組み合わせて一気に躯体を組み上げる。

棟に登って棟木をホゾに叩き込んでいると、コーンコーンと材木に響く音に引き寄せられるように、好奇心旺盛な山羊たちがやってきた。棟にいる私を物珍しそうに見上げて「メー」と鳴く。さしずめ、「何しているの」といったところか。

声に釣られて見下ろした瞬間、この山羊たちは、材木の上に置いてあった一枚の紙切れを見つけると引っ張り合いながら破いて「むしゃむしゃ」と食べてしまった。

「あっ！　こら、それ図面……あーあ……」

棟の上から大きな声を出した私を、もぐもぐと口を動かしながら見上げる山羊たちは、もちろん自分が何をしたかわかってはいない。思わず笑いがこみ上げて、私は腹を抱えて笑った。その後の作業は全部現物合わせとなった。

生き物たちとのハプニングは多々ある。私は、山の上の開拓村のこうした生活感がとても気に入っていた。あまり笑わなかった父も笑うようになっていた。


一九九二年秋になって、一〇月三日午後、父が突然他界した。まだ屋根材を貼っていなかった納屋にはブルーシートがかけられ、葬儀のための受付や休憩所に充てられた。

一週間ほど前から風邪をひいていたのだが、昨夜も医者に診てもらい薬も飲んでいた。その日は熱も下がり、朝からカルピスを片手にテレビを見ていたのだった。

大して心配もしていなかった私は、仕事から戻って「おーい、熱はどうや」と何気なく声をかけた。しかし返事はなかった。開いたままの障子の向こうに、冷たくなりかけた父の足の裏だけが見えていた。母は鶏たちの餌を配合していた。

この頃、平飼養鶏はまだ自立するところまでの規模になっていなかったので、養鶏とは別に、冬場には海苔養殖場での仕事を続けながら、規模を広げる資金や生活費として充てていた。このシーズンを最後に、翌年シーズン明けの規模拡大で自立のめどを立てていたのだった。

一〇月一日は養殖シーズンの始まりである。この年のシーズン三日目のこの日、父はこの世を去った。我が家には、ほとんどお金はない。母ひとりで養鶏を賄うには無理がある。ここで私は、運動を続けるか辞めるかの岐路に立たされることになる。お金とともに時間を割ける余裕はほとんどなくなってしまったのだ。判断に許される時間もあまり残されていなかった。

あまり人付き合いをしたがらなかった父と親しくしてくれた人が、集落へ出るまでの沿道、延べ四キロの草を一人で刈ってくれた。背中には二〇リットルのガソリンタンクを背負って、汗だくで黙々と一日中草を刈って、目からも汗がいっぱい溢れていた。私も泣いた。もう少しだけ父との時間が欲しかった。

一〇月五日、多くの人たちに見送られて、私は父を送り出した。

この日、一通の手紙が届いた。祖母からの手紙だった。自分よりも先に逝ってしまった息子への、母親として受け止めてやれなかった詫びの手紙である。この時、私は初めて祖母がまだ生きていることを知った。でもそれは、人づての手紙だったので、その後の消息は今も知らない。

一九九三年、摘発から三年目の春を迎えても一向に撤去は進まなかった。住民の中にも苛立ちが募り、もはや香川県による解決には無理があるとだれしもそう思い始めていた。

このころである。事件の真相を自分たちで調べることはできないのかという議論が持ち上がった。そして、豊島に縁のある豊島《としま》弁護士に労を執ってもらい、松浦が罰金五〇万円の判決を受けることとなった神戸地方裁判所姫路支部の公判記録を入手することに成功したのだった。そこに何かこの事件の手がかりが書かれているのではないかと考えたのだ。

そこには、私たちが知りたかった驚くばかりの事件の真相が書かれていた。香川県職員の供述調書が大量に出てきたのだ。明らかに香川県に責任があると、素人の私たちにも読めた。

説明を受けに大阪の豊島弁護士事務所へ行った際、こう言い渡された。

「行政というのはあなたがたが考えているほどやわではない、あなたがたには太刀打ちできるはずはないのだから、公害調停を起こしなさい。もう、時間はあまりない、やるというのなら引き受けましょう。私に任せなさい」

その言葉を土産に、島に戻り会議を開いた。

しかし、住民会議の歯切れは悪かった。お上に拳を振り上げるということへの抵抗、この期に及んでも「この証拠書類が世に出たら県行政は失墜してしまう」などと県政を憂う意見など……さまざまな意見が出る。この状況で強行すれば住民の分裂は避けられそうにない。結局、調停申し立ての結論には至らず、もう一度この証拠書類を手に、地元の岡田県議会議員を介して平井知事と折衝するということになった。

八月、岡田県議の計らいで、高松市内のホテルの一室において平井城一知事（本件二人目の知事）と住民代表による非公式の話し合いが持たれた。しかし、平井知事の言葉は冷たかった。

謝罪を求める住民に対して、

「県職員が失態を犯したからといって、それがなぜ県の責任になるのか」

と一蹴されてしまったのだ。この日この場で、もし非公式とはいえ謝罪の言葉があったなら、調停申請にはならなかっただろうと、選定代表人の一人は振り返る。

住民の怒りは頂点に達し、急遽島内では「公害調停申し立て」に対する同意と同時に、申し立て人の内から選定代表人を五人選んだ。私は、その一人に指名された。

私は、正直なところ迷っていた。膨大な作業を要求されることとなれば到底引き受けられない。かといって、デリケートな局面で、もし私が難色を示せば、他の者も受けないかもしれない。

「一体どの程度の作業が要求されるのだろうか……」

私は、一人の選定代表人に率直に聞いてみた。この住民団体は一九七七年に松浦に対して裁判を起こしていて、裁判原告当事者の経験を持つ。その大変さは十二分に知っているはずだと思ったのだ。

「数カ月に一度期日が設けられる。その間に二〜三回の会合に出てくれれば良い。そのほかは弁護士さんがやってくれる」と言われてますます悩んでしまう。「それほど単純ではなかろう」と思えてしまうが、月に一度程度と言われれば、どんなに忙しくても断る理由になるほどの時間というわけではないのだから……。

島内全世帯から、選定代表人の信任と調停申し立ての合意を取り付けて、大阪へと向かう。ここで調停代理人を依頼した私たちは、豊島弁護士の逆鱗に触れることになる。

「闘うとしたら、全ての証拠を敵にわたし、対抗する手段を学習する時間を与え、時効までほとんど残り時間がなくなったこの時点で依頼するというのは、勝機を自ら放棄して責任転嫁するようなものである」

おだやかに言えばそういうことだ。

調停が成立しなければ、訴訟に切り替える必要がある。しかし、訴訟の世界に、不法行為に基づく原状回復請求権という考え方は存在しない。損害賠償請求権だけなのだ。その場合、損害賠償請求権の時効は三年である。摘発の日が住民が不法行為を知り得た日だとすると、時効成立は一一月一六日ということになる。あと二カ月ほどだ。

豊島弁護士から調停を勧められた私たち住民は、振り返ってみると、四カ月もの時間を手間ひまかけて勝機を食いつぶすために浪費したのである。

「岡山でもどこでも、受けてくれる弁護士がいたら頼めばよい。今からでは到底一人では無理だ。私は知らん」と、取り付く島もなく帰路に着く。

島に戻って緊急会議を開いた。暗澹たる気持ちの中で、再度お願いに伺うこととなった。豊島弁護士も冷静にはなっていたが、やはり引き受けてはくれなかった。

そして、意外な提案を受けることとなる。

中坊弁護士

「私の司法修習の同期に中坊という弁護士がいる。大きな事件もやっているし、いそ弁も居る。受けてくれるかどうかはわからないが、話はしておくから、頼む気があれば頼んでみなさい」

藁をも摑む思いで、日を改めて八人が上阪する。訪れた事務所には、柔和な表情で、時におどけてみせる中坊公平弁護士がいた。温厚そうな印象であった。少なくともその時はそう見えた。この事務所に所属する若手の弁護士さんも二人、そして事務長さんがいた。

それぞれが口々に豊島事件の経過と香川県の対応をまくし立て、代理人になってくれるように頼んだ。

「ようわからんな、そやけどこの事件、弁護士が一人や二人何かしたからゆうてなんとかなるもんと違いまっせ。ほんで、あんたらは何をしまんのや……」と、中坊弁護士は問いかけてきた。

私にはひとつの不安があった。もしも「私に任せなさい」と言われたなら、言葉以上に豊島の住民はよってたかって依存するだろうと考えていたからである。当時人々が求めていたのは拠りどころであり、専門家に任せれば良いという認識がまだまだ強かった。

「あんたらは、何をするのか」と、いきなり問いかけた中坊弁護士のこの一言に「この人なら闘える」と確信はしたものの、同時に、もし引き受けてくれたら、自分の人生など自分の思うようにはなるまいと覚悟した。

この時、無知な私は、中坊弁護士が森永ヒ素ミルク中毒事件の弁護団長、およそ二千億円という被害額を記録し、わが国の犯罪史上最大と言われた詐欺事件である豊田商事の金のペーパー商法事件破産管財人など、この国を揺さぶった大事件を歴任した高名な弁護士であることを全く知らなかった。

そして、豊島事件そのものも今ひとつよくわかってはいなかった。

後日、現地を訪れた中坊弁護士は、住民会議の席に着き、「本来ならこれから始まる闘いの場で撃つべき弾を全て撃ち尽くし、敵に学習するに十分な時間を与え、報道熱すらすでに冷めてきている現実の厳しさ」を説き、住民の甘さをたしなめた。

その上で、それでもやるというのであれば、条件があると言いだした。

「調停は、お互いの話し合いの手続きである。費用も時間も比較的負担が軽いとは言われているが何の強制力も持たない。しかし、時効停止の機能はある。調停が不調の場合は裁判に持ち込むしかない。逆に言えば、裁判をも辞さないという気概と覚悟がなければ調停は機能しない」として、席上の住民たちに「裁判までやる覚悟があるか」と投げかけると、彼は退席して、別室で横になった。

残された住民の議論は一時間あまりにわたって紛糾したが、その結果「全員一致で裁判をも辞さず闘い抜く」と決めたのである。

報告を受けて席に戻った中坊弁護士に住民たちが口を開いた。

「先生、ほんまのことゆうて撤去やこ〔撤去なんて〕できるはずはない。そうは思うけど……このまんまじゃ済まされん……」

「せめて、せめて一矢報いたい……願いはそれだけや……」

この席上、撤去が実現する日が来ると信じた人はだれも居なかったであろう。私もその一人である。中坊弁護士は後に、この日短時間で結論が出たならば依頼を断るつもりでいたことを振り返った。私もまた「あんたらは、何をするのか」と問われた一言がなければ、今とは全く違う人生を歩んでいたに違いない。

中坊弁護士を団長として弁護団が編成され、早速に「住民の被害班」「県の責任班」「歴史班」……など複数のワークグループが設けられ、事件の徹底的な洗い直しが行われることになった。住民の議論には、事実と憶測が混在している。根拠を示すことが可能な事実は何かを突き止めることが、出発点となるのだ。一七年にわたる歴史の総点検である。

私は、広報を書く立場上、全てのワークグループを掛け持ちすることになる。この後、複雑化していく住民会議の中で、最終的に一六役職の掛け持ちとなった。この日から一年間だけでも出席した会合は一千回を上回った。私が関わった時間だけでもおよそ六千時間、平均一日二〇時間近かった。

手持ちの資料だけではなく、島内三自治会から過去一七年間の議事録を借り出し、歴史の検証に取り組む一方で、調停申請書を作成すべくパンパンに膨れ上がった登山用の大型バックパックを背負い、両手に抱えきれないほどの書類を提げて大阪の中坊事務所通いが始まった。

事件の真相

この事件の発端は、一九七五年にさかのぼる。

松浦庄助という人物が経営する豊島総合観光株式会社が有害産業廃棄物処理事業を計画し、一九七五年一二月二八日、香川県に許可申請したことに始まる。

事件の現場となった豊島北西部の水ヶ浦は、とても美しい白砂青松の地で一九三四年、自然公園法制定と同時に国立公園指定を受けている。全域が国立公園普通地域並びに第二種特別地域に指定されているのだ。

同社はこの地で、海岸の砂や山を削って土砂等を販売していた会社である。無残な形で山を削り、売れるものは売り尽くしてしまう。いったんは島を離れて別の事業を起こしたものの、再び舞い戻り、広大な土砂採取跡地で産業廃棄物の処理事業を計画したのだった。具体的には、全国から有害産業廃棄物を豊島に集め、コンクリートで固めて太平洋に海洋投棄するというものである（埋め立て最終処分ではない）。

当時、公害に対する被害と危機感の全国的な高まりの中で、一九七〇年公害国会を皮切りに、公害規制の法整備が進められ始めた時代である。ゴミ（廃棄物）に対する関心は全国的にまだまだ低かったものの、公害源である有害物質が島へ運び込まれるかもしれないという思いが、住民の危機意識を高めた。

廃棄物搬入前の事件現場（豊島、1975年頃）

松浦による許可申請と同時に住民の緊張は一気に高まる。この時点で、国立公園内での土砂採取自体が既に違法行為であった。また、この地には、縄文時代から弥生時代にかけての集落跡が複数確認されており、学術的にも貴重な文化財であった。事業者はこの文化財を開発行為の邪魔になるとして、重機で掘り起こし海へ捨ててしまったのである。文化財保護法違反が成立する。

さらに、海面を無許可で埋め立てている。公有水面埋め立て法違反が疑われ、住民の目には「お金儲けのためなら、法などお構いなしで何をするかわからない」との印象が強かった。

「こんな男が、有害物を取り扱えるような許可を持ったら、お金儲けのために島の環境を破壊したり、住民の健康を損ねたりするところまでやってしまうに違いない」

「彼がまともな事業をするわけがない」と考えたのである。

廃棄物搬入前の事件現場（豊島、1975年頃）

廃棄物の処理業を行うには、県知事の許可がいる。そこで、松浦は県知事に許可申請を出したのだが、一方の住民は全世帯主の署名を集めて、「この男には許可を出さないでくれ」という陳情を知事に対して行うこととなった。

こうして一九七六年早々から本格的な住民運動へと展開していくこととなる。許可を求める松浦、反対する住民、許可するかしないか判断を迫られる香川県という構図だ。許可の可否についての判断は慎重を要した。

許可の出ない中、松浦は、電力会社の送電線が事業地の上を通過していること、送電線を支える鉄塔が邪魔であることを主張し、送電鉄塔の撤去を要求する。そんなばかげた話を電力会社が受けるはずはない。ところが、こともあろうに松浦は鉄塔の周囲をユンボで掘り起こし、鎖をつないでブルドーザーで引っ張り始める。送電中の鉄塔を引き倒そうというのだ。

慌てた電力会社は、裁判所へ駆け込み、「仮処分」の申し立てを行う。裁判所の権限で松浦の行為を止めてくれというのだ。裁判所の執行官が筆界確定作業のために現地入りしても、松浦は臆することなく別の鉄塔の引き倒し作業を続けたというから、相当の強者である。

結局、電力会社は松浦の要求に応じて鉄塔を四基移転させ、送電線を迂回させてしまった。そればかりではない、驚いたことに電力会社は、鉄塔用地として新たに取得した土地の代金として松浦に法外な額を支払い、しかも刑事事件化しなかったのだ。

一方で一九七六年、全国が注視している「高共丸」がこの地へやってくる。松浦が三基実業との間で、産業廃棄物処理業の許可を受けていないにもかかわらず高共丸の積荷の陸揚げを引き受けたからである。これには、香川県が直接行政指導に乗り出し、陸揚げを阻止した。

これらの常軌を逸した行動は、住民の懸念を裏付けるものだった。さすがに香川県も、松浦への許可を見送ることを公式に発表した。

これを受けて松浦の直訴が始まる。ある日毛布を持って県庁へと乗り込み、県庁の廊下で寝泊まりを始める。登庁してくる知事にすがりつき、懇願するのである。

「自分は本当は、法を守って事業をやりたい。しかし、住民は反対するし、香川県も許可を出さない。事業を始められないから、従業員に給料を払えないし、自分だって生活に困っている。息子は学校でいじめにあい登校拒否になってしまった。女房は子宮がんで長くは生きられないのだ。早く……許可をくれ……」と。

一方で、許可を出さないことに腹を立て、県職員のネクタイを摑んで振り回すなど、暴行、脅迫まがいの行動も目に付いた。

こうした状況の中で、香川県の方針は一八〇度転換する。

「どんなに大勢の反対があったとしても、松浦が（法に基づいて）廃棄物処理業を営んで生活をしていく権利が犯されてはならない……香川県としては松浦に許可を出す」というのだ。

「松浦の生存権を守るために香川県は豊島住民と闘う……」というのである。

一九七七年二月一五日、前川忠夫香川県知事（本件最初の知事）は豊島を訪れた。豊島住民を自ら説得しようというのだ。家浦港近くの農協の二階の広間で住民を集めて知事は語った。

「人間が活動すればゴミは出る。出たゴミはどこかで処分しなければならない。法があるわけだから、法に従って処理をすれば、豊島の住民が恐れるような環境破壊や健康被害は起こらない。また、豊島は過疎地なのだから、ここで廃棄物処理業を行えばこの島に働く場所ができる。これは島にとっても良いことだ」

とした上で、「それでも、島民が反対するというのであれば、それは事業者（松浦）いじめであり、住民エゴである。豊島は海は青く空気はきれいだが、住民の心は灰色だ」と断じた。

これを聞いた住民は激怒し、離県決議に至る。「私たちは、自らの意思で香川県を辞め、岡山県になる」と決め、対岸本土の岡山県玉野市への吸収合併を求める陳情に及んだのだ。玉野市も「歓迎」の意向を公式表明し、香川県と豊島住民の対立は先鋭化していく。

同月、香川県は、県議会において松浦に許可を出すことを表明する。これを受けて豊島全世帯か

県庁デモ（高松、1977 年）

ら五一五名がフェリーをチャーターして香川県庁へのデモを決行し、県庁ホールで前川知事との直談判に臨むが決裂してしまう。

香川県との話し合いの道を絶たれた豊島住民は、松浦を相手取って処分場の建設差し止め請求訴訟に臨むことになる。裁判になったのだ。同時に処分場へ続く沿道に杭をうち、事実上、大型車両の通行を阻止した。豊島住民の強硬姿勢に、事業が思うように始められない松浦は業を煮やし、反対住民を殴って怪我をさせ、暴行傷害罪で現行犯逮捕される。こちらは刑事裁判となった。

ところが香川県は、これら二つの裁判の結果を待たずに松浦に許可を出してしまう。しかも、その中身は、有害物をコンクリート詰めして太平洋へ投棄するという当初計画とは大きく変わってしまっていた。

無害な製紙汚泥
無害な食品汚泥

家畜の糞
木屑

これら無害限定四品目を豊島に持ち込み、これをミミズに食べさせるというのだ。「ミミズ養殖による土壌改良剤化事業」という名目になっている。食べた後の糞は有機肥料・土壌改良材として農家に買ってもらうことができる。大きくなったミミズは、養殖用の餌、釣り餌などとして売れる。後には何も残らないという計画であり、香川県の許可内容に変わっていたのだった。

それでも裁判は続けられた。「あの松浦だから、この許可を皮切りに、なし崩し的に有害物を持ち込んでしまう」と考えたからだ。あくまで裁判を続ける住民に対して香川県は、三つの自治会を個別に回って説得をはじめた。要件は三つである。

「ミミズ養殖業はそもそも畜産業の一種であって、こんなものが環境破壊や健康被害を起こすはずがない。だから受け入れなさい」

でもあの事業者が信用できない。

「その点については、住民と香川県が力を合わせて、土庄町も巻き込んで監視に当たれば間違いなど起こせるはずがない。絶対に間違いは起こさせないから受け入れなさい」

「第一、この島にゴミを持ち込んで事業をしてよいかどうかを決めることができるのは、この島に住んでいるあなたがた住民ではなく、香川県知事である。その知事が許可を出した以上、あなたがた住民がどんなに反対しようとも法的には絶対止められないのだから受け入れなさい……」

こうした説得作業は、その後八カ月間も続く。一方で「住民エゴ、事業者いじめ」という言葉は世論の中で一人歩きしてしまう。世論の行政への信頼、お上意識のまだまだ強い時代。豊島の住民がおかしいのだという考えが世論にすり込まれていく歴史である。

この板挟みの中で、豊島住民は一九七八年一〇月一九日に裁判を和解で終わらせることになる。豊島も、ミミズ養殖の範囲内で事業を受け入れることとしたのであった。ただし、この和解条項には、住民の立ち入り調査権、事業変更には住民同意が必要であること、公害発生時の撤去などが盛り込まれており、後に一九九六年の松浦を相手取った裁判根拠として極めて有効な証拠となる。そして、香川県も裁判の和解条項を尊重して事業者の指導監督にあたることを約束している。しかし、香川県の指導の下に絶対に間違いは起こさせないはずのミミズ養殖場が、一三年間の操業を経て我が国最大の有害産業廃棄物不法投棄事件・汚染事件として摘発されるまで、続いてしまうのである。

一方で豊島住民側では、あくまで裁判で一切の許可を否定するという考え方と、許可をしたあと違法行為を見つけた段階で直ちに許可を取り消させるべきだという考え方が、島を二分し、同時に「裏切り者」の嫌疑をかけた者、かけられた者が対立し内紛が発生してしまう。この分裂で島の運動は停滞し、住民本来の力を発揮できなくなってしまうのだ。そう、被害者が被害者を批判し糾弾するという事態に陥ってしまうことになる。

これらの混乱と分裂の背景には、自治会という組織が、数年ごとに任期満了で役員が交代していくという継続性の脆弱さがあった。

松浦の廃棄物専用船（豊島、1984年頃）

操業開始早々から、松浦の違法行為は目立っていた。ミミズ養殖場のはずが、実際には古タイヤを野焼きするなど許可外の行為が公然と行われていたのだ。香川県の立ち入り検査に同行する豊島住民は、香川県に対して許可の範囲内で事業を行わせるように繰り返し強く要求するが、事態は徐々に悪化していく。

状況が急変するのは、一九八三年のことであった。

それまで事業者は、廃棄物をダンプカーに積み込み、定期便のフェリーで運んでいた。ところが、この年、中古のカーフェリーを買ってきたのである。これを改造して、自動車を積むべき車両甲板に直接廃棄物を積んで運び込んだ。無理をすれば、一度に一千トン程も運べようかという状況になり、搬入量は激増した。新たに持ち込まれはじめたのは、シュレッダーダストと呼ばれる自動車破砕く

野焼きの煙（豊島、1980年代）

ず、つまり廃プラスチック類である。単純計算でも狭い島の道を、一〇トンダンプが六万往復一二万回は走ったことになる。これらとともに数千本〜数万本のドラム缶が押し寄せた。

現場では、膨大なシュレッダーダストが埋め立てられ、そこに穴が掘られた。その穴にドラム缶類を放り込むと、上からユンボで穴を開ける。そして火を着けるのだ。もうもうと立ち上がる黒煙は、山火事を思わせた。事実、沖合を航行する船から「山火事だ」という通報が入ったこともある。この煙に近づくと飛んでいる鳥が落ちてくるというから、極めて有害な煙には違いない。風向きによっては、集落でも凄まじい異臭が立ちこめ、煤が空から舞い落ちた。また、この煙が別の島にまで漂っていって、夜中に異臭騒ぎが起きたことさえある。

この時期から、豊島の中で喘息のように咳き込む人たちが増えた。島の小中学生の間でも喘息が急速に増え、全国平均の一〇倍にまで上がってしまう。

喘息発作、咽頭癌など、あの煙の中で苦しみ、この世を去った人たちの遺族は、あの煙に殺されたと受け止めている。科学的な立証がいかに困難かは、わかってはいる。でも、もって行き場のない怒りと悔しさが拭われることはない。

私は、この年に帰国して島に戻った。私の母が咳き込み始めたのもこの頃であり、摘発からしばらくして母の咳は自然にとまった。あの煙が原因であることは間違いない。さらに、母には現在甲状腺に二〇ミリの腫瘍があり、いつ癌に移行するかわからないので、毎年生検を受けている。

翌一九八四年、あまりの異常事態に、豊島住民は香川県に対して公開質問状を出す。半年もたって戻ってきた回答には驚かされる。

豊島で行われているのは何か、「ミミズ養殖である」。そのほかに、金属回収業を行っているが、これは廃棄物の処理ではなく、だれでも行える事業である、という回答だ。

また、化学分析の結果も示されているが、全ての物質について検出限界値以下。つまり有害物は何もないという結果である。

同じ年、豊島住民は香川県と松浦を呼び出しての住民説明会を開いた。

「あれは違法に違いないのだから、即刻止めさせてくれ」と要求する豊島住民に対して、香川県は「松浦さんは香川県下でも非常に優秀な業者」、「彼がやっていることは、合法であり安全である」と言い切ってしまった。

これを受けた豊島住民は、行政監察局へと出向いた。「香川県そのものを指導してくれ」というのだ。

「どんな事業であっても野焼きはいけない」ということで一応の指導は入るのだが、操業の停止には程遠い、いや実態としてはほとんど何も変わらなかった。翌年再度行政監察局へ出向くが、「改善された」という報告が香川県から上がっているので、これ以上の指導はできないと拒否されてしまう。

警察へも駆け込んでいる。それも住民団体だけではない。しかし一様に「廃棄物とは知事の許可の下、その指導監督で行われる事業なのだから、あなたがたが行くべきところは警察ではなく、県だ。県へ行って指導なり取り締まりをやってもらいなさい」とあしらわれてしまう。

香川県庁の窓から豊島の野焼きの煙は見えている。県庁の窓際で、怒った住民が「あの煙が見えんか」と怒鳴りつけると、「見えん」と県職員は横を向いたという。

そんな折、突如兵庫県警の強制捜査が入る。容疑は「廃棄物処理法違反」であった。一九九〇年一一月一六日のことである。これを受けて、豊島住民は再度香川県庁へと押しかける。「事業者にやらせると、とんでもないことになるから許可しないでくれ」と懇願した豊島住民に対して「間違いは起こさせないから受け入れろ」と強要したのは香川県である。刑事事件になったのだから速やかに元に戻してくれと要求したのであった。

訴えた住民に対して、この事件二人目の平井城一知事が住民の前に現れる。そして、彼は住民にひとつの約束をすることになる。

「豊島のみなさんが直面しているのは、法律ではなく現実。法律の解釈を現実に合わせる方向で検討を重ね、香川県庁の持てる全ての力を使ってこの問題の解決に当たりたい。ついては、事業者がどのような方法でこれほど悪質な事業をやってのけたのか、その点を徹底的に究明する」というのである。

その直後、ドクロマークのドラム缶が大量に行方不明になる。そして、三四日後、松浦に廃棄物の撤去を命令するのであった。

翌一九九一年一月、松浦は逮捕され裁判が始まる。事業者からは十分な撤去計画が示されず、香川県は「そのまま燃やしたらどうか」と言い出し、挙げ句の果てに「処分場の島にしたらどうか」とさえ言い出した。

一方で豊島住民は「ゴミの島」「汚染の島」という風評被害に悩まされながらも、再三香川県庁を訪れて、

「事業者を強力に指導し、廃棄物の早期撤去を実現させること」

「事業者による撤去が叶わないのであれば、行政代執行法を用いて香川県が自ら撤去を実現すること」

との要求を繰り返す。

しかし、住民の申し入れは聞き入れられず、翌夏には、松浦が現場をミニゴルフ場に変えてしまうための工事を始めた。香川県は香川県で、定期定点調査を繰り返し、その結果を示して「次第にきれいになっている」という嘘を重ねる。

例えば、兵庫県警摘発時には、現場に「三日月池」と調書に示された巨大な池があった。そして

三日月池と呼ばれた廃棄物のくぼみ（豊島、1990年）

大量の真っ黒なたまり水があった。この水質はＢＯＤ（生物化学的酸素要求量）、ＣＯＤ（化学的酸素要求量）が排水基準値の一〇〇倍程の汚染レベルを示していた。ところが、突然汚染度が下がり、排水基準値の二倍未満と変化する。

それもそのはずで、三日月池はシュレッダーダストが一〇メートル程も埋め立てられて押しならされ、くぼみに新たに雨水が溜まっている。その雨水を採取しているのだ。分析している対象が全く違うのだが、平面図で見る限りは、確かに同じ位置なのだ。当然、現地で検体採取し分析している者たちが異なる検体だということを知らないわけはない。だが、記者も県議会議員も確かめるために現地へ足を運ぼうとはしない。

香川県の調査はかなり悪質だった。幕引きへの意図的な道筋を思わざるを得なかった。この間、住民たちの目撃証言を集めて、具体的に危険性が高いと思われる現場内の場所の特定を行い、香川県に調査を繰り返し依頼したが、住民会議が指摘する場所はことごとく調査対象から外されていった。

一方で、「松浦がどのような仕組みでこれほど悪質な事業をやってのけたのか、その点を徹底的に究明する」と約束した香川県から、具体的に説明されることは一切なかった。

一九九二年一二月、香川県は、漏水しているであろう北海岸を中心に大掛かりな調査を始めた。香川県は幕引きのし方を模索しているに違いないと思えた。

一九九三年四月八日、豊島住民は裁判に用いられた事件の調書類を神戸地方裁判所姫路支部から入手する。そこには、その悪質な事業の仕組みと同時に、香川県がどのように対応してきたかが記されていたのだった。

核心

廃棄物を処理しようとすれば、知事の許可がいる。これは言い換えると、取り扱うものが廃棄物でなければ知事の許可はいらないということになる。そこで廃棄物とは何かが問題となる。「廃棄物の処理及び清掃に関する法律」(廃掃法)には、たくさんの産業廃棄物が具体的に示されているが、実際に見ただけでは廃棄物かどうかわからない。そこで、一九六七年厚生省からの一通の通達によって廃棄物の考え方が示された。この事件はこの解釈を悪用したものである。

その通達には、「廃棄物とは、占有者が自ら利用し、又は他人に有償で売却できないために不要になったものをいい……、占有者の意思、その性状等を総合的に勘案すべきものであって排出され

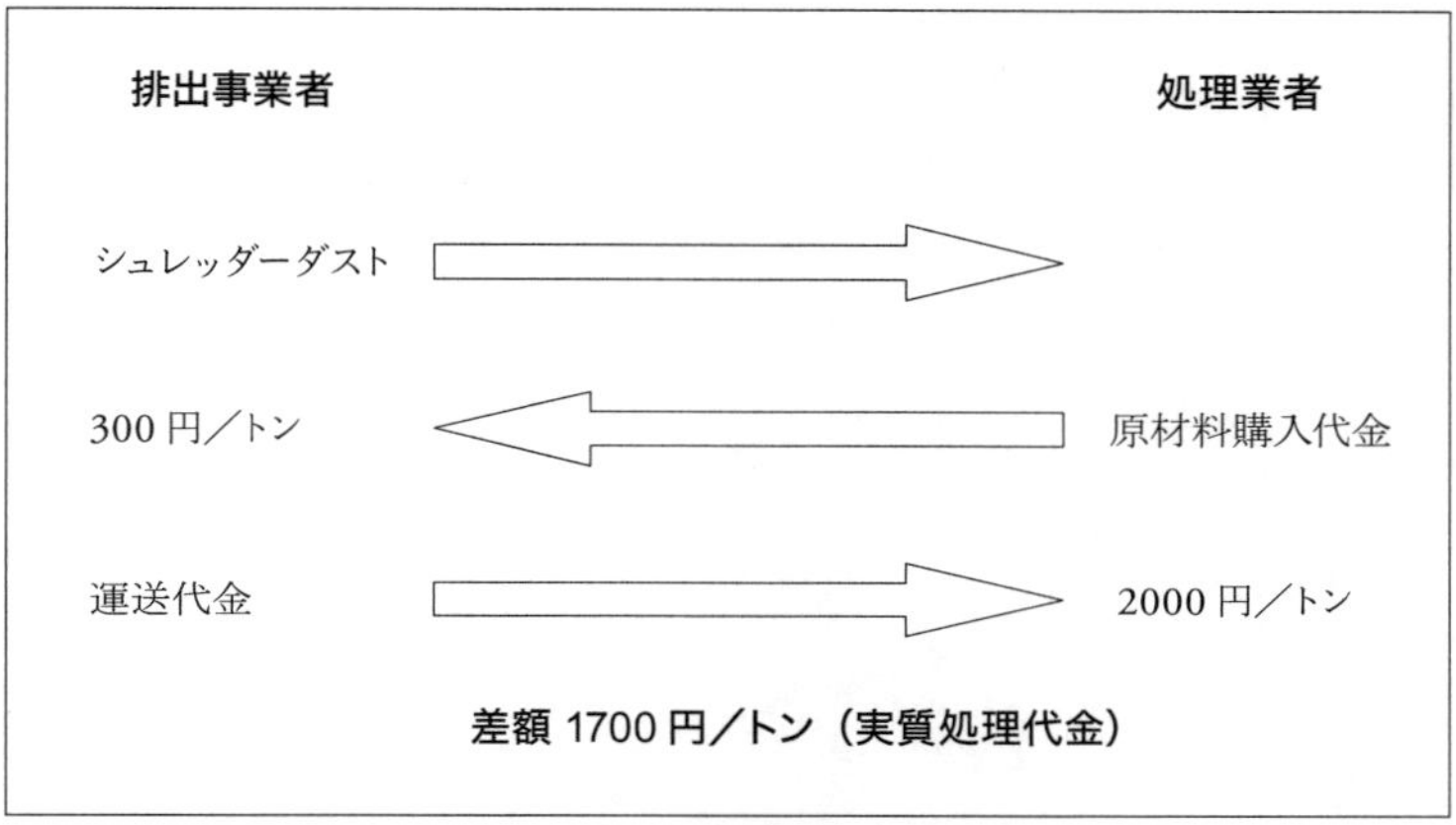

原材料として買取ると見せかけた詭弁

た時点で客観的に廃棄物と観念できるものではないこと」と記されている。

つまり「自分で利用したり、他人に売ったりすることができないために要らなくなったモノが廃棄物であり、たとえ使えるものであっても、占有者がいらないと判断するものは廃棄物として処理しても構わないのであるから、占有者の意思や、そのものの性状を総合的に考えるべきものであって、客観的に廃棄物だといえるものではない」ということになる。こうしたことから「廃棄物」ではないものを「有価物」という。

これを逆手にとった松浦は、シュレッダーダストを「焼却による金属回収の原料」という名目で買ってきたのである。つまり「他人に有償で売却」している「有価物」であり廃棄物ではないというのだ。さらにドラム缶類も「助燃剤」として、形式上は購入している。しかし、実際に買ってくると、利益が上がるどころか逆に損をしてしまう。

そこで「シュレッダーダストは金属回収の原料と

して一トンにつき三〇〇〇円で買う」が、これを島まで運ぶには大変な運送費がかかる。だから「一トンにつき二〇〇〇〇円の運送費を払え」という契約をしていたのだ。そう、その差額「一トン当たり一七〇〇〇円」で廃棄物の処理を請け負っていたのである。対外的な形式は原材料購入ということにしていたに過ぎない。

これは法的に認められるのか。一九六八年以降、厚生省の見解は明らかで「ただし有償売却とは、占有者が引取り者にそのものをわたし、実質的な売却代金（運送費を支払ってもなお利益が残る）を受け取ることを言う。形式的脱法的行為は廃棄物の処理とみなす」とされている。松浦の行為は、典型的な形式的脱法行為であり、廃棄物の不法処分そのものだったのだということになる。

調書の中には指導監督に当たるべき香川県が何をしたかも書かれている。

香川県は当初から松浦を「タチの悪い事業者」と認識していた。そこで兵庫県警摘発以前ですら、異例とも言える一一八回もの現地立ち入り調査を敢行していた。

一九七八年、豊島住民に「受け入れろ」という説得を繰り返していた裁判の和解前に、すでに「廃棄物処理法違反」で松浦に指導票を出している。この後、何度か指導票を出すのだが、松浦はお構いなしでいうことを聞かない。

一九八三年、シュレッダーダストが持ち込まれ始めた頃、松浦は香川県に相談に行っている。「シュレッダーダストを燃やすとわずかに金属がとれる……これを事業としてやるには廃棄物の許可が要るのか」と尋ねた松浦に対して、「シュレッダーダストそのものは廃棄物でありますが、有償で買い受けてくれれば廃棄物にはなりません……」と香川県は回答している。その上で、事件現場の事務所において「一トン三〇〇円で購入し、一トンにつき二〇〇〇円の運送費を受け取る」という内容の契約書を香川県は確認している。にもかかわらず「松浦さんはとても頭のよい人、その松浦さんが無駄なものを買ってくるはずがない、だから有価物なのだろうと短絡的に判断しました……私たちは松浦さんにだまされたのです……」と香川県は事情聴取に応じる。

この時期、香川県は、松浦のあまりにも凄まじい違法操業実態に対して「豊島住民の了解を受けて、事業内容を有害物も取り扱えるものに変更してはどうか」と持ちかけ、実際に松浦は豊島住民に同意を求めている。

法律上は香川県の許可だけで有害物取り扱いへの変更は可能だが、一九七八年の裁判の和解条項の中に、事業内容を変更する際は住民の同意を得ることが条件とされていた。香川県もこの和解条項を承知していたので、住民の同意なしでは事業変更はできない状態にあった。豊島住民は、もちろん松浦の有害物への事業内容変更提案を否決している。そこで香川県公安委員会による金属屑商の許可を受け、金属回収業という詭弁の下に、前代未聞の有害産業廃棄物不法処分が登場することになる。公然と違法行為が合法行為にすり替えられたのだ。

取り調べが進む中、香川県は松浦が怖くて指導ができなかったとして、「これが松浦でさえなければ、適切な指導ができて（こんなことにならなかった）……」と供述する。

松浦の判決では、「行政当局も違法な実態を認識しながら適切な対策を講じなかった。このことが本件犯行を助長せしめた……」と断じている。これでは、排出企業による廃棄物撤去への協力は

不法投棄現場全景（豊島、1990年）

得られない。

さらに、兵庫県警摘発以前に、海上保安庁が検挙していたことがわかった。しかし、本格的な立件起訴を断念している。その理由は、捜査の過程で高松地方検察庁から香川県に対して行われた公式照会である。「事業者の行為は違法か合法か」と問う検察に対して、「事業者の行為は違法とは言い難い」との見解を香川県が示したためだったのだ。

混ぜ合わせられ野焼きされた廃棄物は企業が排出したものとは大幅に異なり、排出元を見つけ出すことも困難と思われた。実際に撤去されたのは鉱滓の一部とドラム缶、焼却灰の一部などごくわずかなもので、その総量は一四〇〇トンにも及ばない。

「事業者がどのような仕組みでこれほど悪質な事業をやってのけたのか、徹底的に究明する」という平井知事の約束はほごにされた。それもそのはず、悪質な事業を合法に見せかける行為は、香川県の協力の下に成り立っていたのだった。積極的加担か結果的なものか、いずれにしても香川県と事業者の共同正犯は明らかであった。住民の目には、香川県が入れ知恵をしたと映っている。

しかし、この時点でも豊島住民は調停には踏み込めず、この供述調書を根拠に「県による処理を願い」岡田県議に託してしまい、そこで再度裏切られることになる。たまりかねた住民は、豊島に放置された廃棄物の全面撤去を求めて、公害調停を申請したのであった。

特ダネとして一社が報道してしまったために、急遽日程を前倒しして私たち事務方は徹夜作業、海上タクシーを待たせたままでの突貫作業でなんとか申請にこぎ着けていた。

ときに、一九九三年一一月一一日のことである。発端から数えて一九年目の秋、民事上の時効成立まであと五日であった。

この調停申請では、廃棄物の撤去と同時に損害賠償請求を行っている。もしも、調停が成立しなかった場合、裁判に臨むことになる。しかし、法律の中に、不法行為に基づく原状回復請求という考え方はない。不法行為に対して請求できるのはお金だけなのだ。お金の請求をしていないと、時効が成立して裁判を起こせない可能性がある。そこで、あらゆる状況を想定して、損害賠償請求を織り込んだのだった。

ところが、これが住民の抵抗にあうことになる。「お金欲しさに申し立てたと思われたくない」というのだ。気持ちはだれしも同じであったが、万一に備えれば避けては通れなかった。

調停申請の帰り道、若手の弁護士に尋ねてみた。

「さて、これからどうなる。何をすればいい」

「住民はちょっと一服してもええかな。でもあんたはあかんで！」

ワードプロセッサーを覚えろというのだ。今後、事務処理速度はどんどん速くなる。それに対応し切るには、必要だとのこと。しかし、私にはそんなものを買うお金はなかった……。

住民の調停申請をよそに、前年暮れに行われた北海岸調査の結果を受けて、香川県は松浦に対して第二次措置命令を発動した。内容は、北海岸から瀬戸内海への漏水を止めるべく、九〇メートルの鉛直遮水壁を設ける、雨水が流入しないように雨水排水溝を設置する、というものであった。調停申請からわずか一三日後の一九九五年一一月二三日のことである。

第二章　ゆたかなふる里わが手で守る——調停の始まり

ゆたかなふる里わが手で守る

間髪いれずに、弁護団を交えて住民会議の会合が開かれる。調停の進行を待たずに、世論に訴えかけていこうというのだ。

調停は、知事をはじめとして、相手方が同意しない限り成立しない。知事が同意して撤去を公費で行うには、今度は県民国民の支持が必要になる。世論を喚起しなければならない。調停は起こしたものの、時間の経過と共に報道熱が下がっている以上困難な作業になる。

「鉄は熱いうちに打て、だ」

冷めてしまったものを呼び起こすことがいかに困難か、中坊弁護士が説く。

豊島の思いを看板に（豊島、1993年）

話し合った結果、県庁前での座り込みを決行することとした。同時に、豊島で何があったか、何が問題かをまとめたパンフレットのようなものが必要ではないかという話になった。

「そやな、原稿は石井さんに書いてもろて……」という中坊弁護士の言葉が聞こえた。

「受け取ったとき、ゴミ箱には捨てられん」だけの存在感があって、内容は「名誉毀損ギリギリまで書かんといかんな」と続く。

「年寄りが多いので、活字は大きくて読みやすく、一部カラー印刷を使って説得力を持つこと」と住民たちからの意見も出てくる。

一人は、一枚紙を折りたたんだどこかの観光パンフレットのようなものを手に「これが一部三〇円や。初版二万部を印刷して、経費の上限は一部三〇円までや」と意見を出した。「発刊は三週間後」と決められた。

「何が言いたいか、何を訴えるべきか、そのことを議論してほしい」と私は訴えたが、住民会議から意見は出なかった。

翌朝私は、真っ白なB４の紙を四枚重ねて真ん中をホッチキスで留めて二つ折にし、それを手に印刷会社を訪れた。

B５判一六ページ、表紙及び中央見開き四色カラー、その他一色刷り二万部の見積もりを依頼した。経費はできるだけ少なくはしなければならないが、かといって手にした時に捨てられない存在感は、それなりの質感を必要とする。いくらかわからないが、一部三〇円という前提は崩さねばならなかった。

同時に、これから原稿を書き始めて、二週間以内に原稿校正及び使用写真の著作権承諾と、写っている人たちの肖像権承諾を終わらせることを約束して、二週間後に印刷を開始できるように工場のローテーションを開けてほしいと頼んだ。年末需要で印刷会社がフル回転に入る時期だったからだ。一六ページ冊子なら最低でも二カ月の時間をくれという印刷会社に、二週間で押し切った。

この日から印刷会社に入稿するまでの二週間、私はほとんど家には帰っていない。原稿を手書きしてはワープロに打ち換えてもらい、それを紙に貼り合わせて、内容と見た目の印象を繰り返し確認していた。

そう、私はコンピューターはおろかワープロさえ触ったことがなかったのだ。日本に帰ったとき、一生コンピューターなど触ることはないと思っていた、というよりも触るような生活はしたくないと思っていたのもあって、意識的に避けてきていた。

この頃、調停申請準備と並行して父の一周忌をささやかに済ませてはいたものの、正直なところもう食べるものを買うお金がなかった。冊子の完成と食料が尽きるのと、どちらが早いかわからない状態にまでなっていたのだ。だから、この冊子を機に、いったん運動を休ませてもらおうかとも考えていた。

徹夜徹夜でほとんど家に帰らない私を、ある朝突然に母が訪ねてきた。

「年金が担保でわずかやけどお金が借りられるようや。あと一月足らず、なんとか年は越せる、心配せんと書け……」と、それだけ言い残して鶏の世話に帰っていった。

頷くだけで何も言えなかったが、涙があふれた……。

この頃になると、中坊弁護士の逆鱗にだれが触れたかが、会合の席でよく話題になっていた。決して悪い意味ではない。被害者連盟のような不思議な連帯感が生まれているのである。どの場面で、なぜ怒ったか。何を諭したか。常にその話題が出る。

一方で、私が住民会議で発言できるようになったのは、中坊弁護士が「石井さんの話をもっと聞きなさい」と名指しで言ったことがきっかけである。この頃、私はまだ怒鳴られたことがなかった。新参の私に対する住民感情には微妙なものがあった。

ある日、確認したいことがあって他のメンバーを訪ねた。何人かがいて飲みながら何か相談していたようだった。

「この人はよー、頭がええんかなんか知らんけど、力がないから嫁もこんのよー、あーっはっはあー」

パンフレット「ふる里を守る」（1993年）

振り返りざまに、声をかけた私を指差して大声で笑った。

とりたてて珍しいことではないし、こういう言葉を浴びせられるのは私だけでもなかった。しかし、実際疲れる。みんな激務の中でストレスが溜まっているのだ。実務を離れる人もいた。家族があればやはり限度が出てくる。言葉に傷ついて感情的になって離れる人もいた。この頃から私は愚痴の聞き役にもなっていった。

一九九三年一二月二〇日、県庁前での豊島住民の座り込みが始まった。「ふる里を守る」と題したパンフレットも世に出た。

夜になって母と話し合った。

「……なんであの時、止めてくれんなんだん。ほりぁー、香川県のやり方はひどいけど、住民にも止められる場面はあった。事件を洗い直して、正直そう思たわ。それに、これは無理やわ、家庭があって子育て中の人にこんだけの時間を割けというのは……」

これは私にとっては大問題だった。闘いを挑んだ以上、どんな経過をたどろうとも「撤去の実現」がない限り、子孫からは恨まれることにしかならない。そんな「歴史」のむごさを自分の中に発見してしまったのだ。「こんなに苦労したのに」という言葉は歴史の中では何の意味をも持たない。全ては結果が物語るのだ。

「あの時代の人を恨むつもりはない。その時の最善と思うことをしたんやろ。それでもな、止まらんかったら、次の世代からは恨まれる……それが歴史やろ……」

とりあえず島を出て、現象としてのこの問題から離れることはできる。でも、この構図は手を替え品を替えてまた襲ってくる。そうしたらまた逃げるのか。どこまでいっても逃げきれるはずはない。

「……ここで闘おうと思う、養鶏は廃業する……。『数カ月に一度期日が設けられる、その間に二〜三回の会合に出てくれれば良い、そのほかは弁護士さんがやってくれる』、そんなことで闘えるはずは無い。闘うなら今の状態が当たり前やと思う。

でもな、親父が死んで、経済的な自立を目指そうとしたら、ここ数年は一日一五時間二〇時間働かんといかん現実と、闘うためには一日二〇時間費やしても間に合うかどうかわからん現実、両方が成り立つすべはない。どちらか一つしかないんや。

これを子育て中の家庭に持ち込むことなんかできんやろ。どうなっていくのか、どこまでやるかはわからん。取り敢えず一千万円までの借金なら、貧乏でも、この歳やからなんとか払えるやろう、そこまでは振り返らん。親子とはいえ別の人格や、そんな生活を強要しようとは思てない。大変やけど、ここを離れて事件からも離れて自分の暮らしを見つけることができん年でもない。自分の人生をここでしっかり考えて欲しい」

そう母に促した。母はだまって聞いていた。母五六歳、私三三歳の暮れだった。

私は、廃業を決めると同時に、おぼろげながら見えかけていた結婚を破棄した。

翌日、もう使わないからと三台のワードプロセッサーが届いた。やはりこれを使えということか……。そして、私は知人から一〇〇万円を借りて生活費にあてた。

ワープロでの初仕事は、「兵庫県警現場調書」「事業者、従業員、香川県職員、排出事業者らの供述調書」「兵庫県警捜査復命書及び県警科学捜査研究所の分析結果」の検証だった。「どのような事業者がどのような内容の操業をしており、そこから何が排出されて豊島に持ち込まれ、そこでどのような処理なり加工が行われたか」を、化学分析結果と照合しながら特定する作業である。汚染状況、存在するであろう有害性を予測、あるいは関係者を説得するための根拠としようとしたのであった。

積み上げた書類は優に一メートルを超えた。およそ五〇〇時間を費やして、一〇四ページの報告

積み上げられた調書類（1993年）

書にまとめた。

今でも、分厚い取扱説明書を読むのは苦手だが、人に聞くと、キーを押し間違えてもワープロは壊れないとのことだったので、そのまま実践使用の中で機械の反応から使い方を覚えた。いわば機械に使い方を教えてもらったのだ。中学時代に英文タイプに触った覚えがあったので、入力には最初から困らなかった。

しかし、この作業の途中、おぞましい体験をすることになる。

ある日、夢を見た。液晶画面が現れ、夢が活字で展開していくのだ。これには驚いた。もしも、幼いうちから画面と対峙していたら、現実とバーチャルの世界が区別できなくなるだろうことを体感したのである。この体験は、後の仕事で幼児期の執着期から思春期にかけての成長とバーチャル世界の弊害、若年成人のコミュニケーション障害を考える上で、今でも大いに参考になっている。

この年も暮れに近づいて、香川県知事は「生活環境に支障を及ぼすおそれの高いものから順次撤去をすすめ、概ねこれらの作業を終えた」と県議会で答弁した。事実上の安全宣言である。この時点で撤去された廃棄物はおよそ一三六〇トンであった。

第一回公害調停（一九九四年三月二三日）

三月二三日、高松市内で第一回公害調停が開かれた。

豊島住民によって行われる県庁前での抗議活動も、丸三カ月が過ぎていた。毎日五人の豊島住民が県庁前へと出かけていった。極寒の時期は過ぎていたものの、まだ肌寒い日もある。当初「座り込み」を想定していたこの行動は、「管財課」の抵抗にあい、最初から県庁前歩道での立ちっぱなし行動になっていた。一日は長い。仕事をしている人たちはなかなか参加できないので、高齢者の出番となる。立つのは平日である。

道行く人が暖かい甘酒を差し入れてくれたという元気の出る話題もあれば、血圧が上がって体調を崩したという話も出て、一様に苦労している様子がわかる。疲れもかなり出てきている中での第一回調停であった。

最初の調停期日から実効性のある調停期日にしたかった。

予想できることだったとはいえ、香川県等は責任はないと否定し、排出企業等もその責任を否定した。全面対決の宣戦布告である。

当の松浦だけは、「撤去の金もなく、好きにしてくれたらよい」というなげやりな態度だった。

今後の調停は、まず住民と香川県と松浦の間で進め、進展が見られてから排出事業者の調停にとりかかることが決められた。そして豊島住民は不法投棄現場の実態調査を要請したのであった。


この頃になると、明け方近くに家に帰っては、鶏舎で死んでいる鶏を運び出して埋めることが日課になっていた。

尻ツッキが出ていたのだ。群れで鶏を飼うと、集団で弱いものを襲ってツック現象が起きる。逃げる鶏を後ろからツックから尻ツッキとなる。執拗に行われ、やがて腹が破れて腸を引きずり出してしまう。こうしたカンニバリズム（悪癖）は一度覚えると習慣になりやすい。人間の集団でもこれに近い行動は起きる。極度にストレスのたまる環境では、集団の内側に標的を見出し攻撃を加えるということが起こりがちである。生き物の集団は実にいろんなことを教えてくれるものだ。

この尻ツッキも、丁寧に観察しながら、餌の塩分を調整してやることと、じゃがいもなどの適度な遊び道具を与えることなどによって、ほとんどが抑制できる。一般的には、デビークといって鶏のくちばしの先端を切ってしまう。少々尻ツツキが出ても被害が起きないようにするためだ。しかし、我が家の鶏たちにデビークは行っていない。必要がなかったからだ。

年に一回、鶏の法定伝染病であるニューカッスル病の血液検査を行っていて、採血する検体数は総数の一〇パーセントである。家畜保健所は、放し飼いになっている鶏を捕まえる目的で巨大な捕虫網のような道具を持ってくる。何のために持ってくるのか私には理解できなかった。鶏たちの方から集まってくるので、素手でどんどん捕まえて血液サンプルを採ってもらう。保健所の方が驚いていて「なんでここの鶏は逃げないの」と聞かれた。

私にはよくわからんが、網で追い回したほうが逃げるだろうと思う。

そんな鶏たちが、今はこのありさまだ。「ごめんな」と声をかけながら、うなじを垂れて亡骸を集めて埋める日々が続いた……。

念書

若い者たちから「自分たちも何かしたい」と声をかけられた。メンバーの一人の家に数人の若者たちが集まっていた。

年寄りたちが県庁前に立っている姿に、自分たちも参加したいとは思うが、思うようにならないというのである。事件のことはよく理解できていないけど、体力にだけは自信があるともいう。いろんな話が出るなかで、「県内五市三八町を歩いて協力要請して回る」という案が浮上する。

住民会議役員といえばほとんど年配者が占め、住民が事件の内容を知るのは全戸配布される住民会議広報と、一般報道だけである。特に若い世代には住民会議役員との接点がない。

しかし、この徒歩での市町への要請計画は、当たり前に提案しても通るはずはなかった。私は、実際の行動にはお金がかかる、それを住民会議の予算でというのであれば、それは他力本願というもので、本当にやるというのであれば次回のミーティングまでに、この計画を実施することが意義あることだと思うか、もし思うのであれば、自分なら実行のために「いくら」までなら負担できるかを考えてくるように、妻子のいるものは家族で話し合って結論を出すことを求めて別れた。

頼もしく熱い思いではある。実行してはならない理由など本当は何もないし、個人に負担もかけたくはない。ただ、島全体の運動である以上、住民会議役員との合意だけは取り付けておく必要がある。そうしないと分裂の引き金にならないとも限らないからだ。

若者たちは、翌日には早くも車を借りて想定されるコースを実際に走って、トリップメーターで路程計測してきていた。主要道実測約三八〇キロだという。

集まった若者たちに費用負担の申告をしてもらった。事前にルールを設けることにした。自分の納得できる金額を申告すること。その金額がいくらであれ、金額の多い少ないを一切批判しないこと。

予想に反して合計一〇〇万を軽く超えていた。この金額が、彼らがつけた自分たちの行動に対する価値評価だ。全額自腹になっても予算としては余りある。その場で念書をつくり、全員が拇印を押した。詳細な実行計画と必要予算が練られていく……。

住民会議の席上、この企画を持ち出した。案の定、批判の対象となった。「若いもんかなんか知らんけど、できるわけないやないか。できませんでしたでは済まんのやで、ほんなもんあかんわ」と一蹴されてしまうが、次回会合にそのグループの代表に発言の機会を与えることだけは同意を得た。

県内五市三八町を歩いて協力要請して回る計画は、全行程七泊八日間、八人が順次交代しながら歩き続けるのである。計画は緻密で膨大なものになった。今と違って、携帯電話など普及しておらず、交代しながらタスキリレーで歩くにしても、現在の位置を特定して合流することがとても難しい。いったん散り散りになるとお互いの連絡はつかないからだ。

ところが、豊島からどの定期便で出発し、鉄道などの公共交通を利用して想定最寄駅まで移動の後、伴走車両が、その時刻にピックアップして交代要員を運ぶ。踏破する行程表にそって、すべての要員の旅程が刻まれている。これには大勢の大学生たちの応援や、宿を提供してくれるという人たちも現れ、伴走車両やサポート要員のローテーションまで組まれた。

初めて出席した若者の代表者に浴びせられる質問はまるで尋問であった。

最後に「経験者に聞いてきたが、軍隊の行軍でさえ一日三〇キロが限度だ。一日五〇キロなどという行程はとても承認などできない」として、「おれらが積み上げてきた二〇年間の運動を、お前らは潰す気か。お前らにその苦労がわかるんか」と怒鳴られる。

気持ちはわからないではない。自分たちが支えてきたという自負がなければ支えきれないほどに、重たい事件である。しかし、一方でそれを口にすれば、積極的に関わってこれなかった者や、その後に生まれてきた若い世代を排除することになってしまう。私も、対外的には豊島住民当事者であるが、島の中に入れば当初から取り組んでいる人たちから当事者扱いはされなかった。この二重性が住民が共同することへの障害となる場面は意外と多い。

当の若者たちは、直ちに行程表の「改ざん」に臨んだ。計画を変えるつもりなどないが、見かけ上の行程を圧縮することでもう一度説得することを考えたのだった。

見かけ上二三〇キロ程度まで改ざんし公表して、ぎりぎりで渋々の承諾を受けた。

五月二日早朝、ごく少数に見送られて若者たちは出発する。私は、小豆島三町を一緒に歩いたあと、一団を直島《なおしま》町へと送り出し、先回りして高松へと向かった。高松上陸と同時に、テレビカメラや新聞記者に囲まれて混乱することが目に見えていたからである。この中を歩いて高松市役所を目指すのは、弱冠二〇歳の女の子であった。

船が入ってくると同時に人垣になるテレビカメラや記者たちに「道を開けてください!」と大声で頼んで振り返り、「止まるな!」と声をかけた。歩きながらマイクを向けられた彼女は、息を弾ませて「誇りの持てる美しい島を返してほしい、ひとりでも多くの人にわかって欲しいんです」と実に堂々としていた。

この子は発端の年に生まれた。その子がはや成人して、未だ迷走する豊島事件。それでもこの島で人は育っているのだ。

報道関係者の塊と一緒になだれ込んだ高松市役所は、驚きを隠せなかった。

「豊島事件は香川県庁、うちじゃない」

「そうじゃない、地方分権法施行後、市町は県と対等の立場、税金を使うことになれば迷惑もかける。なんとか豊島のことをわかってほしい、支援して欲しいというお願いなんだ、決して抗議ではない」

理解できると快く受け取ってくれた。そして休む間もなく次の役場を目指す。

ゴールである香川県庁へは八日後に到着する予定である。ここでは五市三八町を回った報告と共に「一日も早い撤去」を申し入れることにしていた。知事が直接受け取ることを要請したが、当日は知事不在のため担当者が受け取るとの回答であった。

この行動は「メッセージウォーク」と名付けられた。

初日、二日分に近い距離を歩いてしまい、行程が大幅に見直された。その後何度か修正を加えながらゴールに近づいていくにつれ、車ですれ違う人や道行く人が、手を振ってくれたり声をかけてくれたりするようになった。

最終日は、午後に県庁へたどり着く。この日は、交替要員なしで県庁まで歩き続ける。歩くのは代表者と私であった。行程はあと一〇キロほどしか残してもらえていなかった。早朝に相談をして、泊めてくれた坂出の教会にお願いして、昨日歩いた行程を車で引き返して送ってもらった。到着時間を逆算して、思いっきり歩いてゴールしたかったのである。

県庁にたどり着くと、記者会見を先に行い、担当部局に要請書を手渡すこととなった。県政記者クラブの前で別の会見の終了を待った。出てきたのはなんと知事である。

入れ違いにクラブに入った私たちは、「本日知事不在のため担当者に渡す」ことを報告した。

若者全員が島に帰り着き、反省会を開く。「次は何をしましょうか、東京の公害等調整委員会（総理府）まで、歩きますか」と笑った。彼らの顔は一回りたくましく見えた。

今回の行程は、重複なしにつなぎ合わせて三二六キロが実測値であった。実際に歩いた距離は四〇〇キロ近かっただろう。それでも余裕があり、もっと歩きたかった。総理府までおよそ一千キロ足らず、きっと難なく歩いてしまうに違いなかった。

不調申し立て

そして四日後の五月一九日、第二回公害調停を迎える。この日から調停成立時の調印前まで、全ての調停手続きは東京の総理府内にある公害等調整委員会で開かれることになる。

上京する新幹線の中で、中坊弁護士は一冊の文庫を読んでいた。レイチェル・カーソン『沈黙の春』だった。

この事件は、悪質な事業者の単なる犯罪行為か、県行政の無策失政又は犯罪なのか。それとも、もっと根源的なこの国のあり方、人のあり方に対する警鐘なのか。教訓として生かされねばならない現実は何なのかという命題は、常にこの事件に付きまとった。

『沈黙の春』から条理を読み解こうとしているように見えて私は感銘を受けた。そしてその命題を明らかにすることこそが、原状回復（全面撤去）を実現する唯一の方法とも言えるのであった。

真っ向から対立する香川県と豊島住民に対して、調停委員から「調査をして、その結果に基づいて検討してはどうか」と提案があった。ところが、その内容については「香川県のこれまでの調査結果を検証し、必要が認められれば追加調査を行う」という趣旨であった。いきなり中坊弁護士は、今回の調停をもって不調を申し出た。香川県がかたくなだからではない。

中坊弁護士は「調停委員会とは、第三者として公正に取り組んでくれる存在だと思っていた。それが、香川県に……強いものに遠慮して香川県の調査を踏襲して調査を行うというのは到底認められない。調停委員会に頼った私たちが間違っていた。不調にしていただきたい」と切り出したのだ。そして中坊弁護士は続けた。「しかし、ただでは済まさない。下には報道関係者が待っている。いかに公害等調整委員会が役に立たないものかいいつけてやる」と言い放ったのである。

聞いていた調停委員長は、みるみるうちに顔色が変わり、「横暴だ！」といきなり叫んだ。

「横暴とは何だ！」と中坊弁護士が怒鳴り返す。

繰り返される怒鳴り合いの末、一時休停となった。調停委員長の目は真っ赤で、涙さえ浮かんでいるようだった。

控え室にもどり、一瞬おいて中坊弁護士が飛び込んできた。

「わてな、おしっこしよう思てオトイレ行きましてん。ほんならなおちんちんがでまへんのや、ほらなステテコ前後ろ反対はいてまっしゃろ、あははー」

言うが先か、いきなりみんなの前でズボンを下ろしてみせた。控え室はこの一言で和んだ。不思議なことに中坊弁護士に限っては、おどけて見せても違和感がない。闘う瞬間の機転と集中力、その迫力は尋常ではない。その一方で子供のように純真な顔をして笑う。若い女性の中には、のちのち中坊弁護士の下の世話を買ってでもするという人たちがいるというのも頷ける気がする。

九〇年代、政府や行政機関の再編・リストラが大声で叫ばれる時代であった。公害紛争処理法に基づく公害等調整委員会も、その存在意義を問われる立場にあったのだ。一般的には、公害調停あるいは県単位で行われる公害審査会は機能しないと言われていた。豊島事件に関する公害調停の成否は、公害等調整委員会の存亡を占う事件になっていたのだ。

香川県もまた第二回調停で不調を探っていた。再開後「法的責任はともかくも、条理上から廃棄物を撤去してもらいたいという住民の気持ちは調停委員会としてもよくわかる。香川県は難しいと思うが、撤去に向けて一歩でも前進できるように再検討をしていただきたい」と見解が示され、「持ち帰り検討します」という香川県の回答で幕を閉じた。

こうした状況の中、調停委員の一人が豊島を訪れた。

彼は住民会議の席に着き、住民に語りかけた。彼自身も、廃棄物を撤去して元の美しい島に戻したいと思っていること。香川県にも軟化の傾向が見られることなどを語って、「お年寄りが県庁前で立つ姿は見るに忍びない、公害等調整委員会は、あなたがたの抗議行動に代わるだけの仕事はしてみせるから、この行動を止めてほしい」と要請したのであった。そして「調停がうまくいかない場合は、私自身も皆さんと一緒に運動に携わる」とまで言ったのである。

これを受けて、豊島住民による県庁前での抗議行動は一旦休止することを決めた。

この言葉は、住民に元気を与えたが、とはいえ、かたくなな香川県を説得し、香川県が撤去事業に臨めるように、あらゆる政府機関や国会を説得していくのは、途方もない作業と言える。どれほどの困難が待ち受けているのか、この時だれにも想像はできなかったであろう。

こうして県庁前の抗議行動は中断されたのだが、その翌日、五月三〇日のことである。

期限

県庁前抗議行動を中断した次の日、香川県は、第二次措置命令（遮水壁整備等）違反で事業者を告発した。期限までに命令が履行されなかったことを受けての告発である。

「……期限！」

そうだ、香川県の第一次措置命令（撤去命令）には期限がない。

措置命令は、松浦の意思を無視して強制する「公権力の発動」である。そのため、その発動には厳格な要件がある。その考え方は「廃棄物をそのままにしておくことが著しく公益に反すること」「他に方法がないこと」が明らかな場合に限って発動できる。つまり、香川県は自ら「廃棄物をそのままにしておくことは著しく公益に反する」と認めたのである。

一方で、香川県が自ら撤去し、その費用を松浦から強制的に取り上げる行政代執行法の発動も「公権力の発動」である。その要件は「廃棄物をそのままにしておくことが著しく公益に反すること」であり「それ以外に方法がないこと」が明らかな場合である。要件は措置命令も行政代執行法も同じなのだ。だから、松浦に廃棄物撤去を命令して一定期限内に履行しない場合には、措置命令違反で刑事告発し、法的責任を追及した後に行政代執行法で対応する。つまり、行政措置命令を発動するとき、行政は代執行を覚悟するものなのだ。

ところが、香川県による撤去命令には期限が付けられていなかった。これではいつまでたっても措置命令違反は生じない。刑事告発も行えなければ、当然その次に来る行政代執行を発動することもできない。

最初から「撤去」には期限がないが、「北海岸に遮水壁を作って封じ込めてしまう」という命令には期限があり、措置命令違反がいずれ発生する。その時は行政代執行で遮水壁を建設する計画であることは明白だ。シナリオに沿って既成事実を重ねているだけだったのだ。撤去命令は、兵庫県警科学捜査研究所の分析結果から有害物が出た事実を受けて、一定の対策をして事件を終わらせる必要に迫られた香川県による、政治的パフォーマンスに過ぎなかったのだ。だからこそ、撤去命令を出したとき「これで責任の所在が明らかになった」という言い訳の記者会見になっていたのだ。

その後、折を見てきれいになっているという成果を出し、代執行による撤去の必要性を否定して封じ込めてしまうことが、この段階ですでに想定されていたといえる。前年暮れの事実上の安全宣言こそは、まさに仕上げにかかる段階だったのだ。県庁の中にだれか筋書きを書いている者がいる……。

阻止

本格的な夏を迎えようとする頃、第三回公害調停が開かれた（一九九四年七月一日）。香川県が「主体的な撤去は困難」としながらも、調査の結果次第では「撤去も視野に入れて検討する」と表明したことを受けて、調査の実現へと一気に進むことになる。

公調委は「県が従来の枠を超えて『撤去も視野に入れて検討する』という方向に踏み切ったことを評価する。そこで調停委員会としては、本件の適切な解決方策を得るため、専門委員を任命して、科学的、専門的な立場から調査、検討を進めたいと考える。豊島をきれいな島にすべく、関係者の説得に最大限努力するので、この方針に申請人、被申請人ともよろしくご協力をお願いしたい」と異例のコメントを出した。

同月に行われた第四回公害調停では、客観性の担保と具体的な調査方法について住民会議が意見を述べ、香川県は「撤去が前提の調査」であってはならないとの意見書を出した。公調委は客観的な調査を約束し、撤去の要否は公調委が判断することとしたため、双方が合意して、調査のための専門委員の任命、予算の確保、調査の詳細計画へと進められることとなった。

三人の科学者が調査のための専門委員として総理大臣に任命された。早速、豊島住民はこれら三人の科学者が書いたこれまでの論文をかき集め、徹底的に読み込んだ。さらに、携わった現場事例があれば全国どこへでも踏査に出かけた。論文に示された、どうしても納得のいかない考え方や、携わった現場事例の事故を突き止め、専門委員のうちの一人について「罷免要求」を公害等調整委員会に出したのであった。専門委員が交代されることはなかったが、作業開始前から緊張は一気に高まった。

さらに九月二一日には、専門委員による初の現地視察が行われた。この日、もう一人の公害調停申請代表人と私は、視察を終えて島を離れた専門委員を尾行した。私たちには知らされていない専門委員と県との会合が開かれるらしいという情報が入っていたのだ。

さぬき荘という県所有の建物に県職員らが入る。近くの喫茶店で様子を窺っていると、専門委員が現れ会場に入った。即座にこの会場へ乗り込んで「このような会合が持たれることを私たちは知らされていないし、同意もしていない。認められないので即刻中止していただきたい」と会合会場に居座った。

同時に中坊弁護士は、東京の公調委に対して抗議する。

こうした豊島住民の行動は、県の調査結果を踏襲するのではなく、客観的な調査を実現したいがための行動であった。撤去の要否を判定するだけではなく、万が一裁判になった場合でも、この調査結果が全ての出発点になる。調査が不完全になることだけは何が何でも阻止しなければならなかった。

身体の反乱

調査の方向づけは、予算の問題以外は軌道に乗り、調停は動いているという実感は持てた。しかし、今後どれくらいの期間を要することになるのかは全くわからなかった。

私は、この夏、養鶏を廃業していた。一羽二五〇円で段階的に仕入れた一千羽の初生雛も、一羽あたり体重およそ四キロになっている。十分に市場ではかしわとして出回る品質だが、宇野港渡しの引取り価格は一羽一五円だった。フェリー代さえ出ない。

困ったのは山羊たちだ。だれか引き取り手があれば良いのだが、探す暇もない。市場は全国で唯一長野県で立つが、長野までは運べないし、問い合わせてみると血統書が必要であるとのこと。筋弛緩剤での処分も考えたがお金がない。そして、なによりも命を断たねばならないのであれば、せめてこの手で……と考えながらも一日延ばしにしてきていた。

ちいさな峠の向こうに大きな穴を掘った。一頭ずつ連れて峠を越える。

一三頭のうち、親にあたる二頭は、一生面倒を見ると約束して譲り受けてきた山羊である。この二頭だけを残し、一一頭を処分することにした。

我が家の山羊たちは、乳は分けてもらって飲んでいたが、いわゆる家畜と言われる経済動物とは少し違っていて、いわば犬や猫と同等の愛玩動物に近い存在だった。基本的にはザーネン種であるが、多少なりとも雑種と交雑していて、ザーネンにしては異様に大型だった。大きいものは私の体重を遥かに超えている。

峠を越えても、どの子も全く私を疑わない。

高等哺乳類の集団は鶏の集団とは格段に知恵が違う。

ある夏の昼下がり、昼食を終えて一休みしていると、家の入口の前で山羊の鳴く声がする。一頭ではない。ドアを開けると一一頭が、私の顔を見つめて一斉に鳴いた。数えると一頭足りない。母山羊だ。

「どうした」と声をかけると、一斉に鳴いて同じ方向へ走り出した。追いかけていくと母山羊が網にからまって動けなくなっている。私に助けを求めて呼びに来たのだった。

人間を呼んでくれれば助けてくれるというひらめきや信頼が、一体どこから生まれてくるのだろう……。

この子の体重は私を上回る。本気で暴れれば、押さえきれないかもしれない。

私は自重一〇トンのユンボに紐をくくりつけ、そっとこの子の首に紐を回して右手のひらにもう一方の端をぐるぐると巻きつけた。抱いてやると短い白い毛からお日様の匂いがする。どの子もじっと抱かれていて、耳を当てると鼓動とともにあたたかな血の温もりが伝わってくる。

渾身の力を込めて紐を引く。一瞬驚くのだが、それでも私の目をじっと見つめている。信じきっ

山羊との別れのあとに……（1994年）

ているのだ。目をそらさず私もこの子の目を見つめる。やがて鼻から口から血がほとばしり、虹彩がゆっくりと開いていく。見届けてやらねば……。「恨め、恨め、お前らに恨む心があるなら、この俺を恨んでくれー」私は大声で叫んだ。そして泣いた。

不思議なことに、どの子もまるで自分の運命を知っていたかのように、全く抵抗せずに命の終わりを受け入れてくれた。そのことがいたたまれず悔しかった。私の右手のひらは真っ赤に腫れ上がっていた。

しかし、母山羊だけは違っていた。自分の子供たちに何が起きているのか知っていたのだ。牛などの高等哺乳類、特に群れをなす草食系哺乳類は、一度に子供を引き離すと自ら命を絶つことがあることは知られている。この日以来、母山羊は全ての餌を拒否した。昼夜を問わず絶叫しつづけ、やがて衰弱して自らの命を絶った。

二〇年以上たった今でも、山羊の絶叫と似たような周波数の音を耳にしたときハッと我を忘れる時がある。絞殺の場面をドラマなどで目にすると、わけもなく涙が止まらなくなる。これをフラッシュバックといいPTSDだと解説するのは簡単だが、むしろ忘れてはならないと私は今でも思っている。

一頭だけ残された老いた雄山羊は、それでも私を慕ってくれた。

その夜、「冷蔵庫の底に一本だけ転がっとった」と母が缶ビールを差し出した。「かわいい、かわいいだけで来たからなあー」という母も涙ぐんでいるようだった。

秋からは再度、海苔養殖場で働かせてもらうことにして、生活費をなんとか稼ごうとした。まもなく調停申請から一年がたつこともあって、この一年間の新聞報道でその経過がわかる第二の冊子を作ることが決められ、養殖場に通いながら、二重生活を試みていた。

朝起きて六時までには養殖場へ出勤し、仕事が終わって帰ると、夜八時頃まで仮眠して事務作業にかかり、午前四時頃から一時間ほど仮眠してまた養殖場へ出かけるという生活をしていた。一日を二日として使う必要性があったのだ。

ある日、異常に体が重たく、何気なく手首に触れたとき脈がおかしいことに気づいた。じっくりと脈をとってみると、時々脈が止まっているように思える。そのまますぐに島の開業内科医のところへ行って、「ちょっと心臓の音聴いて」と頼んだ。医師から直ちに大きな病院で検査するように言われた。

翌朝、知り合いのベテランの心臓内科医を訪ねて二四時間心電検査となる。診断の結果、心室性期外収縮、心室は三分の二程度しか脈を打っていなかったし、軽度の胸心痛発作が出ていたので、投薬加療と同時に、ニトロを持たされた。万一に備えてである。習慣性はないので躊躇せずに使えと言われる。舐めると少し甘い。臨戦態勢とはいえ、体を酷使しすぎたようだ。この日から四年あまり、運動と並行しての治療になる。

一カ月ほど、家での事務処理を休んで海苔養殖の仕事だけに専念し、疲れをとった。そして、定期的に安定した睡眠時間と事務作業時間を確保するように考えた末、奇数日は睡眠をとる日、偶数日は徹夜する日とした。

調停申請から二年目の暮れが近づいた一二月一三日、事務次官会議で国の予備費から豊島の実態調査費用二億三五〇〇万円が拠出されることが内諾された。さらに御用納めの日に閣僚会議での承認を経て確定する。異例の額である。この予算獲得のため、公調委事務方は一週間近い徹夜で大蔵省の説得に当たる書類を準備したという。大蔵官僚は「この事件が終わったら、このお金は香川県から返してもらいたい」とこぼしていたとも聞こえてきた。

新たな年を迎えて一九九五年一月一七日、阪神・淡路大震災が発生した。映像に映し出される被害は想像を絶するものだった。多くの被害者の生活が、そして人生が、この日から闘いの日々へと

公害等調整委員による調査と安岐議長

変容したであろうことは想像に難くない。一方で、もし調査費にあてられた予備費の拠出決定があと一カ月遅れていたら、国の予備費は空っぽになっていたに違いない。豊島住民の大阪通いは、山陽本線が使えないので高松経由の航路利用に切り替えられた。

他方、九四年の暮れに始められた実態調査では、現場にプレハブが建てられ、そこにガスクロマトグラフを持ち込んでの調査分析となっていた。豊島住民は毎日交代でこの調査に立ち会った。調査計画は大きく概査と精査に分けられ、全体概要を摑んだあと、汚染の大きなところを精査することになっていた。しかし、この計画は大きく崩れることになる。

第三章　豊島からの報告――被害の実態に科学的に迫る

島が沈む

一九九五年五月一日、半年にわたる見込みの実態調査の中間報告が出された。それは私たちの想像をはるかに超えていた。あらゆるところから多種多様な有害物質が高濃度で検出された。これを受けて、汚染の大きなところだけ部分的に精査するという計画は変更を余儀なくされた。

特にセンセーショナルだったのは、ダイオキシンである。ＴＥＱ値（等価毒性）で最高値は三九ナノグラム／グラムを示していた。こんな数値は見たことがない。これをこのまま発表すれば、島の一次産業が大打撃を受けることは容易に想像がつく。かといって隠し通せるものでもなく、なによりも悲惨な汚染の実態こそが撤去への根拠なのである。

それはとても長い議論になった。そして、自分たちにとって、ある意味都合の悪い情報であっても、全てを明るみに出すことしか方法はなく、またそうすることによってのみ支援の得られる運動になると考えた。いうまでもなく、その後の風評被害は一層深刻なものとなっていく。

結局、調査が終わって、判明した事実は次の通りである。

廃棄物の総量は香川県の発表の三倍にあたる、おおよそ五〇万トンであること、その七割は、鉛について遮断型処分が必要とされる最も毒性の高い廃棄物に相当すること、その他にも多種多様な有害物が存在し、ダイオキシンも高濃度で存在すること。これら有害物が直下の土壌や地下水を汚染し、鉛については六〇メートル下の新鮮花崗岩層でさえ検出された。

さらに、海水からは検出されなかったものの、海岸生物である牡蠣からは、ヒ素とダイオキシンが他の海域のものよりも一桁ないし二桁高い値で検出されたことから、瀬戸内海に流出していることが容易に想像できる。

こうしたことから、「処分地をこのまま放置することはできず、早急に適切な対策が講じられるべきである」と調査報告書にまとめられたのだ。

香川県は、調査結果が不服だとして調査のやり直しを公調委に求めたが、認められなかった。そればかりか、公調委は、香川県の調査は香川県独自のものであって客観的に信頼できないと断じたのである。

この夏行われた第五回及び第六回公害調停は、取りまとめられていく調査報告書の質疑応答に当てられた。
調査の終了と前後して、私がまとめた、調停からの一年を新聞記事で振り返った「世論の支援を受けて」と名付けられた冊子が世に出た。

底抜け案

この調査報告書には、汚染の実態以外に、処分方法として七つの対策案と概算費用が示されていた。島外の遮断型処分場で処分する方法。島内を遮断型処分場にしてしまう方法。中間処理して管理型処分場に入れる方法では、中間処分、最終処分をそれぞれ島の中でするか外でするかの四つの組み合わせとなる。これで六つだ。

七つ目の案は、廃棄物をそのままにして上からシートをかけ、周囲を遮水壁で囲い、廃棄物の底面には何もせず、地下水を汲み上げるという方法であった。

最初の六案が一五一億〜一九〇億円程度の概算費用であったのに対して、最後の現地に封じ込める案だけが六一億円と他の案の三分の一程度で示されていた。豊島の人たちはこの七番目の案を「底抜け案」と呼んだ。先の六つの案は「廃棄物の処理及び清掃に関する法律」（廃掃法）に基づいた本来の処理の考え方であるが、底抜け案は廃掃法に照らしても違法な処分方法である。しかし、三倍の費用差は限りなく大きい。現実的に費用はかけられないという論調に、いとも簡単に説得力を持たせてしまうことになるからだ。

調停の席上、第七案の撤回を要求したが、撤回されることはなかった。調停は膠着してしまったのだ。そこで一二月一〇日、第一線の有識者を交えてのシンポジウムを開催することとした。

豊島からの報告

――豊島の廃棄物が、今私たちに語りかけるのは無反省的に突き進む時代への警鐘であり社会本来の目的を問い直すことではないのか。

今、まさに「学べ」と叫んでいるかのようである。

今後、廃棄物の問題が最も大きな社会問題の一つになることは周知の事実であり、必然的に打開できる方向性はただ一つ、廃棄物の問題をもう一度社会活動の中へ、市場原理の中へ取り込むことである。

こうした時代背景の中にあって、豊島事件は今後の廃棄物行政を占う象徴的な事件なのである。責任を負うべきものはだれであって、コストを支払うべきはだれなのか、十分に議論され明確にされなければならない。

そうすることによって初めて、第二第三の豊島事件は防げるのではなかろうか。

私たちの願いは「子供たちに豊かな環境を残してやりたい、第二第三の豊島事件を起こしてはいけない」ただそれだけのことである。

人間本来の、ごく当たり前のささやかな思いである。

一昔前の地域社会は、比較的自己完結型でゴミも地域の中で処理していたが、子供はもちろんのこと、例えば介護を必要とするお年寄りや障害者も、家族や親戚あるいは隣近所の助けあいのなかで受け止めてきたように思う。

豊かな社会を求めて、私たちは時代を歩んできたに違いないが、いつの頃からか、豊かな社会を築く「手段」の一つだったはずの「経済」が「目的」と化してしまった。

そのときから、社会は効率の悪いもの、不合理なものを差別し排除するようになった。豊島事件に憤慨したもう若くはない一人の島の女性がつぶやいた。

「この国は豊島に赤ん坊を捨て、障害者を捨て、年寄りを捨てた。まだ飽き足らず今度はゴミを捨てるのかい」

今、このゴミを巡って調停が行われている。

住民は一丸となって取り組んでいる。豊島事件の解決を願う多くの方々の支援を受けて。調停委員といい、専門委員といい、この国を代表する方々である。

臭いものには蓋をするといったやり方で、まさか「真実までも豊島に捨ててしまう」ことはあるまい。いやあってはならないのだ。――

私は問題提起の意味を込めてこの一文をしたためた（豊島は福祉の島としても知られ、乳児院、特別養護老人ホーム、精神障害者更生施設等がある）。

豊島住民が徹底的に廃棄物の持ち込みに反対してきたにもかかわらず、廃棄物に反対するのはエゴだと香川県や世論に非難されてきた。豊島住民の反対を無視した香川県の許可と強要に、無害物に限るという最低限の合意をした。しかし、その操業はだれの目にも違法であることは明らかであった。

豊島住民は、違法操業を止めるように香川県を始めとしてあらゆる機関に要請してきたが、止まることはなかった。兵庫県の警察が強制捜査に入り、やっと操業が止まったが、その報道と共に風評被害が広がる。「汚染された豊島のものは買わない」というのだ。

公害が発生する恐れ、あるいは現に公害が発生した場合は速やかに廃棄物を撤去すると、松浦は一九七七〜一九七八年の裁判で約束している。香川県もこの約束を尊重して指導に当たることを約束している。しかし、撤去してくれという豊島住民の主張は、松浦にも香川県にもほごにされた。それればかりか、これほど膨大な廃棄物を撤去せよというのはエゴであると、再び豊島住民は非難され、廃棄物を豊島に封じ込めて、豊島住民が未来永劫向き合えば良いという考え方が台頭する。本当にこれで良いのだろうか。

他方で、この事件を教訓としてこの国は変わらねばならないと考えれば、費用が高いことは一概に悪いとはいえない。「無駄なお金」を使う必要はない。しかし「こんなにも高くつくのであれば廃棄のあり方そのものを考え直すべきであるという教訓として活かそうとすれば、高かろうとも真摯に廃棄物に向き合うことは避けて通れない」のではないか。もしもこの廃棄物の責任をだれも取らないというのであれば、そもそも廃棄物など出さない社会を目指さねばならない。議論が必要だ。

ロジックを明確にしなければならない。そのためにも多方面から意見を聞く必要があった。全く動かなくなった調停を動かすためには、公調委が周囲を説得できる理論構築と世論が必要だったのだ。

電磁的発信

電磁的……という言葉は、現在の法律にも多数用いられている。

一九八八年合同研究機関レベルで日本で初めてＩＰ（インターネット・プロトコル）接続により、米国のインターネットとの接続が行われた。一般向け商用プロバイダーが日本で創業するのは一九九二年のことである。しかし、当時は研究機関や大企業などで情報発信、共有のために使われるなどまだまだ特殊な存在であった。

折しも、一九九五年一月一七日に発生した阪神・淡路大震災でインターネットが通信として効果を発揮したことから、にわかにインターネットの話題が浮上し始める。

しかし、ＩＰＳ（インターネット・プロトコル・スイート）がＯＳ（オペレーティングシステム）に標準装備されるのは、この年の秋に発売されるウインドウズ95からであったため、我が国での本格的なインターネット普及は一九九六年以降に始まることになる。インフラ整備とともに地方へ普及するのはさらにあとになる。いまでこそインターネットがない生活など考えられないかもしれないが、その歴史は極めて浅い。

一九九五年の夏。私たちは底抜け案の撤回を要求していた。

「インターネットとやらいうものが、情報発信にはええらしい」

「それ、なんや」

本来の調停作業の合間にこんな話題が持ち上がりはじめた。私も、調停の帰りに東京駅のキヨスクでコンピューター雑誌を買って読んではみたが、皆目正体がつかめない。ただ、有用性を説く者が一般に何人かいて、にわかに実施の方向に議論が移っていく。

とうとう、住民会議の会合で正式な議題に上る日がやってきた。「ホームページを開設して豊島自ら情報発信する」というのだ。

私はといえば、少々否定的だった。よくわかってはいないが、相当な費用が必要であること、双方向通信の特性を利用するなら恒常的な対応が必要になってくること、操作を間違えると壊れることもあるのがコンピューターだと思っていたことなどが理由である。第一、ただでさえオーバーワークになっている住民運動の中で、もっとも肝心なことは「一体だれがやるのか」だった。

住民会議の結論は目に見えていた。

「こんなもんは若いもんやないとあかんわ」

私はコンピューターなど触ったことはない。無理だと主張する私の意見は完全に無視された。観念した私は、それなら、コンピューターを買ってくれるようにと頼んだ。いくらかと聞かれたので、約五〇万円（今とはＰＣの値段は随分違う）と言った私に、若手の弁護士が答えた。

「どれくらいのもんが要るんかようわからんけど、うちに使わんようなった二世代くらい前のDOSVマシーンがあるわ、それでよかったら提供するけど」

「いや、DOSVマシーンでは無理、GUI……」

「弁護士先生がタダでコンピューターくれる言よんやから、お前は贅沢いわんとそれでやったらええんや！」

これで審議は終わった。

結局コンピューターなし、予算ゼロ円で、ホームページを開設して情報発信することが決められた。弁護士や私を含めて、インターネットを理解して議論しているものはだれもいなかったのだ。

さらに悪いことに、一カ月後の一二月一〇日に予定していたシンポジウムに合わせてホームページを公開するという記者会見まで行ってしまったのだった。

それにしても、知らないということほど恐ろしいことはない。困った私は、五市三八町を歩いた若者たちに声をかけ集まってもらい、パソコン倶楽部を立ち上げ、共同出資でコンピューターを購入することを持ちかけた。メンバーの一人の家の離れを、倶楽部専用室として電話回線を引き込み、そこに発売されたばかりの高性能（当時としては）マシーンが届いた。初めて見る自分たちのコンピューターである。五〇万円であった。近日発売が予定されているウインドウズ95アップグレードパック付きのウインドウズ3・1である。当然のことながら今のようなホームページ編集ソフトなど市販されておらず、ハイパーテキストは全て手入力、IPSも標準では装備されない、全てが手作業の創生期である。

大学でサーバー管理をしていた教員に技術的な協力を頼んだ。ベースになるテキストは私が書き、それをハイパーテキストに書き換える作業を依頼した。一二月九日は徹夜で、翌日の小学校体育館でのホームページ一般公開に間に合わせた。

こうして、華々しくインターネットデビューしたものの、もともとスキルが追いついていないし、新参の文化である。発展的双方向通信のあり方や更新などは全く追いつかなかった。ただ、物珍しさも手伝って、このページを読んでくれた人は相当な数に上る。

そこには、事件の経過とともに先の一文を寄せた。

その後、ホームページは三年間更新されることもなく、一九九八年まで保留となる。さらに悪いことに、触ったこともなく指導者もいないにわか倶楽部のこと、年明け一月のある日、一人のメンバーが海苔養殖場で仕事をしていた私を訪ねてきた。

「めげた!（壊れた）」

仕事を終えて夜、倶楽部へ集まってもらって事情を聞く。症状はメモリーが認識されずハングアップしてコンピューター自体が起動しない。何をどうしたらこうなったか尋ねると、みんなでしたので何をしたかわからないという。増設スロットにSCSIカードを差しスキャナーを接続して起動させたところ、自動的にBIOSのI／Oアドレスが書き換わり、メモリーのアドレスと干渉して起動しなくなったのだった。試行錯誤の末、直接BIOSのアドレスそのものを書き換えることで正常に復旧したが、原因を探して解消するこの作業に半年も費やしてしまった。知らないことの恐ろしさである。これでは全く間にあわないので、もう一台購入する。今度は倶楽部でということにはならないので、なんとか洗いざらいかき集めて自腹である。

この時から、私のツールはワープロからコンピューターに代わった。コンピューター化したことで弁護団とのデータ共有も可能となった。調停成立までにデスクトップコンピューター二台、ラップトップコンピューター二台と周辺機器を使い潰した。劇的に大活躍してくれたOA機器だが、使うのは私だけなので、機器の必要性は最後まで住民会議には認められず、四〇〇万近い機材費はすべて自腹となった。だが、後年このホームページが一体どれほどの効果を発揮したのか、具体的に数値化して示せと、私が糾弾されることになる。月々三千円ほどのプロバイダー使用料は住民会議の負担だったからである。

一二月一〇日のシンポでの議論は、一二月二〇日に開かれる第七回公害調停での住民の主張の骨子を描き出すこととなり、また、多くの新聞テレビでも大きく報道された。

年が明けて二月二二日、第八回公害調停期日を迎えることとなった。

第Ⅱ部　国を動かし、県を動かす

第四章　銀座の空の下——国を動かすために

瀬戸内弁護団

一九九六年二月二二日。この日、状況は一変する。

公調委が豊島住民に嚙み付いた。「そもそも住民が撤去を求める法的根拠はなにか」「住民の被害とはなにか」と問いただしてきたのだ。真意はわからない。これまでの調停手続きを全く無視した問いかけに、激しい論争となる。感情的な表現まで飛び出しての応酬は、終わりのない平行線にも見えた。

同じ会場でこの日、代表人の一人が自分の身の上を打ち明けた。不法投棄現場の沖合で養殖業をしていたが、有害物が瀬戸内海にも漏れ出している可能性が示唆された今日、養殖業を断念して休業するという。汚染の実態を訴えれば訴えるほど生計は苦しくなり、自分の首を絞めることになる。一家六人が、どうやって生計を立てていくか、この現場を離れればどうなるか、その胸のうちを語った。

話し終えると、公調委は「被害とはなにか」を口にすることはなかった。

健康被害の因果関係を科学的に証明してみせるのはとても難しい。島の子供たちの中でも喘息のような症状は多数報告されていた。でもこの島の教員経験者は「この島で喘息なんて記憶にない」という。私の母も同じような症状に苦しんでいた。

幸い対岸の玉野市に小児喘息の専門医がいて、ほぼ全員がこの医師の治療を受けていたため、この子たちの発作を直接引き起こしている抗原・抗体などの情報も踏まえて、繰り返し相談を持ちかけたが、疫学的な調査の限界に至った。

喘息などのアレルギー疾患は、人間を一定の容器に例えると、抗体の発生しやすさ(遺伝的要素)、ストレスなどの人間関係や生活環境、抗原や他の化学物質にさらされるなどの化学的要素の総和が容器からあふれ出すと、発作などの症状を引き起こす。

豊島のような離島は、一種の物理的な閉鎖性社会であり、婚姻などをへて遺伝する情報にも全国的な標準とは異なった特徴が出やすい。ただ、母集団である島民全員のアレルギー体質遺伝情報特性を仮に特定できたとしても、それを比較検証するための知見が存在しない。さらには、化学物質にさらされてきたことと他の要因とのバランスを定量化する手法もない。言えることは、野焼きの時期に喘息は多発し、その前の時代、そして野焼きがなくなってからは減少していることから、公害による健康被害であると類推することが自然だと思う。

ところが、香川県は、ここでも住民会議との協議を行わず、一方的に住民健康調査を実施した。地域とも連携していないし学校とも連携していない平日の昼間の健康調査は、受診率が極めて低かったため、とても全容を把握するだけの健康調査といえるものではなかった。だが、香川県はこの結果をもって、異常なしと早々と結論を出してしまったのだ。

島で開業していた内科医も、島の住民のがん発症状況は異常だという印象を度々語っていたが、高度医療へのアクセスの難しさも含めて社会科学的環境要因との区別が困難で、本格的調査には至らなかった。

咽頭がん、喘息発作で亡くなった住民会議役員の遺族宅を訪ねると、双方で同じことを聞かされた。「この場所は明け方それぞれ空気が溜まりやすい」というのである。野焼きは主に夜に行われていた。明け方冷え込むと窪みのような地形になっているそれぞれの家の周辺に空気が垂れこめる。朝起きて、窓を開けた瞬間に嘔吐しそうな臭いに襲われるのだという。それが日常だったのだ。

例えば野焼きの残渣（ボトムアッシュ）と考えられる廃棄物層からのダイオキシンの最大値は、等価毒性で三九ナノグラム／グラムの含有量が特定されている。しかもボーリングコアから同性状の複数検体を採取した混合検体の分析結果なので、スポット的な分析であればはるかに高い値を示すであろうことは容易に想像できる。

焼却によるダイオキシンの挙動は、大部分が飛灰（フライアッシュ）とともに飛散し、一部が焼却残渣（ボトムアッシュ）に残る。現場に残された廃棄物を、野焼き後の焼却残渣だと捉えると、いったいどれだけの量のダイオキシンが撒き散らされたかとぞっとする。豊島に降り注ぎ、全国にも拡散している。

ＥＰＡ（米国環境保護庁）によれば、焼却に伴うダイオキシンの飛散距離は、優に一千マイル（一六〇〇キロメートル）を超えるという。ちょうど福島第一原発から飛散した放射性物質の挙動をコンター図（等値線図）で見るように、豊島のダイオキシンも風に乗って広く全国に降り注いでいることになる。東京にも飛散しているのだ。

個別の症例と野焼きとの因果関係を科学的に立証するには限界性があるが、同時に否定することも困難だ。ただ、こうした被害者が「あの野焼き」に、ひいては「香川県行政」に殺されたと信じるのは当然のことである。

風評により引き裂かれる思いは、さらに残酷なものだった。

ある日、一人の老婆が涙とともに訴えてきた。街へ行った息子に島で採れた野菜を送った。そうしたら息子から「こんなもの二度と送ってくるな」と抗議の電話が入ったというのだ。

昔はどこの家でも大家族だった。高度成長の時代、都市と過疎地の生活格差もあって、息子や孫たちは次々と過疎地をあとにして都会へと移り住んだ。全国的な現象である。豊島とて例外ではない。残された親たちは昔家族が多かったときと同じように、広い菜園でたくさんの野菜を作り、米を作り、魚を獲った。

玉ねぎやじゃがいもを宅急便で発送する姿を見かける時がある。ひょっとして送料の方が高いかもしれないとも思うが、それでも自分で丹精込めた野菜を食べさせたいという思いは募る。こんな問題さえなければ、「里から届きました」と近所におすそわけもできたかもしれない。しかし、豊島からの届け物となれば全く事情が違う。

直接、調停の席に臨む私たちであれば、汚染の実情、問題の経緯、その意味などを伝えることができるかもしれない。しかし、街に出て報道以外の情報が得られない出身者たちにとっては、出身地を名乗ることは中傷差別の対象とされること以外の何ものでもないのだ。その悔しさや怒りは、一番甘えられる親に直接ぶつけられているのだろう。

また、島の子供たちにとってみれば、生まれた時からゴミがある。

ある日、豊島の中学生たちが修学旅行でスポーツ観戦のためにドームを訪れた。このドームでは、全国から修学旅行で来ている学校を試合の合間に紹介するのだという。「香川県豊島中学校」のアナウンスが流れ、カメラが彼らの顔をドーム内の巨大モニターに映し出す。隣席している観客が、モニターに映し出される子供らが隣にいることを目ざとく見つけ「ほう、お前らはゴミの上を通学しているのか」と馬鹿にした。

「豊島の生まれだということを知られたくない」という思いは、いろいろな場面で二次被害にあうことで創られていく。誇りを、アイデンティティーを剝奪されているのだ。

「大人たちは『もとの美しい故郷を返せ！』と叫ぶけど、僕たちは、その『美しい故郷』を見たことがない……」切々と住民大会で語りかける中学生に白髪の老人が泣いた。

「わしらの時代に、こんなことにしてしもた」

「ゴミをきれいにする道筋だけは立てておかんと、死んでも死にきれん……」

その目は涙に濡れている。

一方で、汚染報道のたびに豊島の農産物・海産物の引取り拒否や、買い叩きが横行することになる。豊島のブランドは、次々に消えていく。明らかに被害は現存する。そもそもそれを定量化しろという提起自体がナンセンスである。しかし、現実の社会では、被害者が自ら膨大な労力と費用を負担して立証しない限り、被害が認められることはない。

中坊弁護士は「罪なくして罰せられる」ことの不条理をことあるごとに語った。

「この島の人たちがいったい何をしたと言うのでしょうか……」

「なぜにこれほどまでに苦しまなければならないのでしょうか……」と。

それにしても、ある意味で公調委の「住民の被害とは……」「撤去を求める理由は……」という質問は現行法に照らせば本音であろうし、問題を矮小化すれば、個々人の被害補償へのすり替えもいつ起こってもおかしくない。

公調委のこの問いに警戒して、住民会議は大きく運動の方針転換を行うことになる。これは豊島で起きた不法投棄事件という個別の問題にとどまることなく瀬戸内海の問題であるとして、弁護団を拡大し、これまでの大阪に加えて香川、愛媛、岡山、広島、兵庫、和歌山からも参加して新たな「瀬戸内弁護団」を結成する。

一方で、これまで住民会議は事実上の閉鎖政策をとっていた。一九七五年当時の初期の運動で政治に翻弄されるという苦い経験をしていた豊島住民は、自らの意思決定を左右するような外部の団体との接触を避けてきたのである。しかしもっと強力な支援が必要だった。これもまた、あらゆる個人、団体に支援を求める活動を展開することとなった。

「これには石井さんにいってもらえ」とまた中坊弁護士に名指しされてしまう。

四月、海苔養殖シーズン明けと同時に団体探し、アポ取りから始まって、私は全国を飛びまわることになる。多い月には二〇日以上島を離れている。電車での移動距離は年間二万キロ、二年で地球を一周するペースで行脚が始まった。東京以西、沖縄以外は大体のところへ出かけて行った。

四月四日の第九回公害調停で、前回の公調委の質問は撤回されてはいたが、進展は全く見られず膠着状態が続く。支援を求める活動は、いずれボディーブローのようにじっくりと効いてくる。しかし、動かない調停を動かし始めるには何か大きな力が必要だった。

虹の戦士

ちょうどこの頃、国際環境ＮＧＯグリーンピースから住民会議に連絡が入った。七月にはグリーンピース・インターナショナルの機帆船「RAINBOW WARRIOR（虹の戦士）II」が日本に来るというのだ。一九八五年、フランスによるムルロア環礁での核実験に反対する平和船団の旗艦兼補給船として、ニュージーランドのオークランド港で準備中に、フランス情報機関の工作で爆破され国際間紛争にまで至った船の後継船であり、グリーンピースの旗艦である。一九九五年この船は、再び

グリーンピース（1996年）

平和船団を組み、フランスを核実験廃止の宣言に追い込んでいた。

日本における「ゼロダイオキシンキャンペーン」の出発地点として豊島を考えている、受け入れてくれないかというのだ。パフォーマンスとしては十分な可能性を秘めてはいる。調査研究や政策提言を綿密に行ってはいるが、どちらかというと過激なイメージで知られ、華々しいパフォーマンスで世論にアピールする手法が得意な集団だ。

一方で、豊島のような現場は、行動することによって事件が知られることと風評被害が両刃の剣であり、予測不能なだけに慎重を要する。

海外からインターナショナルのスタッフが集まって下見の視察に入る際、私はアテンドに入ったが、イメージとは異なって気さくな人たちだ。ところが、豊島での行動の打ち合わせに入ると、どうしても実際の行動の方針に違いが出る。行動の負のアウトカムである「風評被害」について想像できないのかと、私は苛立ちを募らせた。

私は一方で高松市内を中心に県内でいろんな人を訪ねて歩いた。グリーンピースの香川県庁に対する抗議行動のデモに参加してくれる人たちを集めるためだった。

決行直前、私は代々木のグリーンピース・ジャパンにいた。

「行動、声明、全てについて再検討できないのであれば、全面的に拒否する!」

どう見ても十分な準備ができているとは思えなかった。「あなたがたの一挙手一投足が、豊島を葬りかねない」と再考を訴えた。グリーンピースはこれを受け入れた。

一九九六年七月、豊島沖に虹の戦士号が現れた。船には「くりかえすな豊島を」の横断幕が掲げられた。

この出来事は、思わぬ副産物を生むことになる。「豊島事件は、豊島の人たちだけの問題ではない、私たち自身の問題なのだ」という問題提起から、デモで出会った人たちが「豊島は私たちの問題ネットワーク」という団体を組んだのだ。通称「豊島ネット」の活動は二〇一七年まで続いている。

国を動かせ

「廃棄物処理には莫大な費用がかかる、香川県単独でこの処理を実現するのは無理だ、国の支援がいる、国が支援するということは、国会を通過するということであり、第一に大蔵省（現財務省）官僚がうんと首を縦に振ることなんだ。東京の新聞に出ないような地方の事件で、なんで大蔵官僚が説得できるか、だから時間がかかるんだ」

責任転嫁か愚痴か、いずれにしろ公調委内部から聞こえてくる。繰り返される弁護団会議の中で、国に対して直接行動をとることが必要との認識に至る。

「国会で豊島事件を取り扱ってもらえ！」

豊島住民は、ありとあらゆる方法で国会議員たちにコンタクトを試みる。衆議院厚生委員会のメンバーを調べて、豊島事件資料を全員に送付した。

手分けして大勢で発送作業をしているとき、声がかかった。

「おーい石井くんよ！　代議士が直接電話に出てくれた、電話代わってくれ！」

電話に出た私は「時間をとって欲しい、指定された場所、時間に日本中どこへでも行く」と伝えた。

「明朝一〇時、衆議院議員会館」と指定され「わかりました」と答えたものの、もう深夜である。瀬戸内海の離島から一〇時間後にどうやって国会に行くか。午前四時に海上タクシーを頼んで、陸上のタクシーを乗り継ぎ、岡山駅発午前六時の始発新幹線のぞみで、一〇時ぎりぎりに永田町の議員会館へ駆け込んだ。

いい人であった。住民の立場から厚生省に詰め寄り、後のち、産廃特措法の適用を求めて東奔西走して事件解決に貢献してくれた人なのだ。しかし、法解釈を巡って厚生省に詰め寄るのは難しいかもしれない。それが、第一印象であった。結局、二人の衆議院議員が質問に立つとして直接面会してくれて、検討するということで別の二人の衆議院議員の秘書に会うことができた。

中坊弁護士から携帯に電話が入る。

「あんたなあー、考えてみたらな、国会で質問してもらうんはええけど、厚生省にあとあと問題になるような答弁をされて議事録に残ったら困るがな、議事録は怖いでぇー、事前に厚生省の答弁を聞き出して、無用な質問は取り下げてもらいなはれー」

「……」

「ほな、たのんまっせー」

その通りだ。だがどうやって……。私はぞっとした。

六月一二日、衆議院厚生委員会。結局私は中坊弁護士の課題を克服できないままにもう一人の選定代表人と国会へ傍聴に向かう。新幹線の中からも代議士本人に電話をかけ続けながら……。

国会、衆議院厚生委員会の開始ベルが鳴る……。一人目の代議士が質問に立つ。

「豊島事件に対する厚生省の認識を問いたい」

「この事件は、回収業としてシュレッダーダストを集めた事業者が、その処理能力を上回って集めたことにより、生活環境保全上の支障が生じたものであり……」

厚生省は香川県の代弁者となっていた。香川県は、もともとこの事件は、シュレッダーダストからの金属回収業を行っていた事業者が、自分の処理能力を超えて原材料を集めたために、周辺環境に影響を及ぼすような事態になったのであって、そもそも香川県には何ら落ち度はないという見解をとっていた。一九九〇年兵庫県警の摘発の後、「廃棄物の不法処分」であることを追認しているが、これは「これだけの量を集めると事業者の金属回収能力を大きく上まわり、有効利用しきれない状態と認識できるから、結果として廃棄物と言わざるを得なくなった」と主張していたのだ。

しかし、現実は、「シュレッダーダストそのものは廃棄物であり、これを合法の金属回収業に見せかけるために排出者は売却しているという形式をとっているに過ぎず、排出者は現に売却代金をはるかに上回る運送費を支払っている」ことを認識した上で、香川県は金属回収業として指導したことそのものが当初から誤りだったのである。従って香川県の責任は極めて重いといえるのだ。ところが、兵庫県警の摘発では、シュレッダーダストは最終的に立件起訴の対象とされていなかったために、法的判断が下されずあいまいになってしまっていた。兵庫県警は、松浦には十分に廃棄物としての認識があり、起訴できる内容だと考えていた。ところが、香川県知事が許可し、その指導の下の事業であったため、事業者だけが悪いとは言い切れず、立件起訴を強行すれば香川県知事までが逮捕の対象になりかねないのである。そこで、政治的判断で立件起訴を断念している。

しかし、香川県はシュレッダーダストに法的判断がくだされていないので対応ができないと開き直っていた。この点を厚生省がどう認識しているかということは、事件解決に向けてとても重要な課題である。

「あれはまずいでしょう」

傍聴席に駆け込んできたのは、後に、国会で自らががんであることを吐露し、がん新法制定を実現した後、在任中に殉職した山本隆史衆議院議員である。彼は何人か後に豊島事件の質問をする予定だった。

「あれでは香川県の詭弁のままだ、シュレッダーダストは当初から廃棄物であって、買っているという形式をとっていても、それを上回る運送費を払えば逆有償だから、排出者はお金を払っているのであって、売却代金を受け取っているわけではない。厚生省の通達に従えば、最初から廃棄物だ……」

私たちは、厚生省にどう詰め寄るか打ち合わせた。

山本議員が登壇した。

「この事件に対する香川県の対応はどうだったのか」

「兵庫県警摘発後……許可の取り消し、措置命令と続き……」と厚生省は、摘発後の香川県の対応を答弁する。

「今後の処理について、香川県から相談は受けているか」

「いまのところは、まだ……」

「では、別の聞き方をしましょう、排出業者が廃棄物を出した、それを原材料として売った、しかし、それを上回る運送費を支払った場合、これは廃棄物か有価物か」

「廃棄物であります」

「豊島では、有価物として豊島観光が買ったというが、それを上回る運送費を払っているじゃないですか、だから排出業者が出した時点で、これはそもそも廃棄物なんですよ」

「それが事実であった場合には、廃棄物ということになりますが、それが未だ確認できていない状況でありまして……」

「確認できているじゃないですか、ここに証拠もある、摘発前の香川県の対応は適切だったんですかどうですか」

「摘発前の香川県の対応は不適切であると考えます」と厚生省は認めた。

こうして厚生委員会議事録には、事実が刻まれて歴史に残ることになった。厚生省はこの後「豊島事件における香川県の対応が不適切であった」という見解を公表する。

六月一六日には、環境庁長官が記者会見を行った。

「豊島に不法投棄されている有害産業廃棄物起因と見られるダイオキシンが周辺環境から検出されたことを受け、環境庁として、一年をかけてダイオキシン類の有害性評価や諸外国の規制の動向などを踏まえ、排出基準や目標値の設定など、日本の実情に適する対策のあり方をまとめた戦略を策定していく」と公表したのだった。公調委専門委員による実態調査で高濃度ダイオキシンの存在が明らかになったのを受けて、環境庁は独自に豊島事件の現場周辺の環境調査を行っていた。その結果を基に行われた会見であった。

山本議員は、局長や大臣らに対して、現場を見たか、見るべきだと主張し、当時薬害エイズ問題で注目を浴びていた菅直人厚生大臣は、答弁の中で「時期を約束することはできないが、現場を見ることからはじめて厚生省として何ができるか考えたい」と現地を訪れる意向を示した。そして後日、大臣の豊島訪問の連絡が大臣筋から入ることになる。

白い城

豊島の玄関口家浦《いえうら》港にある豊島交流センターは一九九六年八月一日供用開始である。離島振興法に基づく公共の建物だ。港の白い建物は今も多くの人々を受け入れている。

一九九一年から一九九二年にかけて、「いきいきアイランド推進事業」という名目で、香川県による、離島住民が参画して離島振興計画を策定するという事業が行われた。二カ年で県内有人一二指定離島（離島振興法指定離島・当時）から二～三離島を選び、計画策定を行うというのである。

摘発直後の香川県から土庄町を経由して、「先ずは豊島で」という提案に、「飴玉か」という印象は拭えなかった。自治会は、拒否する構えを見せたが、たとえ飴玉であっても飲み下して、しかし一方で香川県の追及は手を抜かないということでいいのではないか。年配者に比較的若い者たちが反発して事業実施となった。私もその一人である。

香川県の「香川大学で地域を研究している教授あたりをコンサルタント役として」という提案は拒否して、私たちは日本離島センター経由で、東京のメッツ研究所に委託することを決めさせた。

「豊島のビジョン」「豊島のプラン」の二冊にまとめられた報告書の最後に、衰退する島の今後の転換を図るための緊急課題が三つあげられている。

ひとつは、飲料水の安定確保である。もうひとつは、緊急医療の確保。そして、島外の人たちの理解、協力や支援を得るために交流の拠点が必要であると示されていた。多くの場合、こうした行政が行うソフト事業は、報告書が出来上がれば終わりで、その後具体的なハードに結び付けられることはあまりない。豊島もまた、豊島事件対応に島のほぼ全精力を傾けていたために、報告書のことは忘れかけていた。

一九九五年暮れ、電話が鳴った。東京からだった。三年のブランクを置いて、九六年度予算に向けて、香川県から離島振興事業として豊島交流センターの予算要求が出ているというのだ。私は全く知らなかった。

全国から八カ所の陳情が出ており、予算付けされるのは五カ所である。この競争の中で、なんとか予算を獲得しようと、その内の七カ所は町長はじめ県の担当者から陳情や、なぜ交流センターが必要なのか説明に来るという。それも日参するようにだという。

ところが、豊島の陳情だけはだれも来ない。見かねた関係者が香川県に説明に来るように促すと「香川県はなぜ豊島に交流センターが必要か説明できない」と、事業主体である土庄町に振った。ところが土庄町も予算要求は出しながらも「理由は説明できない」として、当時のコンサルタント会社に、国土交通省離島振興課に説明にいってもらえないかと打診したのであった。つまり、町にも県にも離島の実情や課題は理解できていないということだ。

これには、国土交通省が怒った。しかし、省内の会議では意外な展開になる。「あの豊島を、国土交通省として今見捨てていいのか」「国土交通省に一体なにができるのか」という議論になったのだという。

こうして豊島交流センターに予算が付けられ、一九九六年夏の供用開始を目指して建設されることとなった。

「県も町も何も考えてはくれない。事件の経過を見ていて、住民の苦悩は想像に余りある。離島住民が自ら立ち上がるしかないのだ。建設は決まった。君たち住民が自らの手でこの建物を活かしきってくれ。今の国土交通省にできることはそれぐらいしかないのだ。きついことを言うが、かなり無理はしている。もしも活かせなければ、二度と国の予算が付くとは思わないでくれ！」

町からの説明では、自治会に管理委託するという。実質これでは機能はするまい。豊島三自治会が小豆島の土庄町本所へと陳情団を出す。臨時でいいから専従職員を配置するように求めたのであった。私も陳情に参加して、帰る途中陳情団と小豆島で別れた。

折り返し、町長に非公式に会いたい旨を伝えた。すぐに時間を取るとのことなので引き返すと、役場ではなく料亭に静かな席が設けられていた。二人だけである。運動上、明かせないことは別として、豊島事件の経過実情や目指すべき方向、その後の離島のあり方について思うことを話した。町長もまた県と住民の板挟みの苦しさを吐露した。

私は席を立つとき、「町長、臨時でいいんです、公募したらどうでしょう。そうしたら私も応募するかもしれない」と言い残して席を立った。

公募が出されて、私も応募した。応募したのは私だけだったようだ。

一方で厚生大臣の、豊島訪問の日程が決まった。

面接と試験を受けに行くことになる。ところが役場は異常な空気になっていた。面接会場で最初に言われたのは、「香川県警警備課が待ってます。菅直人厚生大臣の警備の打ち合わせをしたいということで、別室で面接の終了を待っていますので……」だった。

「交流センターでは、産業廃棄物に関することは一切やってはいかん」

面接担当者からいきなり言われた。

「豊島はいまや廃棄物紛争で全国に知られる島です。裁判や調停の手続きを公務時間中にやってはならないというのは当然のことですが、環境学習・社会学習としての廃棄物問題を取り扱ってはならないと言われると交流センターとして機能しないと思います」と私は答えた。

「そりゃそうだ」と一人の面接担当者が相づちを打ってくれた。

「いや、町長の意向はそうではない」別の面接担当者が反論した。四人の面接担当者が二対二に分かれて、私をそっちのけで議論になった。

「とにかく君はもういいから……」と面接はここで中断した。

私は別室で県警と、大臣の警備体制についての打ち合わせに入った。就職と同時に首の皮一枚の状態である。

一九九六年八月一日竣工。同日私は完成したばかりの真っ白な壁の交流センターに、管理人（土庄町臨時職員）として着任した。この日からこの白い城が、豊島にとっての新しい足がかりになる。

辞令を受け取ったその場で、「交流センターで大臣を受け入れたい」と申し出た。だれも否定はできなかった。大臣から指定された秘書との間で打ち合わせを繰り返した。弁護団会議でも繰り返し大臣の受け入れが議論された。しかし、終始、豊島に実際に立つことが重要で、それさえ実現すればよいという結論であったので、私もそのとおり「豊島の人がいろんなことを言います。その言葉を黙って受け入れてくれれば良い」と伝えてあった。

ところが、前夜に弁護団も島に集まり、せっかく大臣が島に来るのだから「大臣に直訴」しようということになった。そんな了解はいただいていないし、第一申し入れもしていない。すでに大臣は一連の視察行程に出発してしまっている。

宇野港まで大臣を出迎えに行って、チャーター船で島に入ることになっていた。出迎えには議長の内の一人と私が行くことになっていた。宇野から豊島まで海上タクシーで約一五分。そのあいだに「大臣を説得して言質を取れ」というミッションが与えられた……。

菅直人厚生大臣

宇野港に着くと、大臣が待っていた。余裕をもって島を出たはずだったが、大臣の予定がかなり早まったのだ。出だしから少々気まずかった。

海上タクシーに乗り込み出航する。島までの時間は一五分だ。挨拶もそこそこに、私は資料を広げて「なぜ県に責任があるといえるのか……」とまくし立てた。

しばらく耳を傾けた大臣だったが、突然に大声で怒鳴った。

「いったい！　どうなっているんだ！　これは！」

その剣幕に一瞬息を飲んで、

「ならば、厚生省は誤った事実に基づいて政策をやって良いのか！」

私は大臣に言い返した。

「イラ菅」というあだ名をつけられて、短気な性格は週刊誌などで目にはしていたが、私もやってしまった。もっとも、大臣にしてみればだましうちである。何も求めないという前提で連絡してありながら、直訴するからその場で受け取り、住民に前向きな言葉をかけてくれというのだから。

それでなくとも、厚生省から大変な圧力がかかり、大臣としての公務上の訪問ではなく、私人菅直人としての訪問という、綱渡りのような位置づけでの来島となっていた。

それでも、豊島の住民たちは、現職の大臣が廃棄物の上に立てば、私人では済まされないからそれで良いと考えていた。私にだまされた形になった随行秘書には本当に申し訳ないことをしたと思う。同行した議長は顔面蒼白で凍りついていた。

しばらく沈黙が続いて、大臣はデッキに出て海風に当たり始めた。あとは運を天にまかせて大臣の判断を待つしかなかった。

随分と豊島が大きく見えはじめたころ、大臣はキャビンに戻って静かに口を開いた。

「直訴するということが良いのか、今が良いのか……私には判断がつかない。直訴するというのであればそうしなさい。私に何が答えられるのかはわからないが……」

私は黙って頭を下げた。

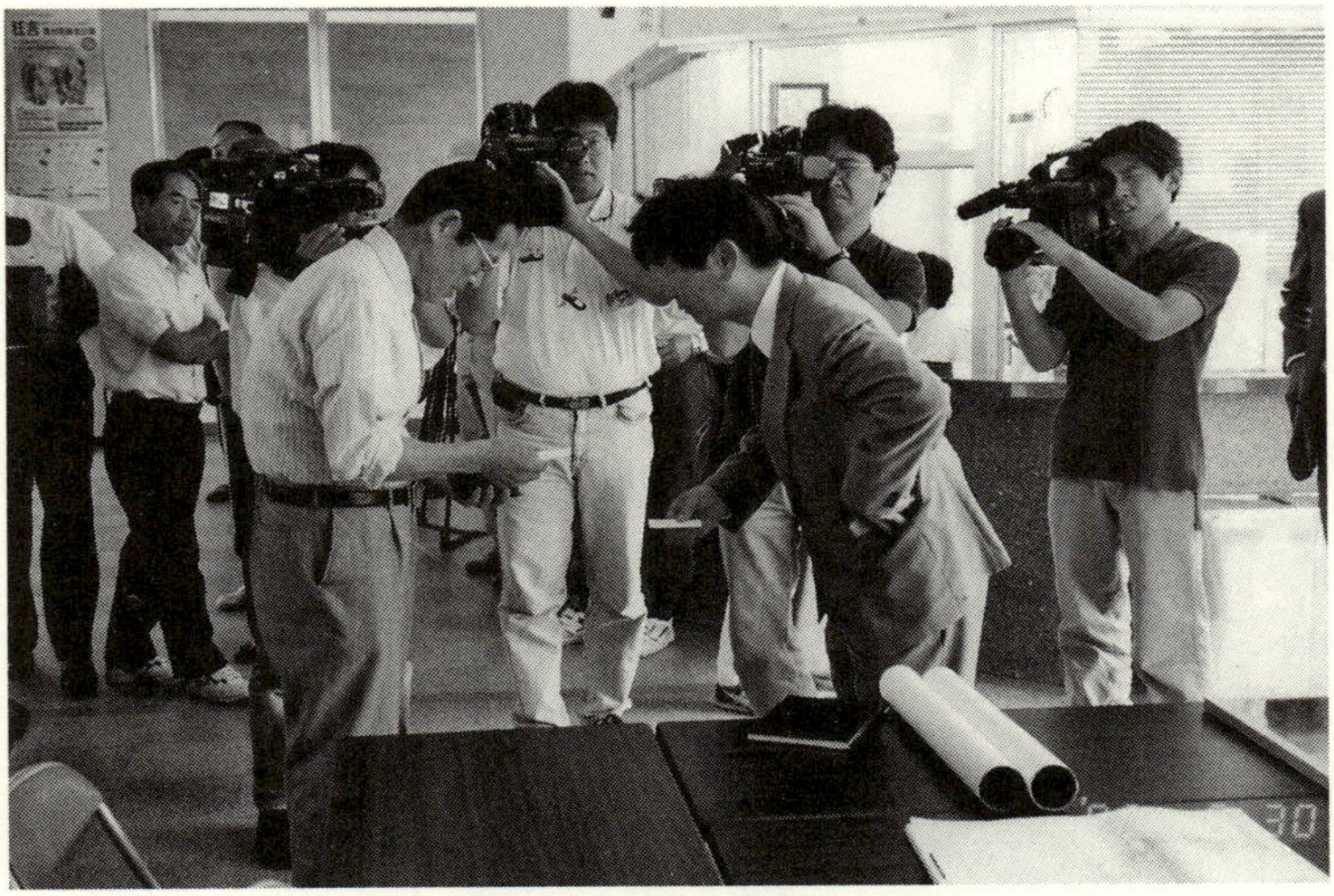

厚生省廃棄物対策室長と安岐議長（1996年）

大勢の住民が港で出迎えた。大臣の訪問は、豊島の人たちに随分と希望を与えたに違いない。視察を終えた大臣を交流センターで迎え入れ、町長も地元県議会議員も挨拶に訪れた。

豊島住民は「香川県が原材料だと言いはっているシュレッダーダストは廃棄物なのか有価物なのか、厚生省の見解を明確にすること」、「厚生省の担当官僚を現地へ来させること」、そして「厚生省も香川県と共同して廃棄物の撤去を実現すること」の三点を求めた。

菅大臣は「豊島のみなさんは、政治家は信用できないから官僚をよこせと仰る」と、皮肉を交えて話しだし、「香川県がこの問題をどう認識しているのか、私からも意見を聞きたい」「豊島の問題は日本の廃棄物行政をどうするのかという問題と直接つながっている。厚生省として何ができるか。早い機会に県とも意見を交換し、業者も含めた何らかの合意ができるようにしたい」と語った。

この月末、厚生省の廃棄物対策室長が廃棄物の上に立った。

この後も臨時職員の私に、やはり町役場からは「廃棄物に関することは一切扱ってはならない」という指示が繰り返し届いた。私は「私人菅直人がよくて、その他はいけないという理由はなにか」と問い返した。

その後、これほどの利用率や利用者数、そしてその中での交流の質を叩き出した施設は全国でも少ないだろうと思う。豊島の歴史の中の小さな白い城である。

銀座の空の下

グリーンピースといい菅厚生大臣といい、本当に大きな弾みにはなっている。でも地方で起きることは、地方記者の取材であり、全国紙では本社が認識しなければ掲載されない。取り扱いは限られたことになってしまう。官僚たちが記事を目にする全国区の問題として位置づけるには、やはり首都東京へ直接乗り込む以外にないのか。「東京へデモに行く」という方針は打ち出したものの、すでに運動の資金は底をついていた。

公害調停は、裁判に比べて時間も費用もかからないと言われる。しかし調停申請から丸三年近くたって、膠着している。弁護団と住民代表が一度東京へ出かけると、往復の電車代だけで五〇万円はかかる。期日とその間の事務的な折衝、年に二〇回上京すれば、それだけで一千万円である。年間三千万円前後に達している運動費用の各自治会からの負担も一億円に迫っていた。それも底をつき、自治会の役員が連名で金融機関から借り入れを起こして支える事態にまで至っていたのだ。

その上、みんな仕事を休んで行動する。県を論破していくために必要な学習時間は仕事時間以外に作り出すほかない。確かにテーブルに着けば対等な話し合いかもしれないが、香川県の職員は、それを仕事として公費で現れ、出張費や時間外手当まで付いている。テーブルにたどり着くまでの負担は真逆なのだ。これでは対等な話し合いができるはずはない。特に長期戦では分が悪い。豊島住民はみんなかなり疲れている。

東京へ行くすべはないか。大型バス一台〇泊三日チャーターすると、値切っても八〇万。さらに値切った上で、この経費を参加者で割る。つまり、自己負担の有志を募った。瞬く間に四二名のデモ隊が出来上がった。

九月の始め、朝日新聞の社会面に小さな数行の記事が出た。

「豊島住民が東京でデモ」

ほんの数行の記事だったが、これに救われることになる。東京から電話が掛かり始めたのだ。

「デモの許可は出てるのか」

「いや、まだこれから」

「東京都まで豊島から出てきて、そもそもデモ申請が受理されると思うか、所轄署ではまず無理だ。窓口で申請そのものの受理自体が押し問答になるだけだ。何とか警視庁に働きかけてみる」

廃棄物処分場問題全国ネットワークの会長だった。高松なら、デモの許可は申請すれば問題なく出る。私は事務手続きだけの問題だけだと思っていたが、東京では、そうではないようだ。

電話は、次々と鳴った。東京日の出町問題の当事者たちなど、東京近郊で同じような問題を抱えた人たち。東京在住の豊島出身者などであった。

私は、詳細な計画策定のために現地の下見を兼ねて上京した。事前の折衝が功を奏し、所轄署である浅草署はすんなりと許可を出してくれた。

一九九六年九月一九日夕刻、一台のバスが豊島の対岸宇野港を発車する。バスには「元の島を返せ・東京キャラバン」という横断幕が掲げてあった。島民のデモ隊四二名、高齢者が目立つ。運転手二名、どこにも泊まらず、昼間の行動時間以外は往復二千キロを走り続けるので、運転手も車中交代で仮眠を取る。

一九九四年四月一三日から、二代目筆頭議長として安岐登志一が就任していた。筆頭議長もこのバスデモ隊に参加していた。

「登志一さんが……」

呼びに来た声にあわててトイレへ駆け込んでみると、床に這いつくばって嘔吐している。

私は背中をさすりながら「やっぱり無理やわ……途中、寝台列車を捕まえられるように手配するから、それで上京して、お願いやから……このままやったら体がもたん……」と声をかけた。

「そんなことができるか、みなしんどい思いして必死で行きょんのに、わしだけが楽できるか！」

そういって彼は再び立ち上がった。

議長は、事前に新幹線で上京して銀座で出迎えてほしいと頼んだが、一緒にバスで行くといって聞かなかった。胃がんで胃をほぼ摘出し体力が戻っているとは言えない状況だったからだ。その上、乗り物酔いにはめっぽう弱かった。

何事もなかったかのように平然とバスに乗り込むと、彼は一人で耐えていた。その後もサービスエリアで止まるたびにトイレで這いつくばった。彼は一睡もできなかっただろう。安岐登志一、満六六歳。私も一睡もしなかった。

夜が明けて、朝のラッシュにバスが巻き込まれる。距離的には銀座はもう間近のはずだった。大渋滞でバスはほとんど進まない。

「この自動車、使えんようなったら、どこへ捨てる気やろ」

どこまでも続く大渋滞の自動車の帯を見てだれかが呟いた。その言葉にみんな笑った。私の目にも、びっしりと並べられ動かない様子は、自動車というより道路上に続くシュレッダーダストの帯に見えた。無秩序に大量消費されることの罪悪、虚しさを、このバスの中の人たちは感じ始めているのだ。

バスは銀座に着いた。驚いたことに、出迎えてくれた人たちは、バスで到着した豊島からのデモ隊よりもはるかに多かった。七月に発足したばかりの住宅金融債権管理機構の初代社長に就任していた中坊弁護士も駆けつけていたが、バスが遅れたために住民の到着を前に公務に出発してしまっていた。

豊島住民は、この銀座デモに、不法投棄された本物の廃棄物を持ち込んだ。ただ、それはそう単

東京銀座デモ（数寄屋橋、1996年）

純なことではなかった。東京へ一部とはいえゴミを持ち出して、人々に見せる。廃掃法上問題はないのか。そもそも、これはだれのものだ。廃棄物（不要物）だとしても、現状は事業者のものか。そうすると「彼」はゴミを持ち出すと「ドロボーだ、盗まれた」と騒ぎはしないか。検討を重ねた結果、処分地の調査分析を事業者は妨害してはならないという仮処分は裁判所で取り付けてあったものの、さらに、グリーンピースに公式に化学分析の検体提供要請書を出してもらい、あくまで採取した検体を東京のグリーンピースへ届ける途中であるという手続きの下での公開となった。

道行く人は、差し出したチラシを快く受け取ってくれた。そして、パトカーに先導され、一〇〇人を超えたデモ隊は、銀座を行進したのだった。

この日、銀座の空はどこまでも青かった。

デモを終え、全員でバスごと総理府へ乗り込む。この日、第一一回公害調停である。四二名全員と当日駆けつけてきた弁護団、選定代表人らが合流して出席した。

この調停でも香川県から進展の言葉は聞かれなかった。だがしかし、公調委は香川県に対して一つの「指示」を出していた。

それは「本件処分地にどのような対策を施すのか未だ検討が未了だということであるが、調停委員会としては、検討にあたって、香川県がその固有事務として、公害の防止及び環境保全を図るべき責任を負っているという事情に加えて、本件については、県は特別なかかわりをもっているということを考慮してほしいと考えている。

特別なかかわりというのは、従前の打ち合わせの際、事務局が指摘したことと同じであるが、本件においては、廃棄物処理行政の担当者としての県知事及び県職員が、廃棄物と判断すべきシュレッダーダスト等を、誤って有価物と判断した上、住民に対して豊島観光が違法行為を行わないよう十分監視すると言明しておきながら、その後適切な指導監督を怠ったことが大きな要因となって本件のような深刻な事態を招いたということである。このような本件の経緯というものを十分踏まえた上で、紛争解決にむけて是非、踏み込んだ内容の対策を検討してほしい」という内容であった。

ただ、この内容は住民側にはこの日知らされることはなかった。

調停の休憩時間に売店で夕刊を買い集めた。どの新聞も一面カラーでデモの様子が報道されている。これを調停委員会に手渡した。「東京の新聞には出しましたよ、大蔵省の官僚を説得してください」とばかりに。

「ほほっ！　冥土の土産に……」

総理府を出たバスは、東京タワーに向かった。東京に来た記念に東京タワーで夕御飯を食べて出発しようというのだ。「生きてふたたび東京に来ることはないかもしれんから……」と周囲を眺め回して笑う者もある。

すっかり日が落ちてライトアップされた東京タワーを後に、バスは一路豊島へと向かう。復路もまた安岐議長はじっと耐えていた。

しかしこの日、香川県議会九月定例議会では「香川県は公調委専門委員の示した第七案(封じ込め)を実施する」と知事が表明したのであった。そして第七案は、公調委が示した「必要にして十分な対策案」であると豪語した。

私たちの最も恐れていたことだった。しかも、いったん口にするとこれを撤回することは並大抵のことではない。

時折日差しに秋の気配を感じるようになった頃、環境庁から電話がかかってきた。政務次官(副大臣)からだった。

「石井君よ、元気にしとるか。環境庁は公調委の調査に続く豊島周辺の環境調査と並行して、九四年、九五年と全国八二カ所の安定型埋立最終処分場の環境調査をやってきた。

無害物しか埋められていないはずの処分場だが、汚染はだいぶ深刻だ。

そうした実態を踏まえて、安定型の埋め立てという考え方は無くそうという答申が生活環境審議会から出されているが、今回の法改正で安定型処分場をなくすことはできなかった。だが、廃掃法の一部改正でシュレッダーダストは今後管理型以上の処分場でなければ処分できなくなる。

これは豊島が活かされたともいえるし、豊島に現在野積みされている事件現場のシュレッダーダストが違法状態だということがより明確にもなる。豊島の後押しになればよいと願っている……環境庁も何とか豊島の力になりたいと思っている、頑張ってくれ……」

しかし、膠着した調停は進展せず、住民の苛立ちは隠せない。ところが、東京デモから帰って三週間ほどたってのことだった。来る衆議院議員選挙のための選挙遊説に現職橋本総理が高松へ訪れた。一九九六年一〇月二〇日のことである。そして、橋本総理大臣が演説の中で豊島事件に触れたのだ……。

「……香川県が一生懸命にやろうということであれば、国も地方財政措置で支えようじゃないか……」と、国が支援することをほのめかす。一国の総理である。遊説の言葉とは言え、一度言い出せばこちらも取り消せなくなる。

総理のこの言葉は、事態を打開する緒になる可能性を秘めてはいる。しかし一方で、政治に利用されてしまうのではないかという懸念も湧いてくる。いろんなものが動き出したには違いない。これまで以上に、慎重で複雑な対応を要求されそうだ。

先ずは「第七案」(封じ込め)を香川県に撤回させなくてはならない。

一〇月三〇日に開かれた第一二回公害調停では、案の定香川県が「第七案」に取り組むと正式に表明した。これを受けて、豊島住民は直ちに「香川県に当事者能力はない」として、国(厚生省)を新たに被申請人として公害調停の相手方に加えた。

この日になって公調委は、香川県に対して九月二〇日に指示を出していたことを明らかにした。豊島住民は、第七案は現行法に照らしても違法を容認する考え方であり、香川県を再度説得するように強く求めた。しかし、公調委は動こうとはせず、決裂寸前の状態で次回日程も決めずに総理府をあとにした。

豊島住民は、香川県に対する公調委の指示を公開する一方で、一一月二四日、住民大会を開いて「島内で無害化処理を行う」ことを自ら決議する。これは豊島住民にとっては最大限の譲歩だった。

これほど困らされている有害産業廃棄物を、一刻も早くそのまま持ち出して欲しい。豊島住民はだれしもそう思う。しかしそうしたら、どこでどうやって処理をすれば良いのか。そこにだって住民はいるのだ。その人たちに押しつけるわけにはいかない。いくら香川県に責任があるとはいえ、だれかに押し付けることを要求しつづけることは世論から、私たちの「エゴ」だとそしられる部分もないではない。そしてなによりも、一〇年と言われる中間処理期間に自ら立ち会って、これ以上汚染を広げないように確認してから島外に持ち出す覚悟を決めることこそが、撤去を実現する唯一の方法だと考えたからである。

とはいえ、巨大な工場が建ち、一〇年にわたって再びゴミが燃やし続けられる。これを豊島で受け入れなければならない理由など本当はどこにもない。

そして、一二月一日には再度シンポジウムを開き、一二月七日には香川大学法学部主催で豊島問題のシンポジウムが開かれ、法学部長は香川県の責任に触れた。

一二月四日の第一三回公害調停でも、香川県は第七案（封じ込め）に固執した。その香川県に対して公調委は「中間処理」を促した。その理由は、公調委が指示した「踏み込んだ」案になっていないこと、住民が撤去を求める紛争で解決策にはなりえないこと、さらに、第七案（封じ込め）では、現場の汚染状態から、将来にわたっての環境保全はできないことである。

ここに至って、公調委は自ら提案した第七案（封じ込め）を自ら否定したのであった。

一二月二〇日、厚生省は、県が事業主体となって中間処理を行うこと、公害調停で合意することを前提（条件）に、解決に向けた財政支援を行うことを表明した。同時に翌一九九七年度の予算に、調査研究費として予算確保していることも公表したのであった。

厚生省と香川県は、廃棄物の溶融による中間処理をした後、副生物を再利用する研究として、豊島の不法投棄産業廃棄物を処理することができないかという検討を行っていたのである。これを受けて、一二月二六日、香川県が文書で「自ら中間処理に臨む」ことを回答したのであった。

この当時の厚生省は自己矛盾に陥っている。そもそも廃棄物の不法投棄の未然防止、及び万が一不法投棄が発生してしまった場合でも、廃掃法上の措置命令、そして行政代執行を組み合わせることで、その対策は万全であるとしていた。ところが、豊島事件では、措置命令も行政代執行も機能しなかった。つまり、「ゴミの責任はだれも取らない」ことが立証されてしまったのである。これを機に、全国でゴミ処分場の建設を巡る紛争は増え続け、その数は一千カ所とも言われ、さらに増え続けていた。日本のゴミ行政は麻痺しかけていたのだ。「あの豊島のように」が、どこの紛争現場でも合言葉として使われた。

どのような方法であるにしろ「豊島事件は解決した」と言えなければ、廃棄物行政そのものに収拾がつかないところにまで厚生省は追い込まれていたのだった。そこで、厚生省は香川県を説得する側に回っているのである。とはいえ、香川県が判断を誤ったこと、その責任において処理をするということではなく、新たな廃棄物の処理方法の検討という位置づけになっている。なんとも玉虫色の見解である。

第五章　根無し草——中間合意と国の責任

招かれざる客

一九九六年一〇月三一日、私は高松地方裁判所にいた。審尋である。裁判官をはさんで私と向き合っているは、「国利民福の会」会長である。無限連鎖講で三七億円をだまし取ったとして我が国で初めて詐欺罪が適用された事件の主犯であり、彼は執行猶予中の身であった。

数日前、彼は豊島交流センターに現れ、私にこう言った。

「韓国から最新型の二千度を発することができる焼却炉を輸入して、私がダイオキシンを含む不法投棄廃棄物を焼却して処分する。豊島の住民に負担はかけない。そのために広く国民から一千億円の寄付を募る」

一一月三日には、炉の心臓部を持ち込んで現地で焼却実験をするというのだ。そして最後に彼は、私は有名な人間であると言い残した。

狐につままれたような話で、私は新聞社に連絡して記事検索をお願いした。凄まじい数の新聞記事が出てきた。熊本天下一家の会（無限連鎖講事件）で理事を務めていた彼が、国債を利用した新たな無限連鎖講事件を起こし、これを取り締まるため、言い換えると彼を逮捕するために国会で法改正を行ったという記事である。

法改正の前日、国利民福の会は解散されているため「無限連鎖講の防止に関する法律」は適用されなかったが、詐欺罪が適用されて有罪が確定していた。彼の現地立ち入りを阻止するための「仮処分」の申し立てに伴う審尋だったのだ。私と相手方双方が裁判官の前で言い合いをし、すぐに「立ち入り禁止の仮処分」は決定されたが、当事者が帰ったあとだったので、執行は、一一月三日に彼が現場に現れた時に行われることになった。

一一月一日午前九時、豊島では役員が集まって現地入口にバリケードを設置して、万が一の事態に備えようとしていた。そこへ、国利民福の会が宇野港からフェリーに乗り込んだとの連絡が入って豊島住民は騒然となった。私はすぐに裁判所と県警本部へ連絡を入れ、友人にモーターボートを出して裁判所へ執行官を迎えに行ってもらった。同時に突貫でバリケードを築いたものの現れる様子がない。交流センター向かいの喫茶店に陣取っている。かなりの人数だ。動き出す気配はなかった。

執行官が到着した。執行官を迎えに行った役員には「執行はせず、まず、住民と協議をしてほしい」という趣旨を伝えていた。彼らの動き次第では執行で時間を稼げるのではないかと考えたからだ。しかし、執行官はさっさと上陸して執行を終わらせ、「これで私の仕事は終わりました」と、もう関係ないといった表情である。

県警に問い合わせてみると会議中だという。「何の会議ですか」と訪ねると、豊島へ行くのに定期便に乗って小豆島経由で行くか、チャーター便で行くか協議中とのこと。小豆島経由となれば到着までに三時間はかかる。緊迫する住民に対して県警の実にのんびりしていること。港へは、一人また一人と住民たちが集まり始める。

しばらくして、交流センター管理人である私のところへ「ここは、だれでも入れる施設か」と国利民福の会のメンバーの一人がやってきた。

「ここは、船の待合所であり、公共の施設だ、その意味においてはだれでも入れる」

すると黙って喫茶店へ戻っていった。

そして「豊島住民が、不法投棄現場への立ち入りを拒否したのだから、交流センターのグラウンドで炉を組み立てて実験を行う」と宣言したのだった。

私は、上司である総務課長に連絡を取ると同時に、豊島弁護団にも連絡をとった。

「彼らは、仮処分の執行を受けたため、現場への立ち入りを断念して交流センターのグラウンドで実験を行うと言い出した……」と報告する私に、「それはよかった、石井さん、それは住民側の勝利ですよ。あとは交流センターの管理人に頼んで、彼らを排除してもらえばいい。管理人はだれですか」と弁護士。

「……私です」

「わかった、ちょっと待って、一旦電話を切って検討する」と電話が切れた。上司はというと、何も言ってこない。

次のフェリーでトラックが到着した。なにやらハングル文字らしい文字が書かれた巨大な木箱がいくつも積まれている。中には、ビニールのかかったシルバーに鈍く輝く機械類が見えているものもある。白衣を着た研究者らしい者もいて、その指示で木箱が次々と下ろされて、機械の組み立てが始まる。本当に焼却炉の大型バーナーのようだ。

弁護団から連絡が入る。「石井さんがやるしかないようだな。まず、交流センター敷地内での行為の停止及び撤去を繰り返し通告する、おそらく聞かないと思う。そうしたら、通告に従わないので管理人として撤去することを改めて通告して、あなたが自ら力ずくで撤去する。そこを妨害されたり、襲われたりしたら、公務執行妨害で県警に逮捕してもらう」ということだ。上司に実行して良いかと連絡を入れると「通告はしても良いが、臨時職員の身分でそれ以上のことはするな、今から行く！」と激しい剣幕。

すぐに私は一人で喫茶店へと出向いた。ドアを開けて入ると、いきなり取り囲まれて大声で凄まれる。怒鳴られ凄まれながら部屋の真ん中まで行き、「私は交流センターの管理人だ。交流センター敷地内での行為は認められない、直ちに中止して、機材を撤去しなさい」と通告して喫茶店を出た。

一時間をおいて再度喫茶店へと入る。息がかかるほどの距離で取り囲まれて耳元で凄まれるとさすがに迫力がある。正直いって怖い。その中を歩いて彼の前に立つ。足が震えそうだ。「繰り返す。

交流センター敷地内での行為は認められないので直ちに中止して機材を撤去しなさい。確かに伝えましたよ、いいですね」と言って、喫茶店を出た。

何時間たったか、県警と課長が到着した。相当数の県警私服刑事たちは、散り散りになって遠巻きに取り囲んだ。これで少しは心強い。

課長に一連の経過を報告した。「もうこれ以上君は何もするな、ついて来い」と言われて、あとに続いた。喫茶店のドアを開けると一斉ににらまれ、何人かがいきなり立ち上がった。

そこで立ち止まった。課長の背が一瞬丸くなったと思うと、「あのー、住民のみなさんが嫌がっているので止めてもらえませんか」と。この言葉には正直なところあきれた。「うるさい!!」と怒鳴られて何も言わずに引き返した。

小豆島の町役場本所では、町長以下幹部が待機して、町の顧問弁護士との協議に入っているとのこと。県警に相談しても、民事不介入の原則の一点張り。事件になるまで手が出せないという。時間だけが過ぎていく。豊島弁護団も何人か大阪から駆けつけた。

何の進展もないままに夕刻を迎えた時だった。私の目の前で「こんなもん（交流センター）建てるから、こんなことになるんや」と総務課長が建設課長に食ってかかった。今度は建設課長が私を指差して「お前らがこんなん雇うからこんなことになるや」と怒鳴り返して口論になった。

課長たちは一旦本所へ引き上げることになり、明朝までに町の顧問弁護士と協議の上、「法的に実効性のある一手」を用意することとした。県警の刑事たちは、宿泊機能のある交流センターの二階で休むことになった。

翌朝、課長たちが「文書」を持参してやってきた。彼の陣取る喫茶店へと入り、課長は彼に文書を渡した。受け取った彼は、ちらりと中身を見て「読めん！　読んでみろ‼」と突き返した。手にとって課長が読み上げ始めた。そこには、町敷地内での行為は認められないので直ちに撤収するようにと書かれていた。それを聞いた彼は「そんなもんが受け取れるか！」と怒鳴った。結局文書は渡せなかったのである。

夕刻には、さらにバス一台分の国利民福の会が豊島に上陸してくることになっていた。彼らが合流する前に決着をつけなければ、事態はさらに深刻になると予想された。県警と協議したが、全く動かない。安岐議長は「県警が動かないなら我々がやる、しかし集団心理は測れない。何があっても知らんぞ」と県警に言い放った。

騒ぎを聞きつけて集まってきていた住民と打ち合わせをし、手分けして交流センター二階にあるものを手当たり次第に使ってプラカードを作りはじめた。

そして、皆時計を合わせて一旦全員引き上げる。決行は午後三時きっかり。

まもなく燃焼実験を開始するというその時、大挙して住民の自動車がやってきた。瞬く間に焼却炉と言われる構造物を、すきまなく膨大な数の車で取り囲んだ。島内各地区では放送が行われた。「家浦港で非常事態発生、島民は直ちに集合！」この一声で三〇〇人の島民が集まり、おのおのプラカードをもって車の中に割って入った。「火つけれるもんならつけてみー、三〇〇人が死ぬでー」だれかが怒鳴った。

プラカードには「出て行け！」と書いてあった。彼らの目的が単なる詐欺とは思えなかったのである。時々国利民福の会の秘書らしきものがどこかに公衆電話で連絡を入れているようだった。ここにいないだれかの指示を受けているようにも見える。様子を常にビデオにも収めている。多くの住民が取り囲んだ場合、その映像を住民の歓迎を受けている様子だと説明してどこかで使われても心外である。そこで、映像を見ただけで、排除されようとしていることがはっきりとわかるようにするためにプラカードを用意したのだった。

「お前らがなんちゃせんから、俺らがやっりょんや！　うるさいわい！」止めに入った刑事が後ろの方で住民に怒鳴られている。県警の方が慌てているのだ。だれか消防に電話を入れているのが聞こえてくる。

「家浦港にて大惨事発生の可能性……」

こうなると、どっちが本当に怖いかわからない。

にらみ合いの末、彼らは撤収を表明して、夕刻のフェリーで後発のグループと共に島を離れた。住民の気迫が勝ったのか、それとも彼らの当初目的がすでに達成されたのか、未だにわからない。報道各社も二日間現場に詰めていたが、あまりにも不可解な事件に、報道が宣伝に利用される可能性も懸念して、ほとんどが報道自粛の方針をとったため、あまり知られなかった事件である。

ただ、その騒動を知らずにたまたま同じフェリーに乗り合わせた観光客は、さぞ驚いたことだろう。大勢の住民が出航するフェリーを取り巻き、手に手にプラカードを持っている。そこには、「迷惑だ」「出て行け」「二度と来るな」と書かれていたのだから。

この国は、死刑として合法的に人を殺せる国である。しかし、法にのっとって死刑として人を死に至らしめるには、気の遠くなるような捜査、証拠集めと、とてつもない時間とエネルギーを必要とする。一足飛びにそのプロセスを無視するから「暴力」とは怖いのであると、中坊弁護士はよく言っていた。また暴力と権力とお金は仲がよいとも……。

人を怖がらせることで成立する犯罪は多い。その背景に利権や権力が癒着したならば……。どこにでもあることと「本音と建前」を使い分けるのは、世界広しといえども、日本ぐらいである。そう、それを容認しているのはだれでもない私たち国民なのだ……。

ちょうど一週間後、たまたま小豆島の町役場本所に用を済ませに立ち寄った住民から電話があった。戦闘服姿の政治結社が黒塗りの四輪駆動車で現れて、役場の中が大騒ぎになっているというのだ。何事かと、今度は私が本所に直接電話をかけた。一週間前に、豊島住民が国利民福の会を排除した際に、防災行政無線が使われたという。それは町の指示であったのかどうか糾弾しているというのだ。

「とにかく詳しいことは今は……」というので、落着したら電話をくれるように頼んで電話を切った。昼になっても電話がないので、こちらから再度電話した。騒動に直接対応した課長たちはおらず、「帰ってくれたので、みんなお昼を食べに行ったよ……何事もなく終わったって！」と電話に出た女子職員が答えてくれた。

「そうでしたか、じゃ問題はなかったんですね……で、その人たちは」

「うん、お昼の船で豊島へ行くって言ってここを出たけど」

「えーっ！」

この町の役場はどうなっているんだ、豊島の人たちだって同じ町民ではないのか……。

私は、電話で聞いた団体名について照会をかけてみた……死体遺棄の前科がある……筋金入りのようだ。そして、予想したフェリーから黒塗りの四輪駆動車が降りてきた……中には戦闘服姿の男たちが乗っていた……。

主文（判決）

この年、豊島住民は、公害調停とは別に、松浦を相手取って二月二六日高松地裁に提訴していた。内容は被害に対する損害賠償請求と、後に廃棄物の撤去が追加された。

税金を投入しての処理事業実施に備え、処分地そのものを確保することが本来の目的であった。香川県が処分地を取得することはできないかとの意見も出されたが、香川県はこれを拒否し、また住民にしても、信頼関係を持てない香川県の土地になることは廃棄物の撤去を完全なものにするのに不安があった。

そこで、豊島住民自らが手続きに臨んだものだが、この裁判は調停の進行にも大きな影響を及ぼすのは必至であり、機会を逸すると解決が困難になることを裁判所が汲んでくれて、異例の超スピー

松浦を相手取った民事訴訟（高松地裁、1996 年）

ド裁判となった。追加期日が必要な場合には、既に決まっている期日の前に入れるなど、この時代の手続きとしては異例な措置で、一二月二六日には判決となっている。わずか一〇カ月であった。

主文「原告請求のとおり」、一点の曇りもない住民側全面勝訴である。

裁判所を出た豊島住民は、これを持って、改めて香川県庁に申し入れを行う。

判決では、シュレッダーダストは廃棄物であること、瀬戸内海に有害物質が漏れ出していることを認めたのみならず、当該廃棄物は島外へ撤去されねばならないことが記されていたのである。これで香川県による責任の否定はより困難なものになるが、それでも香川県は「県の判断は誤りではなかった」との談話を発表した。

しかし、同時にこの裁判は、もしも住民が香川県を相手取って損害賠償請求訴訟を起こした場合、香川県が敗訴する可能性を示唆したものであって、この後香川県は「謝罪」に対してさらにかたくなな態度をとることになる。

一方の豊島住民は、「中間処理」にまで踏み込んだ香川県を一定評価していたものの、「原因者」である香川県が、その「責任」をあくまで否定して「豊島住民が困っているなら香川県が何とかしてあげましょう」という態度で、しかも各方面からの説得をうけて渋々臨もうとする姿勢に業を煮やし、あくまで自らの誤りを認めて「謝罪」することにさらにこだわっていくようになるのだった。

年が明けて、一九九七年一月三一日の第一四回公害調停で、香川県は「中間処理」に踏み込むことを表明して、シュレッダーダスト等が大量に運び込まれたことに対して「遺憾の意（残念だ）」を表明した。公調委からは、技術検討委員会を設置し、具体的な中間処理方法を検討する作業に入ることが提案された。公調委は三月三一日の第一六回調停において中間合意をまとめようとしたが、平行線を辿り、第一七回公害調停で中間合意を結ぶことにした。

二月二六日に開かれた第一五回公害調停は、排出者との間でだけ開かれ、香川県と豊島住民は、公調委の提示する原案を基に中間合意内容の調整に入る。すでに予算執行は可能な状態になっていたため、公調委は焦りはじめていた。

その作業は膨大なものとなるが、争点となったのは「香川県の責任」であった。それでも双方が歩み寄っているという実感はあった。

苦しめられる人々

本格的な寒波が通り過ぎようとしていた頃、私の全国行脚はまだ続いていた。

一九九七年三月、岐阜の知り合いから電話があった。御嵩《みたけ》町の女性たちが勉強したいというので来てくれないかという打診である。

御嵩町では、一九九六年一〇月三〇日午後六時一五分、町長が襲撃された。頭蓋骨折、肺には穴があいて、瀕死の重傷である。産業廃棄物処分場の建設をめぐる紛争を抱えた町であり、盗聴事件での逮捕者も出たあとであったため、事業者に襲われたという憶測が飛んだ。

町長襲撃の後、住民の直接請求によって住民投票条例が可決され、産廃処分場問題に町民としての意思を反映しようとしていた。しかし、何者かによる脅しは続いていて、反対している住民の家に血だらけのウサギの足が投げ込まれたりして、町民たちは恐怖に震えているという。

襲われることに備えて、直接請求の署名用紙は、防弾チョッキを身につけたおとりが偽の署名用紙を持って玄関から入り、本物の署名用紙はゴミ袋に入れて作業着姿で裏口から持ち込んだのだそうだ。襲われることを想定してのことだが、住民の恐怖は想像に余りある。

現地の情勢はよくわからないので、望んで行きたいところではなかった。「そっと行ってくればいいんだね」と岐阜の友人に念を押した。

愛知県内で二カ所、豊島事件の報告と懇談をしたあと、日が暮れてから、手配してくれた農産物出荷用のトラックで夜道を御嵩町に入る。街中にもほとんど人気はない。

一軒の民家にたどり着くと、そこには元気な女性たちが五～六人集まっていた。ここで勉強会かと思えば、明日公民館でお願いといわれ「町長に会ってくれ」という。彼女たちの車に乗せられて、町長官舎へたどり着く。玄関には仮設派出所が設けられていて常時複数の警官が警備に当たっていた。

町長の部屋へ入ると、傷の癒えていない町長は右腕を吊ったままで、頭にも傷があった。「豊島問題」については、感情を抜きにして構図を手短かに客観的に説明した。御嵩町長はもともとNHKの記者、解説委員を歴任した人なので、短い言葉ですべてが通じた。

「全く同じだ」と煙草をくゆらした。「中坊さんに会いたい」というので「伝えます」と答えた。町長の要請で今度は町議会議長と会う、そして今度は議長の要請で直接請求を実施した住民団体の代表たちや町議たちと会った。時間は深夜を回っていた。用意していただいた宿で眠りにつく。翌朝、新聞を見て驚いた。公民館で今日、私が豊島の報告をすることが新聞に出ているのだ。

公民館は人で溢れていた。おそるおそる住民の一人がこう言い出した。「今からあなたが話すことは、おそらくすべて録音され、一字一句活字に起こされます。問題発言があった場合は脅されると思って、心してお話しください……」

私は話し始めた。

「……香川県は、絶対に間違いは起こさせないからゴミを受け入れろと強要してきました。今から二〇年前、一九七七年のことです。前川香川県知事は『人間が活動すれば必ずゴミは出る。出たゴミはどこかで処理しなければならない。法があるわけだから、法に従えば住民が恐れるような環境破壊や健康被害は起こらない。ましてや豊島は過疎地。こういう所で処分業を行えば、島に働く場所ができる。それでも反対するのは住民エゴであり事業者いじめだ』と批判し、『豊島は海は青く空気はきれいだが住民の心は灰色だ』とも批判しました。ところが、大変な汚染事件になってしまいました。

摘発されたのが七年前の一九九〇年です。香川県は今でも責任を認めません。そして今も瀬戸内海には有害物質が流れ出している。松浦には処理する意思も能力もないのです。結局ゴミの責任はだれも取らない、豊島事件は、それを露呈した事件だったのです……」

この後、数度にわたって御嵩町を訪れ、自治会単位で全地区をまわり報告会を開いた。最後の報告会は、小和沢地区という事業場予定地を抱えた自治会で行った。

終わった時に、面会したいという老人が現れた。全ての会場で私の話を聞いていたのだという。事業者が怖くて、それでも廃棄物のことが心配で、だけど何も言えなかった。「私が言いたかったけれど、怖くて決して口にできなかったことをあなたは全部言ってくれた。本当にありがとう」といって、私の足元に泣き崩れた。この人は八〇歳近いかもしれない。いったいだれがこんなに苦しめているのだろう。事業者なのか、いやもっと大きなこの国のシステムなのか……。

後に御嵩町の町長、議長、住民らが豊島を訪れた。豊島小学校体育館で豊島住民と御嵩住民を前に、御嵩町長と中坊弁護士との対談が行われた。

この年の六月二一日、御嵩町は住民投票を行い、圧倒的多数が産業廃棄物処分場建設に反対している。住民投票が廃棄物に対して法的な何かの権限を持っているというわけではないが、この後粘り強く反対を続け、二〇〇八年の三月、後継町長と県知事、そして事業者の三者会談で事業者の許可申請取り下げとなり、処分場計画は白紙撤回された。

豊島では、実際の処理方法を検討する技術検討委員会設置のための中間合意案の調整が難航し、当初予定されていた時期を大幅に過ぎていた。

四月六日豊島住民大会で、豊島住民は「知事が責任を認め謝罪しても損害賠償請求はしない」ことを決議したのであった。

豊島住民は香川県の責任、謝罪を盛り込むことにこだわった。一方で前年の民事訴訟で豊島住民が全面勝訴したことにより、香川県に対して損害賠償請求訴訟を行った場合、香川県が負ける可能性が明確になってしまったために、香川県が責任と謝罪を認めると際限なく損害賠償請求を起こされることに警戒してかたくなになったことに対する、豊島住民の意思表示であった。

逆に言えば、損害賠償請求しないという保証が、香川県が責任を認め住民に謝罪する筋道だったのだ。豊島住民は、そこまでしても、単に県民の生活環境保全に対して行う事業か、それとも県が過ちを犯しその責任において行う事業かで、遠い将来の結果は根本的に違ってくると考えたのだった。

環境保全を目的とする運動が世論の理解を得るのは、歴史的に見ても極めてむずかしい。いかにそれが倫理的な闘いであるかを明確にしておかねばならない。一人ひとりの個人が利益を受けるという筋合いのものだと見えれば、世論の支持は一気に崩壊してしまう。個人的には、被害は償われるべきものだと思ってはいる。しかし、世論というものは、いとも簡単に被害者の中の弱さを見つけ出し、そこに付け入って評論し、批判し、他人の振りを決め込もうとするものである。

持久戦の様相を呈した中間合意文言調整の作業は困難を極め、公調委と住民と香川県の三者協議、公調委との協議とせめぎあいが繰り返された。

四月二八日には公調委から「最終調整案」が出された。それでも食い下がり、不十分な点については、その処理事業の目的を前文として添えることなど、難航はしていたものの、住民側と県との距離は次第に近づいているように思えた。

豊島住民が終始求めたのは、技術検討調査の出発点として、香川県が判断の誤りを認め謝罪の意を表明すること、技術検討委員会が、自らの判断と責任において調査及び評価すること、住民が技術検討委員会の席で意見を述べることができ、公開性、情報共有が十分にできる内容などであった。

中間合意が見え始めた頃、豊島住民は、新たに近く住民が取得することになるであろう土地で香川県が事業を行う場合、住民が今後事件の経過に立ち会い続けるために必要となる費用を借地料として支払うことを求めた。

過去の経緯についての損害賠償請求は既に放棄してある。また、土地については香川県がさじを投げた経緯もあり、豊島住民が膨大な作業を要しながらも税金投入できる状態を確立しつつあった。その点から考えても、なんら無理のない要求である。しかし、香川県はこの提案に一気に態度を硬化させ、感情的なまでにかたくなになった。中間合意案が一気に後退したのは言うまでもない。中間合意成立の見通しが立たなくなったため、予定されていた五月七日の第一七回公害調停期日は中止とされた。

香川県は「土地無償使用を明記する」「損害賠償請求放棄はそのままに『住民に長期に渡り不安と苦痛を与えた』という文言は削除する」と主張した。つまり豊島住民への責任は香川県として認めないなどとし、特に土地使用については、これが明文化されない限り中間合意さえ拒否する構えを見せるまでの強硬姿勢に転じたのだった。

公調委もまた、住民への態度を硬化させていく。さらに折衝を進めたが、両者の主張は変わらなかった。

六月一二日、公調委からは「勧告」を出さざるを得ないという最後通告と同時に、公調委最終譲歩案として、島の「振興策」については今後協議していくこと、排出事業者に支払わせる負担金の一部を住民の運動費用にあてるというのはどうかという提案があった。そして、六月二〇日「豊島活性化のための振興策については、調停委員会としても香川県に対し、今後の検討課題として、できる限りの配慮をするように要望します」という委員長談話を発表し、協議の土俵に載せることにして中間合意させることを提案してきた。

六月一六日、香川県は公調委の「最終提案」受け入れを回答し、二〇日には「関係者の理解と協力を得てできるだけ早期に着手したい」と知事が県議会で答弁して、住民の判断を牽制した。

豊島住民の全ての判断は、六月二二日の住民大会に委ねられることになった。

この日の大会では賛否両論に分かれ、三時間に及ぶ議論の末、回答は出せなかった。そこで、七月一三日にもう一度住民大会を開いて結論を出すこととして、それまでに地区毎に座談会を開いて十分に協議することにした。公調委もこれを了承したのだった。

根無し草

そんな折も折、「……香川県には五市三八町ある、もし豊島に不法投棄された廃棄物を税金で処理することになれば、五市三八町が本来受け取れるはずだったお金が減ることになる、豊島の住民はほかの県民に迷惑をかけることになる、なのに彼らは東京やマスコミの方ばかりを向いて、県民の方を向こうとしない、彼らの運動は根無し草だ……弁護団に引きずられ、説得され、強制され、脅迫されてきた……」という発言が県議会総務委員会から飛び出した。一九九七年六月二六日である。

やがてこれは県議会全体の論調へとなっていく。しかもこの発言をしたのは、なんと豊島を抱える地元土庄町から選出されている岡田県議であった。

同日知事は「豊島振興の問題は調停の席で協議すべきではない」と記者会見で述べ、事実上、調停委員会提案の「豊島活性化のための振興策については、調停委員会としても香川県に対し今後の検討課題として、できる限りの配慮をするように要望します」という調停委員長の談話内容を拒否したのだった。

七月一三日、香川県の対応に対して、豊島住民は「早急な対策検討の必要性から、不本意ながら中間合意案に合意する。『しかし、中間合意はあくまで中間であって、真の解決には多岐にわたる課題がある』。私たちは真の解決を求めて、香川県の姿勢を変えさせる運動を引き続き展開する」ことを採択した。

七月一八日、半年にわたる文案を巡る攻防の末、中間合意は成立した。この中間合意では、土地は無償使用が前提とはしながらも……

「香川県が廃棄物の認定を誤り、適切な指導監督を怠った結果、処分地に深刻な事態を招来したこと」

「廃棄物が搬入される前の状態に戻すことを目指すこと」

「他所の廃棄物等の処理をしないこと」

「技術検討委員会が調査内容及び調査方法の決定並びに調査結果の評価を行うこと」

「住民はこの委員会の傍聴を求めることができ、委員会は正当な理由がなければこれを拒否できないこと」

「住民の理解と協力のもとに行う、そのために三者協議機関を設けて説明し意見を聞くこと」

「再生利用困難物は、検討終了後に住民と県との間で協議すること」

「損害賠償請求はしないこと」

そして、「住民と県は合意事項を尊重し相互の信頼を回復させること」、などが記されている。急転直下の後退劇、住民は挫折感の中でこの合意を迎えることとなった。しかし、県議会での発言に対しては怒りを覚え、残る力を振り絞って更なる運動を誓ったのである。

翌日、豊島住民は小豆島に住民会議の事務所を開設する。

一連の経過から、香川県の強硬姿勢の背景として、県民、特に県議会が住民の要求を否定的に考えていたことは明らかだった。県知事や県議会の姿勢を変えさせることができるのはだれか。それは主権者である県民である。その主権者一人ひとりが自分の問題としてとらえて、行動に移したとき、この問題は真の解決に向かう。

地元土庄町から選出されている県議の理解さえ得られていないという現実を前に、運動を一から再構築することになる。そのための前線基地が小豆島であった。後にこれ以降の運動を「国民主権の実質化運動」と豊島の人たちは呼んだ。

これに先立ち、七月六日土庄町中央公民館で中坊弁護士の講演会を開催していた。一千人を超えた聴衆に中坊弁護士は語りかけた……。

日本では、国民主権、主権在民というこの国の根幹が形骸化している。選挙で選び出しても何をしているか知らない、これを監視することが国民主権の根幹であるとして、「罪なくして罰せられるような悲しいことをわが国で起こしてはならないのです……だれかがしてくれるというのではなく、一人ひとりが県や国を監視し、あるべき姿に直していかねばなりません……豊島の問題は豊島だけの問題ではない……第二の豊島を作らないためにも土庄町民の力を貸していただけませんか」と語りかけた。

前線基地を足がかりに、のべ一千人の島民が町内六千戸の全戸訪問を実施することから、新たな運動は始まっていく。

兵糧攻め

発端から数えて二二年目の一九九七年、夏を迎えようとした頃、豊島の住民運動の資金はほぼ枯渇していた。

ようやく排出事業者のなかで、一定の費用負担をして廃棄物排出の責任に応じるという業者が現れた。法律上は排出企業に撤去を命令して強制することができる。その命令が履行されない場合は行政代執行法で香川県が撤去し、その費用を原因者から強制的に徴収できる。しかし香川県はこの命令を出しておらず、金銭の請求権はすでに時効を迎えていた。そのため排出事業者に負担を求めるのはとても難しい状況になっていたのである。その状況に苦慮した公調委が、厳格な算定根拠を示し、丁寧に根気よく説得を続けた成果である。排出事業者が応分の責任を果たすのは、この国では初の快挙であった。

被申請人である排出事業者は一九社に及んでいたため、先行して個別に調停を成立させることは、他の排出事業者を説得する上でも有効だと考えられたし、他方で調停成立を引き延ばすと、最終時点で調停同意額を負担できるかどうかも不透明になる。

そこで公調委は先行して個別に調停を成立させることとした。そして、公調委から中間合意折衝中に提案された、排出事業者の負担金の一部を豊島住民がこれまでに負担したお金にあてることを住民側は強く要請した。現実問題として、豊島住民は東京の調停に出席することすら相当に厳しい状況に追い込まれていたのだ。公調委もこれに応じる構えをみせ、六千万円をまず豊島住民が先行して受領することを認めたのだった。

しかし、排出事業者からは、香川県が本件について調停成立額以上の請求をしないことが明らかにならねば、合意はできないとの意見が出された。だれでもそう考えるだろう。そこで公調委は、調停成立に向け、香川県がこれ以上の請求をしない旨文書で提出するように求めた。ところが香川県はこれを拒否したのである。

「そもそも、この事件は排出業者が松浦に不適切な委託をしたことが原因であり、調停は最終合意に至っているわけではなく、今後の処理施策、その費用も明らかでない段階で香川県が同意するわけにはいかない」と、自らの責任を棚上げにして否定したのであった。厚生省も香川県の説得に当たったが、これにも応じなかった。

豊島の住民は、これを香川県による意図的な兵糧攻めだと受け止めた。

公調委は、香川県の対応を見かねて、公調委の見解として「この負担金には処理費用を含むものであり、排出事業者はこれで社会的、道徳的責任を果たした」ことを提示して、調停成立へと導いたのである。

こうして資金的にも調停作業を継続できるめどが立ち、一方で中間合意に基づき豊島廃棄物の処理方法を検討する科学者集団である「豊島廃棄物等処理技術検討委員会」が設置され、八月七日、京都で第一回の会合が開かれた。もちろん豊島住民も傍聴に出かけた。

事件は、同じ八月の一九日に発覚した。香川県は、技術検討委員会にはからず、調査検討の大部分のコンサル委託契約を「日本総合研究所」との間で締結したのだ。もちろん公調委や住民に対しての説明もないままにだ。これは、中間合意に示す「技術検討委員会が調査内容及び調査方法の決定を行う」に反するものであり、さらに「住民の理解と協力のもとで行う」という取り決めにも反している。当然、中間合意事項を誠実に履行し信頼を回復する行為とは真逆である。

すぐさま三者協議の開催を公調委に求めた。

九月九日には三者協議が開かれ、選定の経緯や基準を問いただすとともに、コンサル契約の白紙撤回と中間合意事項の一部変更を求めた。しかし知事は「地方自治法に基づく行為で問題はない」とし「凍結も白紙撤回もしない」としたため、公調委は香川県に対して中間合意の内容を確認して香川県として何ができるか検討するように要請した。

豊島住民は選任された技術検討委員を個別に訪問して、これまでの事件の経緯を含め中間合意の内容を説明して回り、さらに訴状の準備を終え「提訴・裁判」への万全の体制をとって一四日の三者協議会に臨んだ。

そして、五時間に及ぶ協議の中で、香川県は豊島住民を対等な当事者とは認識しておらず、豊島住民の理解と協力のもとに事業を行うつもりなど、そもそも無いことが浮き彫りになる。

こうした一連の事態に、公調委は見解を出した。

「この件につきましては、技術検討委員会にはからないまま締結されたものであり、その過程において、申請人及び本調停委員会に対して、契約締結作業の進め方や進捗状況について説明がなかったものである。以上の点から香川県には中間合意の趣旨にもとる重大な落ち度があったといわざるを得ない」として、技術検討委員会において、コンサル委託の必要性、委託の内容、日本総研の能力適性などを技術検討委員会が改めて審議し、それに続いて中間合意内容に基づく技術検討調査をすることを強く要請した上で、「申請人の理解と協力が不可欠であるということに鑑み、このような過ちが再び起こることのないよう、強く願う」としたのである。

これには、香川県が強く反発したが、技術検討委員会が公調委に同調したため香川県は孤立してしまう。技術検討委員会によるコンサルタントの再選定と県の委託契約の一部変更によって、事態は収束に向かった。

技術検討委員会設置早々の出来事に、委員会は緊張感を増し、県から独立して調査検討を行うこと、住民が対等な当事者であり、なによりも住民の要求から設置された委員会であることが再確認され、本格的な検討作業に復帰することとなった。

中間合意前の後退劇、技術検討委員会設置直後の攻防と、事態の進展は揺れに揺れた。

年が明けて一月、一人の青年が運動の事務局に参加することになる。小学校の教壇を降りての参加であった。本人の意思ではあったたし、猫の手も借りたい忙殺状況にはなっていたが、専従者ですら無給の状態、頼めるはずもなかった。そこで、「環瀬戸内海会議」という瀬戸内海一円六〇団体あまりをネットワークする機関と話し合い、豊島への支援寄付を彼の人件費に充てることにして、住民会議の合意を得た。

技術検討委員会の進捗を見ながらの運動であったが、地元土庄町での全戸訪問のチラシ撒きで一応の区切りをつけ、その後その他の市町での座談会を展開し始めていた。

ある日、私は今まで経験したことのない、差し込むような激痛に見舞われた。胃のあたりである。全く何も感じない状態から突如冷や汗の出るような胃の差し込みが起きる。しばらくじっと耐えているとまた何も感じなくなる。これを朝から繰り返していたが、徐々に痛みはひどくなった。尋常ではないと思い、小豆島へと渡り、午後外来を受け付けている医院へと足を運んだ。診察の結果、原因がよくわからない。

「胃ではなく、心臓の可能性がある、紹介状を書くからすぐにこのまま心臓内科へ行きなさい」と促され、そのままバスで二つ向こうの町の病院へと移った。心筋梗塞が疑われたのだ。

到着した病院の院長は、私の心臓を診てくれている心臓内科医の権威である。すでに夕刻、外来は終了していたが検査室を全部開けてくれて、エコー・心電図……あらゆる検査を院長自らが直接やってくれた。そして最後に胃カメラを飲んだ。

「これだね」と言われてモニターを覗くと、胃壁から出血している。

「心臓もみんな診たけど、そちらは大丈夫、やっぱり胃だね」

「潰瘍ですかね」

「出血で痛みが出ているが、潰瘍だとしてもごく初期のもの、投薬だけで大丈夫でしょう。薬を処方するから少しだけ待って」

「心配しなくて大丈夫ですね」

「今のあなたに無理するなという方が無理なんだろうけど、いまのところ大丈夫だ」

その言葉を聞いて、私はすぐに海上タクシーを手配した。今夜の会合の運営に戻るためだ。そして開会寸前の会場にたどりついた。

「フン、逃げ出したんかと思うとったわい」と、安岐登志一議長が私の顔を見るなりにやりと笑った。

翌朝、会合の結果をうけて、事後の対策を相談するために私は安岐議長の自宅を訪れた。懸案事項を説明し始めたとき、安岐議長が私の顔をのぞき込んでおもむろに話し始めた。

「お前は、人の悪口を言わんな……」

「腹にすえかねたら言わんことはないけど、愚痴も言うし、告げ口やってする、時と場合によったら……」

「お前のことを、あいつはこんな奴であんな奴でと、しょっちゅうお前の批判をしてくる者がおる。お前はいったいどんな奴やろうかと思とった……。

けど、お前のしとることを見とると、話とはだいぶ違うようや、わしが間違うとったかもしれんな……」と空を見つめた。

この頃から、安岐議長との呼吸が合うようになってくる。

豊島には三つの自治会があり、各自治会の自治会長が住民会議議長を兼務することとなっていた。つまり議長は三人いる。最大集落であり、事件の現場を抱えているのが家浦自治会である。そのため、家浦自治会の会長が筆頭議長となるのだが、安岐議長はその筆頭議長である。若い頃は少々やんちゃだったようで、厳しい眼差しをもっていた。

私は事務局として二転三転する情報を集め、弁護団の意見なども交え、次の会議での進行について議長宅で毎回事前協議をする。判断が難しい時は、すぐに他の二議長を呼び寄せて合議してくれる。

住民会議の会合が開かれると、議案について事務局から提案し、議長団がこれを住民にはかる。住民会議の理解が得られない場合は、遠慮なく「事務局、こういう状態だ、もう一度持ち帰って検討し直してこい」と差し戻される。議長団から事務局に対して厳しい批判が出されることもある。しかし、こういう自然な進行の流れが忌憚のない意見を引き出していくのだった。

東京で調停が進められる中で、審議が難解な局面を迎えると、東京駅から住民会議役員会に臨時召集をかけることも一度や二度ではなかった。東京駅を出るのは午後の七時頃だ。東海道新幹線、山陽新幹線、宇野線と乗り継ぎ、海上タクシーを使って豊島に到着するのは午前一時近い。そこで、午前一時に役員会を緊急召集するのだ。

当時の住民会議は、異常なほどのレスポンスを持っていた。

住民の意向確認が緊急に必要だとして、午前一時に役員会を開催し、意向調査を決定して夜明けまでに調査票を完成して印刷を終了し、その日のうちに五〇〇世帯全戸配布、回収を終えて分析を終了させ、数値で示すことが、やろうと思えばできるだけの機動性を持っていた。

一月には全国から寄せられた三〇万人分の署名を携えて県庁までデモを行い、さらに五月一日には処分地を破産管理財団から有償で買い取ることに成功する。

九六年に松浦との間で民事訴訟に全面勝訴したあと、裁判所から「撤去の命令」「代執行費用支払い命令」が出され、処分地を入手するべく取り組んでいたところ、妨害が入った。地上げ屋だったリゾート会社と松浦の間で賃借権設定仮登記、根抵当権設定仮登記が行われたのだ。そこで破産申し立てに切り替え、一九九七年三月一七日に破産宣告がおこなわれた。さらに債権者集会で債権を主張してきたために、破産管財人が原告となって、登記抹消請求訴訟を起こして一審勝訴。リゾート会社は控訴したが差し戻しとなって、二月二七日に判決が確定した。こうした妨害排除の末の処分地獲得であった。さらにこの土地に公共性を持たせるために、豊島三自治会を地方自治法に基づく地縁法人として法人格を持たせて、三法人の共有登記とすることで、公共地でありながらその所有者は豊島住民という形が実現する。

汚染からの回復のために被害住民らが自らその土地を購入してしまうということは、世界的にも前例が無かったようで、海外でもこの出来事は報道された。

そして、第一次の技術検討委員会は終了し、副生物の利用などを探る第二次検討委員会に検討の場は移っていた。

一杯のビール

動かない情勢、取るべき方法など何がしか発想の転換が欲しくて、私は馴染みの新聞記者と、高松で小さな居酒屋へ足を運んだ。もう梅雨が近い。

のれんをくぐった瞬間に異様な空気を感じ取った。カウンターにずらりと陣取っている体格のいいスーツ姿の何人かが、マスクをして顔を隠している。殺気というか目の座り具合からして、堅気さんではないようだ、暴力団か警察か、同行した彼もそう感じたに違いない。暗黙の了解の中で、道々話していた豊島事件のことには一切触れずに、たわいない世間話をしては笑っていた。

しばらくして一人が、マスクを下げながら私に声をかけてきた。

「石井さん、今日は何ができよんな」

県警警備課長である。私たち二人を除いてこの店の客は全て香川県警幹部であった。県警本部長もいた。静かに挨拶をして改めてジョッキで乾杯することになる。核心には触れず、豊島の苦労話などしながらしばし歓談した。

結局記者とは、いつものお約束の割り勘である。本題を話すこともなく別れた。

五月一五日になって、廃棄物溶融処理後のスラグ利用検討のための初会合が県庁内で開かれることを知った私は、弁護団に連絡を取り、すぐに上司に午後欠勤の申し出をして高松へと向かう。有給などはもうとうに使い果たしていたのだ。香川県に傍聴の申し入れをするのだが、非公開ということで拒否される。

ただ、直後に県政記者クラブで記者会見が予定されていた。私は県政記者クラブに申し出て、記者会見の傍聴をさせてもらえるようにお願いした。記者クラブは幹事社協議の末「県会議の傍聴を拒否され情報を知り得なかった豊島住民会議が、社会に発表する場である記者会見の席を傍聴することに支障はない」との結論を出した。そして私は会議が開かれている部屋の前でじっと待った。

会合が終わり笑い声が聞こえてくると同時に扉が開かれた。私の顔を見るなり、笑っていた廃棄物対策課長の顔が引きつった。一瞬立ち止まって私をにらみつけたその時、一人の男性が私と課長の間に入った。「先日は大変お世話になりました」と課長に背を向け、私に親しげに頭を下げたのは、県警本部長であった。私も頭を下げた。

この時、プツンと課長の何かが切れた。記者クラブでいくら待っても会見がはじまらない。しばらくして、香川県廃棄物対策課は記者会見の開催につき、私を排除することを記者クラブに要求してきたのだ。

緊張が走るなかで、幹事社が再度協議して「県行政の記者クラブ運営への干渉を否」とし「県政記者クラブとして、公式に香川県庁の記者会見をボイコットする」ことを決定した。同時に報道全社に各社自由対応の通知が出たものだから、記者会見に対応するため待機していたテレビカメラや新聞記者たちが大挙して廃棄物対策課になだれ込んで、私は私の排除を求めた理由を確かめるべく、廃棄物対策課へと向かう。

「あんたがなぁー、あんたがおるから記者会見ができんのやー」

廃棄物対策課にたどり着いた私の顔を見るなり、私を指差して大声で怒鳴る声があった。廃棄物対策課長である。真っ赤な顔をして凄まじい形相だ。いきなりなだれ込む報道陣、課長の感情的な怒鳴り声に廃棄物対策課内は騒然としていた。

次の瞬間、記者たちが一斉に課長を取り囲んだ。

住民会議は公式に香川県の対応に抗議の文章を送り、発表した。県政記者クラブも公式に香川県庁に抗議する事態に至った。

この頃、廃棄物対策課は県庁内でも他の課から責められる立場に立たされている。「豊島事件というのは、豊島の住民の、それもごく一部が騒いでいるのをマスコミが面白がって大きく報道しているだけで、実は本来大した問題ではないのだ」と、まるで被害者のように言い逃れていた。この一件で報道関係者の担当課をみる目が変わったのは言うまでもない。

一方私個人は、どうしても出張が多く、ひと月で有給は使い果たし、あとは欠勤である。勤務評定は最悪で、出来高のため、給料は一桁、三万円程のボーナスも大幅減給である。

「石井くん、いい加減にしとけ！」

見かねた町役場の課長から電話が入る。

「課長のご意見ですか」

「いや、町長がそう言っている」

「そうですか、町長ですか。では町長にお伝えください、ご自分で伝えるようにと……」

季節は、発端の年から数えて二二回目の秋を迎えようとしていた。

第六章　あんたらは希望の星なんやから――県内一〇〇会場座談会

豊島のこころを一〇〇万県民に

豊島の話を聞いてくれる、受け入れてくれる各種団体を探して、県内での豊島事件の話し合いの機会を作り出そうとしていたが、実際には厳しかった。「うちの団体は、香川県から補助金をもらっている団体なので、香川県と対立している豊島の話を聞くわけにはいかない」。補助金をもらっていなくても「お上と喧嘩するところの話は聞けない」という反応はとても多かった。

だったら、香川県下五市三八町で一〇〇カ所の勉強会・座談会を開く……それもこちらが主体的に開いていく。私のこの提案には三議長は賛同してくれたものの、役員会の過半数の賛同は得られなかった。できるはずがないと思ってしまう。それが一般的かもしれない。

100カ所座談会開始（高松、1998年）

「そうではなくて、実現するためにどうすればよいか、それを考えよう。一〇〇会場と考えるからできないと思う。でも、豊島を地域毎に一〇班編成して、それぞれが一〇会場と考えれば現実味が出る。具体的に検討できるのでは」……といった議論をしながら見切り発車する。

ただ、底支えするには、膨大な事務処理が必要となった。事務局増員の必要性を訴えたが、「お前がやる言うたんやろが！　お前がしたらええんや。そんなもんわしらは知らん」と拒否されてしまう。

「なら、事務局は自分で用意はする。が、住民会議の運動として取り組むのだから、用意された事務局は住民会議が要請したものと理解していただく」と、この部分だけの合意を取り付けた。

翌日、砂川さんという役員の一人を訪ねた。根掘り葉掘り生活の様子を聞いてみる。定年退職後の年金暮らし。生活はなんとかなっているようだ。そこで切り出してみた。

「相談なんやけど、余生を諦めてはもらえんやろか……」とお願いしたのだ。専従状態になることを促した。彼は六八歳である。

合意を得て、もうひとり一緒に頼みに行くことにする。長いあいだ島を離れていて、最近になって島に戻った人である。前川さん、彼は六五歳であった。喘息を患ってはいたが、聡明でありながら温厚で、責任感が強かった。

「誰がそんなこと言いだしたんじゃ」と、彼はにやりと笑った。

二人が引き受けてくれて、議長団に報告、同時に七月六日の夜、最初の事務局会を開いた。が、事務局会にはならなかった。女性委員たちが、もうやめたい、いたたまれないと駆け込んできたのである。

「自分たちが自らの責任で決めて行動しようとすることを、後付けで拒否されたり、変更を強要されたりする男社会の横暴さに耐えられない」というのだ。

すでに、みんな相当疲労がたまっている。愚痴の聞き役となり、その後、アウトラインだけ検討した。

一〇の斑を編成し、全島民を地区で割り当てる。一班一〇会場の実行である。事務局が事前調査及び役所等の予約を入れて、班長と相談しながら日程を組んでいく。

この頃、私は再び体調を崩していた。四〇度近い熱が出て、一日二日すると平熱に下がるのだが、一週間ほどでまた高熱が出るという状態を繰り返していたのだ。本格稼働に備えて、明日病院へ検査に行くことだけを認めてくれるようにお願いした。

検査の結果は肺炎だった。入院だという。それは困ると相談したが、病院側は譲れないという。観念して「なんの用意もしてきていないので、帰って入院の用意をしてくる」と告げると「すでに片肺は全て真っ白だ」とCT画像を見せられ、「荷物を取りに帰る間の命の保証はできない」と言い渡された。思った以上に深刻だった。長い付き合いの体だが、酷使し過ぎなのはわかっていた。

私の強制入院が決定したことを受けて、その夜、島では緊急役員会が招集された。島は実際に一〇班に分けられ、その班長が選任された。しかし、マニュアルも何もないのだから、どうしていいかわからない。それは事務局も同様。

翌朝早々に見舞いに来てくれたのは、県警警備課長だった。「石井さんが入院してくれると、我々は暇です」と、冗談とも本音ともわからぬ言葉を残していった。

いろいろな人が病院を訪ねてきて、みなゆっくりするようには言ってくれるのだが、何がしか仕事を置いていってくれた。ノートPCと携帯電話は病院の特別の配慮をいただいて連絡に使わせてもらったので、様子は手に取るようにわかってはいた。毎晩、病院のベッドから状況を確認して、次の指示を出した。

知らない町へ行って、公民館などの会場を借りる。会場が確保されると印刷物を作って、担当班の人たちが、会場周辺をポスティングして回る。

高松には広報車を一台置いていて、必ず毎日誰かが放送してまわる。

100カ所座談会広報車（高松、1998年）

豊島では県下全域の住宅地図と電話帳を用意し、逆引きで一軒一軒電話を掛けて、案内をする。島内総動員の態勢である。しかし、これが大変なことになる。

一九九六年、グリーンピース、菅大臣、東京デモと続いたことで、豊島事件は報道の世界では全国区の取り扱いになる。私のようなもののコメントも、実名入りで報道されるようになった。そうすると、どうやって調べるのか、私のもとにもたくさんの手紙が届くようになった。ある日、匿名の手紙をいただいて封を切ってみると……

「お前ら、豊島の住民は瀬戸内海にダイオキシンを垂れ流しやがって迷惑だ、香川県から出て行け！……県民より」としたためられている。中傷の手紙は少なくはない。無言電話も増える一方だった。

もちろん全てではないだろうが、受け入れられていない運動であることは確かだ。ただ、それまでは、こうしたことは一部の人だけが受ける仕打ちだった。ところが全員総動員という体制で取り組むと、大なり小なり、皆同じ仕打ちを経験することになる。

座談会の案内チラシのポスティング、庭に洗濯物を干しているお母さんがいる。「こんにちは、豊島から来ました」と声をかけると、いきなり家に飛び込んで中から鍵をかけてしまう。

「もしもし、豊島から電話をしています」「あんたらなー、迷惑なんじゃ」と怒鳴られていきなり電話を切られる。

そんなことは当たり前だった。しかし、実際のところ本当に疲れる。みな肩を落として引き上げてくる。受話器を握ったまま泣いている人もあった。

そんな頃、島の中でも小さな勉強会を始めた。五人とか七人という単位である。とにかく、全員が供述調書や化学鑑定資料などの原本に当たり、その意味を一緒に考えていくという作業だ。

そのうちに「日本のゴミゆうてどないになっとんや……」「なんで香川県はいうことを聞かんのや」という疑問が湧いてくる。それをみんなで話し合うのだ。

「豊島事件が解決する方法はなにか」

「解決することはどういう意味をもつのか……」

そうしているうちに、一人一人がだんだんと自分の言葉を持つようになる。不思議と、自分の言葉で語れるようになると聞いてくれる人が現れる。なじられれば悔しくて、聞いてくれれば嬉しくて、また事件を見直してみる。そんな出口の見えない日々が続いた。

ある日の座談会　人が育っていく（1998年）

考えてみれば、これまでの運動は「お願いの運動」だったのかもしれない。香川県に対して許可しないようにお願いをし、裏切られた。「許可の範囲内での操業」「違法操業の停止」をお願いしてまた裏切られる。今度は行政監察局へ、警察へとお願いに走る。兵庫県警の摘発で操業が止まり、再び香川県に撤去のお願いに行く。香川県の犯罪ともいえるような実態をつかみ、そして弁護士にお願いした。

島挙げての運動ではあっても、実際には選定代表人を通しての運動であり、大勢の人が運動の現場へ出てはいるが、本当に島民一人一人が矢面に立って、直接目の前の相手を説得するということではなかった。ここへ来て、本当の意味で自分事へと、島民一人ひとりの運動へと広がっていったのである。明らかに運動の質が変わり始めたのだった。

「わしの時代に島を汚してしもた、なんとかきれいにする筋道だけは立てんと、死んでも死にきれん」

「わしゃ死んでまで孫子に恨まれるんはゴメンじゃ!」

誇りを、自らの尊厳を取り戻す闘いである。杖をついてそれでも本土へと足を運ぶ。ある日気がついて、尋ねた。

足の悪い人も参加している。

「あら、杖! ついてないけど、大丈夫なん」

「それがな、歩きよるうちになんか知らんけど、ようなってきて……」と、笑った。

生気に満ち満ちて輝いている。勝算などどこにもない。それは不思議な光景だった。

女性たちも、涙をこらえながら電話をかけ続けた。この頃から女性たちの活動には目覚しいものがあった。


中坊弁護士は、ヴァイツゼッカーの講演録「荒野の四〇年」から、「がれき女」の一節を引用してよく話していた。

第二次世界大戦後の西ドイツ、戦争に敗れ焼け野原となった街に帰った男たちは、その内面もボロボロに崩れていた。そんな中に、爆撃によって破壊されたがれきを拾い集めて、もう一度教会を築こうとした一群の女性たちがいた。しかし「そんなもの集めて何になる」とほとんどの人々は嘲り笑った。それでも彼女たちはがれきを集め続けた。ドイツ国民の内面がすべて崩れようとするのを支え、次第に自分を取り戻したのは、まさに彼女たちのおかげだった、とヴァイツゼッカーは称え、「人間性の光が消えないように守り続けた存在」を語っているのだ。

見通しのないまま、実践できる力、とでも言おうか、そんなものが島の人たちにもあったように思う。特に女性は実直である。

私は、この人たちは本当に不幸なのだろうかと疑問に思った。それはそれは大変な仕打ちを受け、何の責任もなく、それでも元に戻すというミッションを押し付けられ、私生活を犠牲にして全力で取り組んでいる。信ずる夢が、希望が、目的がそこにあって、勝算も道筋もない荒野だけれど、今と向き合うことに必死になれて、それを少しの人たちが支持してくれれば、それが幸せかもしれないと、私は思った。

地域の活力とか幸せといったものは、結果にあるのではなく、過程にのみ存在する。その置かれている環境や条件に依拠するものではないのだと思った。がれき女は不幸だったか、私はそうではないと思う。

七月二〇日、かねてより準備してきた中坊講演会が県民ホールで開かれた。ホールにとっても記録的な二一〇〇人という入場者でごった返した。

私の肺炎は、結局原因菌を突き止めることはできなかったが、抗生物質との相性がよく、短期間で完治し、全面復帰していた。

来る日も来る日も、本土の内陸まで、夜な夜な座談会を開いて回る日々が続く。深夜、座談会を終えて高松港から海上タクシーで瀬戸内海をわたって一路、島を目指す。海風が頬をなでると心地よい。漆黒の海面には、月明かりにも負けないほどに夜光虫が航跡をマリンブルーに輝かせている。

先は暗く何も見えないけれど、振り返ると豊島住民の歩いた軌跡を見るかのように、いつまでもどこまでも長く青く航跡が輝いていた。

あんたらは希望の星なんやから

一九九八年夏、香川知事選を迎えることになる。平井知事は引退を表明していた。技術検討委員会の第二次検討作業はすでに終えており、本来なら調停再開というところだが、平井知事では、成立へ歩み寄る可能性はあまり考えられず、再開直後に知事交代では継続性にも課題を残す。そこで、調停委員会には知事選の終了まで延期を求めていた。

だからこそ豊島住民は、この知事選の争点に豊島問題を位置づけたかった。豊島住民は、公開質問状を用意し、選挙告示の日を待った。当日立候補者は四名、直ちに公開質問状を送付する。

ところが、一候補に自民党を始め野党まで五党相乗りという、考えられないようないびつな構図で選挙戦は開幕したのだった。結果は見えているも同然だった。公開質問状の回答は、相乗り候補以外は「知事に当選したら豊島住民に謝罪する」と答えたものの、相乗り候補は「これから考える」という曖昧な回答であった。これでは豊島問題を選挙の争点にはできないと判断して、公開質問の回答をマスコミ発表しただけで、特段の行動は起こさなかった。

そうした背景の中、選定代表人五人のうち、地元豊島から選出されている町議二人に、県議会や町長から選挙応援の依頼がきて、二人はそれに応えた。

「地元町議ともども、立候補のご挨拶に伺いました……」

町議の先導する車に導かれるように、相乗り知事候補の選挙カーが島の隅々まで走り抜けていく。選挙の結果、この事件三人目の真鍋知事が大差で決まった。

就任後ほどなくして、知事の定例記者会見での発言で状況は一変する。「豊島の住民がなぜ謝罪を求めるのかわからない」と言いだしたのだ。この知事がどのような姿勢で臨むのかは、今後の調停を左右する大きな問題だった。

さらに新知事は「だから……ほら……島の人はお金が欲しいんでしょ」と、豊島の住民運動はお金欲しさと言わんばかりの発言を公式記者会見で繰り返したのであった。これには、公調委も驚いただろう。これでは、まとまる調停もまとまるわけがない。そして、この「お金が欲しいんでしょ」という発言とともに、地元町議が真鍋知事候補を先導して選挙を行った模様が報道番組で全国放送された。

座談会の会場で、島の中で、この問題は大きな波紋を引き起こした。座談会では「あなたがた豊島の住民は、県議会や県知事の考え方を変えさせるために、血を流してくれ、汗を流してくれと言うけれど、あなたがた島の住民の中にも真鍋知事を応援している人がいるではないか」という発言が出るありさまだった。島の中でも空気は淀み、重く垂れこめた。

公調委も調停再開の機をつかみかねていた。

豊島の住民会議というのは、豊島にある三つの自治会の会長が議長を兼務し、公害調停の選定代表人五人と併せて三議長五代表を中心に運動を進めていた。その選定代表人の内の二代表が、真鍋知事を応援した町議会議員だったのだ。問題を感じながらも知事選に対し明確な態度を示さなかったことが、ここへ来てとんでもない事態につながったとしか言い様がなかった。その責任は誰にあるのか、私も含めてひとりひとりの中にある甘さが、住民の求心力さえ失わせたのだ。

外見上は、今でもひとつの動きとして住民運動は続いている。しかし、特に中間合意以降本音で話し合うことを避けていた。それぞれの立場を優先する動きを容認していたのだ。この八人の中でさえ起きていることなのだから、他の住民からすれば、そんなものかという認識にしかならない。そうしたわずかな心の隙間が、見透かされているのだ。知事の発言は、私たちが招いたものにほかならなかった。

この状況に対して、中坊弁護士は「豊島の住民運動は、始まって以来の陰惨な、より根本的な、より修復困難な状況にあると見ないといけない」と総括し、島の人にはもうついていけないとまで言われた。エゴが前に出た運動に誰が共感するのか。あなたがたは「してもらう」ことに慣れすぎて、いつの間にか感謝も謙虚さも忘れているという、他の弁護士からの言葉も出てくる。中坊弁護士は続ける……

「豊島の人を非難しようというわけやない。人間というのはそういう基本的に弱い存在であって、あなたたちが悪いことをしたというのではなく、当たり前のことを当たり前にしただけや。当たり前のことをしていたら弱いものと強いものに分けられて、弱肉強食という自然の大原則があるわけで屈することになります。

強いものがやった失敗というのは、なんぼでも取り返しが可能なんですよ。しかし弱者がやった失敗は二度と取り返すことができない。まさにあんたたちの致命傷になってしまう。まあ、この闘いはうまくいかないでしょう。致命傷を受けています。

豊島の人の中に、当たり前のことかもしれんけど、やはり己の立場、自分の立場がすべて前提であって、ほんまに島のことのために自分は犠牲になっても良いというパブリック（公）のものの考え方がないのではないか。だれでも持たないのが普通だけど……

あんたらの運動は犠牲を払ってでも追い求めている姿が共感を呼んでいた。いささかでも『私』が見えたら落下するんですよ……

知事に抗議してどないなりますか、抗議するんやったら自分自身に抗議しなさい……あんたらは希望の星なんやから。産廃に悩む多くの人があちこちにいて、あんたらを見てるのやから。過疎地の人が見てるのやから。この道は引き返すことができない……」

そして、弁護団からは、この運動から距離を置くと言い放たれた。

議長たちは、事態を収拾するために、翌春の統一地方選挙に向けて、現職は町議選に再出馬せずに世代交代することを求めて話し合いを始めるが、難航する。新たな候補予定者の名前が出たり、また引っ込んだりと、その後長期にわたってこの問題は尾を引くことになる。

運動に重苦しい雰囲気が払拭できないまま、暮れを迎えることとなった。

押し詰まった頃、更なる事態が発生する。取材をしたいという地元紙が島を訪れたのだった。しかも四人のチームである。安岐議長と私は交流センターで対応したが、その取材はまるで尋問であった。

「海砂採取の補償金が、漁協だけではなく自治会にも一部支払われている、これは他に例がなく、豊島だけだ」というのだ。「そしてそのお金が産廃運動の一部に使われている」という……。自治会に入っているのが豊島だけかどうかは知らないが、結果としてそれが産廃運動資金の一部に充てられているのは事実である。

「だから何なのだ！　公開してきたことで、周知の事実だ。それが何か問題があるのか！」

会計上の費目が協力金という名目になっている。これを指して、瀬戸内海を海砂採取で環境破壊していることに積極協力したお金だという。曲解も甚だしい。

「海砂採取に許可を出しているのは香川県であって、その採取に伴って漁獲高や生活への影響に対する補償金が支払われている……これを受け取ったら漁業者や住民は破壊行為に積極加担したことになるというのか！」

話は平行線のままで、らちが明かない。これは地元新聞社の豊島住民への宣戦布告であった。その後、深夜に海上タクシーで本社へと出向いての話し合いも行ったが、頑なだった。別に、書いてくれるなと要請したわけではない。書くなら時代の変遷も含めて、恣意的なものではなく実態を赤裸々に書け、という趣旨であった。

「豊島住民のモラルを問う！」

「瀬戸内海を売ったお金で瀬戸内海を守れというのか！」

一九九九年の新たな年を迎え、正月気分も抜けきらない一月五日の朝刊であった。

写真入り、一面カラー一一段という一大記事である。さらに社会面にも大きなスペースを割いて批判している。豊島の住民には、地元紙が豊島バッシングのキャンペーンを張ったと映った。そして続編記事まで出された。

この記事の直後に開かれた座談会には、地元紙の人間が一般住民に紛れ込んでいた。私は、みなの前で「あなたはどういうつもりでこの席にいるのか」と尋ねた。

「海砂採取による生活影響に対して補償金を受け取るのは当然の権利、何ら批判されることではない。むしろそのお金があったからこそ豊島の運動は持ちこたえている。世の中の多くの紛争は、泣き寝入りせざるを得ない状況だ。被害を受けた住民が莫大な費用を負担しなければ真実も問えないという現実こそが悲しいのだ。そんな立場に立たされている住民が、もしも、わが社の記事で責められるようなことがあったら、私が地元紙の人間としてそのことを説明しなければならないと思ってここに来ている」

彼は、座談会に集まった人々の前で朗々と訴えた。

他の報道機関は、地元紙の執拗なまでの記事を静観していた。地元紙キャップが県庁幹部と「なぜ他社は追従しない」と困惑した会話をしていたという噂も耳にしたが、何が真意だったのかは未だにわからない。ただ、真鍋知事の極めて強気な発言や地元紙の報道キャンペーンの前に、住民は崖っぷちに追い詰められていることは間違いなかった。

座談会 100 カ所達成記念集会（高松、1997 年）

起死回生の決定打が求められたが、たやすいことではなかった。

三月七日、座談会は一〇〇会場目を迎えた。

「これからが始まりです。ここに参集したみなさんが核となって、二度とこのような事態を起こさない香川県にしていきましょう。私たちは、どこへでも何度でも足を運びます。後世のために、県民の誇りのために……」

会場に集まった三五〇人の前で、児島議長が結んだ。一〇〇会場で延べ参加県民二千人。しかし、この参加を得るために本土に渡った島民の数は述べ三五〇〇人を超え、電話は延べ二万回にのぼっていた。

第七章　死んでこい——県議会へ

勝手連

一九九九年春の統一地方選を目前に控えて、町議選の調整は混迷した。一人は世代交代を是として再出馬しないことを表明した。しかし、後継者という点でさらに混迷する。もう一人は、自治会と決裂しても出馬することを表明して、豊島そのものが分裂の閾値に達した。

県議選という話題は出てはいたが、小豆郡三町有権者数約三万の選挙区であり、香川県下でも最も保守的な土地柄。豊島はおよそ一千票。郡部なので投票率は七〇パーセントを超える。二人区で現職二人はどちらも自民党。しかも地元土庄町から出ているのは、現職県議会議長である。豊島の票を全部預かったとしても、対基礎票七〇〇パーセントの数字を叩き出さない限り、当選はない。

選挙の常識から考えたら、奇跡が起きても当選は不可能だった。

選挙に打って出て、落選したら、原因者探しが島の中で始まって、一気に島の運動は崩壊する。いわば「即死」となる。

でも、座談会では「あなたの地域から出ている県議の考え方を、あなたがたの力で変えさせてください。それができなければ首をすげ替えてください」とまで言ってきた。その私たちは、地元県議に対していったいどれだけのことをしてきただろう。「根無し草」発言の当事者でもある。本島で誰か豊島を支持してくれる人が出馬してくれればいいが、これで無投票なら、豊島の人の言うことを誰も聞いてくれなくなるだろう。そうなればこの運動は「安楽死」である。

「即死」か「安楽死」か、選択は二つに一つ、それ以外の選択肢はない。

安岐議長は、難航した町議会議員選挙の調整が決裂したことを受けて、選挙に関して住民会議は機能を停止すると宣言した。一九九九年三月九日夕刻のことである。

三月一〇日の朝、候補者なき事務所開きが行われた。勝手連であった。

「住民会議は責任が取れんから動けんという。なら勝手連ならええじゃろ、わしらが責任をとったらええんじゃから」

この夜、会合が開かれた勝手連の初会合である。高齢者を中心とした一七人であった。

「わし、座るんが無理なんで、ちょっと横になって参加させてもらうわ」

「やっぱり選挙やろ、それも県議選や！」

「ほやけどやれるかな、どうやって」

「やるしかないやろ、責任はわしらがとったらええんや」

「来月の明日が投票日や、考えとる暇はない、やることだけ考えな」

「ほいで、候補者はどないする」

「石井さん！　わしらはな、あんたに出てもらいたいと思とる。事務所は開いた。今ここで結論とは言わん。二四時間以内に結論を出してくれ、もしあんたがＮＯだというなら、他はない。選挙そのものが無くなる」……言い出したのは一〇〇カ所座談会の事務局砂川さんであった。その席にはすでにカンパが届けられていた。

その夜、母と話した。

「会合があった。選挙に出ろという。どう思う。当たり前に考えたら選挙やろ、それはわかる。ただ、出ろと言われてるんが自分やから話がちとややこしい。長いことは続かんで、やったとして、僕ら親子に煮え湯を飲ませることになるのは、この島の住民やわ。それが人の感情やろう。誰が悪いというわけでもない。そんでもな、その時になって島の人を恨むぐらいやったら、やらんほうがええんや……それでも、やっぱりやろうかと思う。この局面それしかないかなと……」

しばらく黙っていた母が口を開いた。

「そうやな、お前がいって死んでこい」

母の顔を見て尋ねた。

「どうや、僕と一緒に土下座ができるか」

「あんまり器用じゃないけど、それぐらいならできる」と母は笑った。

その夜は久しぶりに、一緒に夕食を食べた。いったい何カ月ぶりだろう。


翌朝一〇時、勝手連会合そして議長代表者会。

「みなさんがやると仰るのであれば私は逃げません」と意見を述べて全てが始まる。この二時間後には「お前らが出来が悪いから、選挙になったやないか」と、小豆選挙区出馬の現職黒島議員が廃棄物対策課を怒鳴りつけたという。

「まずは中坊弁護士や、了解だけはもらわんといかん」。勝手連の代表と議長団が、九州から大阪へ帰ろうとしている中坊弁護士と岡山で接触しようと急遽島を出る。

私は、辞職のために管理人として残務整理に取り掛かった。中坊事務所の事務長から電話があって「選挙になるんやて、あんた自分で会わんといかんやろ」と促されて、一便遅れて私も岡山へと向かう。どうやら議長団以外にも中坊弁護士に会いに向かっている人がいるらしい。

電車に揺られる車中、「一時的に結集できたとして、落選すればおそらく島の運動は一気に空中分解する。その時はさしずめサンドバッグというところか。当選したとして、長い目では緩やかな分裂は避けては通れない。全員が心底一致ということはない。人は理屈で動くものではなく感情で動くのだから。しかし、この局面を乗り越えるにはほかの選択肢はなさそうだ」……そんなことを考えながら車窓からの風景を眺めた。指定の場所へ行くと、みんな行き違ったのか、私が最初に中坊弁護士に会った。

「先生、やってみようと思います」

「そうか、ほなら思いっきりやってみなはれ！」

晴れやかな顔に見えた。そして、中坊弁護士には全てわかっているように思えた。実はこの言葉のあと、世間話をしただけで、お互い特に多くは語らなかった。後日、中坊弁護士は、この選挙が終わったら、結果がどちらであったにせよ最終合意の調整に入るつもりだったと感慨深そうに語った。

その二日後、一七人は二人ずつ連れて集まり、五〇人になった。次にはそれが一五〇人になった。そしてまた二人ずつ連れて五〇〇人の行動になった。


残務処理報告と辞表を出すために町役場を訪れた。一歩足を踏み入れると、異様な空気が漂っている。ひっそりと静まり、みなが私を見た。課長の前に出ると「ここは人事ではありません」といわれて、私は苦笑いした。「コピー会計の残高と日報です」と手渡し、人事へ。

「退職願は一カ月前と雇用契約に書いているのを知ってるね」

「知っていますが、それは困りました、私は直ちに政治活動を始めなければなりません、臨時とはいえ、現職町職員が政治活動を行うと私は困りませんが……ご検討下さい」

その二時間後に免職辞令が出た。

すぐに記者会見を開いたが、告示まで二週間もない。公平性を理由に記事にはならなかった。

「党はともかく、私個人としては、豊島から出馬する石井さんを応援したい！」

菅直人前厚生大臣である。大阪で開かれた民主党の公式記者会見での発言であった。馴染みの新聞記者から電話があって、「今菅直人代表が会見をやってる、告示が近すぎて記事にはできないけど、健闘を祈ります」と受話器を握って泣いているようだった。

選挙の前線となる小豆島に事務所が準備できたのは、告示の二日前のこと、小豆島からも手弁当で大勢の人が集まってくれた。

そして二万部の印刷物が届いた。小豆一万三千世帯、選挙区東西二四キロの島嶼部である。大勢の豊島の人たちが現れて、みるみるうちに印刷物を持ち出してしまう。誰かが統括しているような状態ではないにもかかわらず、わずか一日半で全戸配布を終えてしまった。一〇〇カ所座談会の経験でお手のものだったのだ。

「石井さん！　アメリカからも電文きたで」

シアトルの外務省外郭団体からの電文だ。

「ゴミに揺れる瀬戸内の島から県議会に立候補との記事が、『北米報知』に掲載されている、貴兄であると信ずる、故郷のため日本のため健闘を乞う……」

島が沈黙する

皆無だと判断されていた。完全な出遅れ選挙であり、何の準備もしておらず、報道関係者からも

小豆島から香川を変えてみませんか……（1999年）

当選の可能性はあり得ないと言われている。それでもやるしかなかった。

他陣営に比べればとても小さな出陣式であったが、その熱気はどこにも負けなかった。

選挙カーに乗り、第一声を発す。

「それでは、皆さん、石井とおる、行ってまいります」

「小豆島の皆さん……小豆島から香川を変えてみませんか！……」

その日の小豆島は静まり返った。

いつもの選挙と違う。沿道には、動員された支援者が手を振り、独特のお祭り騒ぎとなるのだが、この選挙ばかりは島が沈黙したのだ。日を重ねても空気は変わらない。

一方で中坊弁護士も応援に駆けつけてくれた。御嵩町の町長も、自分の選挙を目前に控えていながら岐阜県から駆けつけてきてくれた。全国からいろいろな人たちが駆けつけてくれたのだ。

豊島が見せた、行政の「不都合な改められない真実」を街頭で語りかけた。「自らの手で変えてみませんか」と。塀の向こうで、家の中で、誰にも見られないようにじっと聞いてくれている。

これに慌てたのは両現職陣営である。選挙も中盤にさしかかったころ、いつもと違う手応えの中、両陣営は申し合わせたのか、全く同文同デザインの豊島批判文書を色違いで発行し、全戸配布した。

「豊島の人たちはなぜ調停に合意しないのでしょう」

「中間処理をして無害化することはすでに決められています」

「今も瀬戸内海には汚染が広がっています」

これには、豊島住民は怒った。もちろん私もそうだ。直ちに反論を用意して、全戸配布するという方針が豊島で出されて、連絡が来た。弁護士も加わって文案作成するという。

しかし、私はこの方針に同意しなかった。

論理的な分析があるわけではない。ただ、確かに聞いてくれている。彼らが出した文書は豊島住民の批判である。決していい印象のものではないはず。どんなに丁寧に文書を用意しても、どんなに正しくても、反論すれば泥仕合になってしまう。辛抱できずに出したら負けだと思ったのだ。その次元に引きずり下ろされるわけには行かなかった。迷いは全くなかった。

しかし、選挙が進む中で、出さなければ負ける、出すべきだという要求はだんだん大きくなり、豊島と小豆島前線との分裂の様相を呈してくる。前線は、選挙における最高責任者は候補者本人であるとして、必死で耐えていた。

残り三日となったところで、中坊事務所の事務長がやってきた。時間をとってくれというので、街宣の順路上のホテルで二人で話した。

「あんた！　反論文書出すのは時間的に今日が限界や！　出さへんかって、負けたらあんたら親子が死んだぐらいでは責任は取れへんのやで」

「出して負けたらあんたが責任とるんかい！　それは一体誰の意見なんや！　文書は出さん、そのやり方は絶対違うと思う！」

少しばかり大きな声を出して引き取っていただいた。申し訳ないが、こればかりは聞くわけにもいかなかった。この事件にかかわらなければ、彼もこんな嫌な思いはしなかっただろうに、申し訳ない思いでいっぱいだった。

この日から、街頭の反応が全く違ってくる。その夜、会計が言いだした。

「当選するんじゃないですか、これ見て下さい！　すでにカンパが九〇〇万円を超えた、まだ止まらない、お金を払った人は票入れるでしょ……これいける……」

運動最終日前日、最終日と、劇的に反応が変わっていく。

この選挙中、女性たちがかけてくれた電話は四万回を超えた。

四月一一日投票日当日、投票行動への案内電話はかけ続けられた。候補者はもう一切動けない。豊島から連絡が入ったらしい。中坊弁護士のところへ報告にいけ、開票を待たずに敗北宣言を出せ、という。落選を予測して、原因者探しが始まったのである。私は京都まで往復して、お礼と「とにかく精一杯やりました」と報告をしてきたが、敗北宣言の要求には応えなかった。

投票時間が終了して開票が始まる。各開票所にはスタッフが立ち会いに行っている。電話で開票情報が伝えられ、集計されて事務所内に表示されていく。接戦である。ただ、出口調査ですら当選の可能性はないとされていた。

引退を表明した町議は、この選挙の事務長を引き受けてくれていた。事務所開きでは涙を流してこの選挙への思いを訴えていた。その彼が気を遣ってくれて、この後の開票には立ち会わず、連絡を入れるまでホテルで待てと言ってくれた。

皆さんにあとをお願いして事務所を出た。外には、この選挙期間中ずっと私の周りで支えてくれた同級生たちがいた。

「この選挙、もしも落選したら、最初に選挙を言いだした砂川さんは間違いなく自殺する！　それとなく、距離を詰めて取り囲め、絶対に死なすな!!」

指示を出しているのは、二三年前、豊島事件の裏切り者として村八分になった住民の長男である。この島には、この島の歴史には、取り返しのつかない深い傷が多すぎる。

私は黙って頷いて、その場を離れた。

ホテルに帰ってテレビの速報はつけずに静かに本を読んだ。人生の中でこれほどまでに静かに時間を受け入れた記憶はあまりない。不思議なことに、落選することは全く考えなかった。

「当確！　やったぞ石井くん！」

電話の向こうで事務長の声が弾んでいる。

事務所がどよめいているのが聞こえる。迎えの車で事務所へと向かった。多くの人たちが泣いた。

発当選にわき上がる選挙事務所（1999年）

深夜を回って午前一時頃、香川県小豆総合事務所長から電話が入った。翌日、知事が挨拶にくるという。私は、午前六時四〇分の始発で豊島に戻ることを伝えて、不在にすることを詫びた。相当飲んでいるらしく、ほとんどろれつは回っていなかった。この夜、喜びの酒を飲んだ人、悔しく酒に飲まれた人、いろんな人たちがいた。

翌早朝、私は豊島に向かうフェリーのデッキで風に吹かれた。四月の早朝、まだ風は頬に冷たかった。

「さて、私はどうすればよいのだろう」

議会のことなど何も知らないのだから……。当選翌朝、応援してくれた住民運動の看板が壊されていたり、脅迫の電話が度々入ったりと、小さな事件がしばらく続いた。

「あんたが石井さんかいな……私はあんたに入れたんで！」

「おばあちゃん、どこかで僕に会ったことあるかな、なんで、僕に入れてくれたん」

「東京の息子がな、母ちゃん今こそ香川県の、小豆島の見識が試されとんやで、あんたは石井さんに入れんといかんよいうて電話してきたん」

「……そうやったん、僕に何かができるというわけではないし、何もできんかもしれんな。でもな、みなさんが僕を県議会に入れてくれたことが、県政を変えるんよ。息子さんにありがとういうて、伝えてな……」

おばあちゃんの手を握って、深々と頭を下げた。


一九九九年五月一〇日には、第二次技術検討委員会の報告書が取りまとめられ、翌五月一一日に第三五回公害調停が開催された。実に二年ぶりの調停期日である。

報告書には「表面溶融炉、ロータリーキルン炉、シャフト炉などの溶融技術により、廃棄物及び汚染土壌を一〇年かけて無害化する」「副生物であるスラグは、安全性を確認した上で細骨材等として公共事業を中心に再利用する。飛灰は、山本還元を応用して金属回収の原料とする、汚水の漏洩が懸念される北海岸は、三七〇メートルの遮水壁を設けて環境保全を行う」ことが骨子としてまとめられていた。さらに、わが国初の事業となること、今後の廃棄物行政に寄与する技術となるであろうこと、二一世紀を循環型社会とする目標を掲げ、最善と考えられる先進的な技術システムであること、「後世にツケを回さない」という考え方を基本に、副生物を再利用すること、すべての関係者が参加協力して、新たな価値観を創って問題を解決すべきことなどが説明され、住民側と香川県はこの見解に同意した。

これを受けて六月には、公調委から最終合意に必要な合意項目について双方に意見照会が行われ、調整作業に向けた準備が始まった。

登壇

「一般質問を続行します。石井とおる君……」

一九九九年七月六日、六月県議会本会議、私の初登壇である。

――質問の機会をいただきましてありがとうございます。私は初めてでして、質問をするに当たり、事前に原稿を出せと言われて驚きました。事前に理事者に対して全文を原稿で出すんでしたら、できれば答弁も本会議以前にいただきたい、そうすれば再質問がもっと生きてくるんじゃないかなと思うわけであります。それを理事者の方に要望しておきたいと思います。（略）
本日、私は、大きく三つの点について質問させていただきたいと思います。できるだけ素直な気持ちでお伺いしたいと思いますので、知事には誠意あるご答弁を簡潔にお願いしたいと思います。
まず最初に環境行政のうちで産業廃棄物の不法投棄についてであります。香川県内では不法投棄が相次いでおります。ご存知の通りの豊島問題、そしてその後、財田町では六万六千立方

初登壇（1999年）

メートル、それから大野原町でも一万七千立方メートルという、こういう不法投棄が相次いでいるわけです……

県民の願いというのは、まず生活の環境、それが守られるということ、安全が守られるということと、もう二度とこういうことは起こしてほしくない、この二つが最も大きな県民の願いではないかと、そういうふうに考えております。当然のことではありますけれども、こういう不法投棄事件が起こった場合には、まず県民の安全を確保する、これが県行政の第一の仕事であります。

そこで、これらの三件に対しては、廃棄物の撤去命令というのが出されております。今さら言うまでもありませんけれども、措置命令というのは、「生活環境保全上の支障がある場合」に出されるものであります。まさに、県民の生活を守るために、それを実現するために撤去が命令されている。幸いなことに、財田町とか大野原町では、この撤去が順次進んでおります。

（「進んでおらんぞ」と発言する者あり）

進んでいないんですか。進んでいるというふうに理事者の方から報告を伺っております。これは、ぜひとも履行していただいて、県民の生活を守っていただきたいと、このように考えております。

さて、そこで豊島なんですけれども、これにつきましては、兵庫県警が摘発したときから、ほぼそのままの状態で野積みされたままであります。そして、そこから有害物質が瀬戸内海に流れ込んでる。これが、きょう現在の実情であります……

実のところ、知事はすでに二五日の代表質問に答える形で、「水質等の調査結果では、健康項目も含めて環境基準は満されており、さらに今回新たに実施したウニ卵の発生調査の結果から見ても、周辺環境に特段の影響はない……」と答弁していた。それはわかりやすく言えば、一〇〇メートル沖合の海水でウニの卵の細胞分裂というものを見てみたら異常はなかったという意味である。異常があったら大変なことだ、瀬戸内海の魚が大打撃を受けることになる。

そもそも「この事件は香川県が廃棄物の認定を誤り適切な指導監督を怠った結果、本件処分地に深刻な状態を将来した」ということを香川県はすでに認めている。その結果として、処分地から瀬戸内海へベンゼンなどの発がん性物質やその他の毒物が流れ出す事態になっているのだった。

元をたどれば、「生活環境保全上に支障を生ずるおそれ」を指摘して「廃棄物の撤去命令」を出したのは香川県である。一九九〇年一二月二八日のことだ。実に九年近くも前のことである。その三年後、香川県は独自の調査結果から、一九九三年の一二月議会で「有害と思われるものから順次撤去を進め、おおむねこれらの作業を終えた」という見解を示した。残ったものはもう大したことはなく、心配はない。総量も十数万トンだと有害性を否定してみせたのである。

ところが、後の公害調停で、実際に残されている廃棄物の総量は香川県の発表の三倍近い量であり、放置できないほど深刻な汚染状態であることが判明する。さらにこの時「香川県の調査には信頼性がない」とまで指摘されていた。ここでまた香川県は判断を間違えたのであった。

そして、香川県はこの信頼性がないとまで言われた調査結果に基づいて、二回目の措置命令を出している。北海岸から毒物を含んだ水が瀬戸内海に流れ出ているという可能性を基に、遮水壁を作るということと、雨水が廃棄物に入らないように側溝を設置せよという命令である。この瀬戸内海と廃棄物の間に壁を作るという工事については履行されなかったため、香川県は事業者を措置命令違反で告発し、有罪判決が下った。

しかし事業者を告発したからといって、安全になるわけではない。

確かに、一九九五年の公害等調整委員会専門委員会の調査結果、その後の環境庁の周辺環境調査、今年五月の技術検討委員会の検討結果などには、現時点では周辺環境に著しい影響は見られないという趣旨の評価が出されてはいる。しかし、これらはそれぞれの時期において「結果として今の時点では大丈夫だった」という評価でしかない。

特に環境庁の調査は大きな意味をもっている。一九八四年、厚生省の専門家会議が日本におけるダイオキシンの実情を評価した。その結果、焼却炉で働く人や周辺の住民に対する安全宣言というものが出されて、その後の日本ではダイオキシンに関する具体的な取り組みというのは行われてこなかった。

ところが、豊島で高濃度のダイオキシンが発見されたことを受けて環境庁の周辺環境調査が実施された。一九九六年六月一六日になって、閣議を終えた当時の環境庁長官が「豊島に不法投棄されている有害産業廃棄物起因と見られるダイオキシンが周辺環境から検出されたことを受けて、環境庁として、一年をかけてダイオキシン類の有害性評価や諸外国の規制の動向などを踏まえ、排出基準や目標値の設定など、日本の実情に適する対策のあり方をまとめた戦略を策定していく」という方針を、記者会見で明らかにしている。

つまり、ダイオキシン規制が必要だという、そういう認識を日本に呼び起こしたのは、まさにこの豊島の現実だったのだ。いずれにしても、生活環境保全上の支障を生ずるおそれを否定する根拠はどこにもない。

香川県は、みずからの誤りによって豊島の処分地に深刻な状態を引き起こし、さらに九年近くにわたって県民や瀬戸内沿岸住民を危険にさらしてきたということなのだ。そして今、莫大な県民負担の上で香川県が自ら処理に臨むことになるのだが、一連の経過の中で、豊島住民への謝罪とは別に、県民に対しても県は謝罪する必要があると思ったのだ。

そこで、この経過事実に基づいて私は知事に詰め寄った。

――今後の豊島の対策費は人件費を除いても二二〇億円から二六〇億円と言われていますが、これは県民一人当たりに直すと一体幾らぐらいになるとお思いですか。知事にお伺いしたいと思います。

そして、知事は、認定の誤りと指導・監督の怠りが深刻な事態を招いたとお認めになっていますが、県民にその責任を負わせてこれだけの負担をかけると、こういうことに対して悪いという気持ちをお持ちでしょうか。解説は必要ありません。県民に対して悪い、申し訳ないという気持ちがおありになるのかならないのか、一言だけお答えいただきたいと思います……

さて、六月二五日の代表質問に答えて、知事は五月一一日の調停委員会の見解について触れられております。『謝罪問題については、今後の検討課題の一つとする』という、この一節でございます。実は、このとき説明された見解には、対になったもう一項目があります。それは、こういうことですね。「被申請人香川県は、廃棄物の認定を誤り、豊島総合観光開発株式会社に対する適切な指導・監督を怠ったことが、本件のような深刻な事態を招いたという本件の経緯を再確認すること」これに続いて「謝罪問題については、調停条項の具体的な協議に入る前提条件とはせず、今後の検討課題の一つとして協議する」と続いております。こうした情報は適切に、誤解のないように県民に伝えていただきたいと思います……

香川県は、公調委から繰り返し同じ指摘を受けていたのだ。つまり反省がないと見えたのだった。

その香川県が六月二二日、豊島住民に対して意見書を出したのである。

技術検討委員会が解散されて、技術検討委員、つまり事前環境モニタリングに対して助言をする専門家がいなくなった。そこで、香川県が新しい専門家を選任して通告をし、その後の段階で、豊島の住民の方から「住民参加で決められていない」という抗議があった。同時に「どのような理由で助言者が選ばれたか、どのように住民が意見を述べる機会があるのか」と質問された。

これに対して、県の方から六月二二日に出された意見書には、こういう趣旨のことが書かれている。「通告はした、意見を言う機会はあったはずだ」というものだ。

さらに、この意見書では、一九九七年にさかのぼって、コンサルタント会社の契約についてまで、正しかったという見解を述べている。この一九九七年のコンサルタント契約については、調停委員会より「技術検討委員会に諮らず締結したこと、作業の進め方や進捗状況を申請人や調停委員会に説明しなかったこと」、こうした事実を指して「中間合意にもとる重大な落ち度があった」と指摘され、さらに「このような過ちが再び起きることのないように」と結ばれている。再び同じことが起こったわけで、ここにも反省はないとしか見えなかった。

——では、さきに戻りまして、この五月一一日、県知事は、認定を誤り、指導監督を怠ったということを再確認しているわけですけれども、今、知事は一体、何をどのように反省しておられますか、率直にお聞かせいただきたいというふうに思います……

続きまして、二つ目の質問に移らせていただきます。離島・山村の役割と活性化ということについてお伺いしたいと思うんですが、実は私、豊島問題を考えておりますと、これが高松だったら起こらなかっただろうという気がします。財田の問題、それから大野原の問題につきましても、これが高松だったらこういうことはなかったんではないかと。これは言いかえると、都市部でないがゆえにこういう事件に巻き込まれると、そういう可能性を持っているということになります。明らかに不公正ではないかと、こういう気がしてなりません……

離島振興法には「国土の保全と海洋資源の利用、自然環境の保全」、こうしたことに重要な役割を負っているのが離島であると定義され、また、山村法には「国土の保全、水源の涵養、自然環境の保全」、こうしたことに重要な役割を負っているのが山村であると定義されている。

言いかえれば「こうした地域に住む人たちは、その生活をもって国土の番人であり、自然環境の番人なんだから、離島の隔絶性だとか、あるいは山村が山村であるがゆえに抱えている後進性というものを排除して、地域格差をなくし、そのことを通じて国土や環境を守り、あわせて、国民経済の発展に貢献する」というように法には定められているのだ。

さらに、新しい全国総合開発計画には「離島は、その多様な自然と豊かな文化を背景にした総合的な癒しの空間」として位置づけられている。

しかし、現実のこうした地域というのは、非常に厳しい問題を抱えている。もちろん、全国的な景気や雇用の低迷、高齢化、少子化といった問題はあるが、こうした山村離島では、より深刻な実情を抱える。私は、豊島の戦後の開拓入植地で生まれ育ったが、もうその集落はない。島の中の集落でも、一〇〇戸家があって六〇戸が空き家、残り四〇戸のうち半数以上がひとり暮らしのお年寄りという集落がある。こういう集落は、瀬戸内海の島であるとか、あるいは中国山地、四国山地沿いの山間地を歩いてみるとたくさんある。

ともすれば、こうした地域というのは効率の悪いお荷物のようなとらえ方をされてしまう、さらに、行財政改革であるとか、地方分権、あるいは市町村合併、こういう形で私たちの生活を取り巻く制度や環境が大きく変えられようとしている。その上に、こういう地域では、産業廃棄物の問題であるとか、自分たちの生活環境が脅かされかねないという状況が全国に見られた。そこで知事に尋ねた。

――本県の離島、あるいは離島振興法の指定こそ受けていないですけれども、小豆島あるいは直島、そして農山村。知事は、二一世紀に向けた香川県新総合計画作成の冒頭の年に当たって、こういった地域を一体どのように位置づけられるのか、どのようにとらえられるのか。あわせて、こうした地域の二一世紀にどのような展望をお持ちなのか、お伺いしたい。これが二つ目の質問であります……

――続きまして、参加の県政、対話の県政ということについてお伺いいたします。

さて、その二一世紀に向けた新総合計画の策定、あるいは一般の施策であってもそうかと思いますが、どのような地域社会をそこに住んでいる人たちは望んでいるのか。そこに住んでいる人たちの意思と努力と、これがまずもって基本となり、その努力をいかに支えていけるかというのが問われることになると、私はそう考えております。

真鍋知事は、盛んに参加の県政、対話の県政ということを主張していた。しかし、そもそも県政の主権者は県民なのだから、本来あるべき姿に戻すということのほうが正しい表現なのかもしれない。

広く共働していくために参加や対話を求める基本は、情報を共有するということである。また、県民が県政に参加する、その最前線、第一線はどこかというと、これはまさに県議会がその機能を担うべき存在であった。

豊島問題の公害調停で中間合意について調整をしていたころ、香川県から「議会が認めてくれない」という理由説明を何度か耳にしていた。そのとき私は、議会と理事者というのは一体になって相談しながら進めているんだと思っていた。ところが議会に出てみると、公害調停の情報が出てこない。委員会で聞いてみると、県議会に情報を出すか出さないか、その一つ一つの情報について、県が判断するというのだ。これまでもそうだったし、これからもきっとそうなのだろう。

一九九七年の中間合意についても不自然である。最終的な決定事項ではないからという理由で、議会に諮られていない。十分な情報を出さずして、決まったからと通告する、一方的に通告する。情報が出ないということを問題提起しても「外部に出すなと公調委に言われてるから」と説明する。そう説明されたら、公害等調整委員会から県議会には情報を出すなという具体的な指摘を受けていたのかと考えるのが普通だ。しかしそうではない。「公調委にそう指導されているのか」と質問すると「基本的には、県が一つ一つの情報について判断をする」という。

豊島という語句を県議会のデータベースで検索してみると、実に一五一件（一九九九年現在）ものヒットがある。いかに香川県議会において、豊島事件というのが大きなウエイトを占めたかというのがよくわかるが、それと同時に、これまでいかに限られた情報の中でこの議論がなされてきたのか、議会としては公開されない情報のもとでの審議となるのだから、それは大変な苦労だったことが窺える。この点について知事に質してみる。

――一九九七年六月の総務委員会においてでも「県議会は機能不全である。理事者から情報が出てこないから」という、こういう指摘がなされておりますが、まさにそのとおりであろうかというふうに思います。

知事は、県民に開かれた参加の県政、対話の県政ということをうたってらっしゃいますけれども、実はこの議会においても、やはりそれは不十分なのではないか。先般来の再質問の様子をお聞きしていても、なかなかここが話し合いの場、対話の場ということにはなっていない。一方的な通告と対話の拒否、そういう姿勢に見えて仕方ありません。

さきの、公調委に対して出された豊島住民に対する意見書においても、基本的な姿勢は対話の拒否ではなかったか、そういうふうに受けとめております。

今後の新総合計画や個別の施策について、今、不透明な時代でありますので、県民の理解を得るための説明や参加、対話というのは非常に重要な課題となります。そこで、知事にお伺いしたいのですが、参加や対話、県民の理解を得るとは一体何なのか、知事の見解をお伺いしたいと思います。

なお、私は本日、豊島の五四九公害調停申請人の代表としてここに立っているわけではありません。七三四〇人の信任をいただいて、立たせていただいております。知事はこの事実をどのように受けとめられるのか、あわせてお伺いして、私の一般質問を終わります。(拍手、降壇)

——理事者の答弁を求めます。真鍋知事。

——石井議員の御質問にお答え申し上げます。

まず、豊島問題についてのお尋ねのうち、中間処理に要する費用等についてであります。

(略)

中間処理及び暫定的な環境保全措置の実施には、建設費及びランニングコストを合わせて二二〇億円から二六〇億円が必要となり、これは、県民一人当たり二万二千円から二万六千円となるものであります。このような内容で調停が成立いたしましたならば、県民の皆様に大きな負担をお願いするという立場に立ちますことは、十分認識いたしております。

(略)

……また一九九六年に出された環境庁の調査結果から見ましても、周辺環境に特段の影響は生じていないものと考えております。

いずれにいたしましても、暫定的な環境保全措置から中間処理施設の整備に至る一連の工程を、できる限り速やかに実施してまいりたいと考えております。

次に、調停に対する取り組み姿勢についてであります。

今後とも調停委員会の仲立ちにより、調停の場において十分協議し、県議会の御議決をいただき、問題を全面的に解決する調停の成立を得て、技術検討委員会の成果が一日も早く生かされるよう、最大限の努力を傾注してまいりたいと存じます。

なお、六月二二日の県の意見書につきましては、事前環境モニタリングに関する専門家の選任は、あらかじめ、その案を調停委員会を通じて申請人に連絡するなど、中間合意の趣旨に基づき誠実に手順を踏んで行ったものである旨、及びお互いの立場の違い等を乗り越えて、調停成立に向けて話し合いを進めていきたいとの趣旨で、調停委員会にお送りしたものであります。

……次は、離島、農山村の役割と、二一世紀への展望についてのお尋ねであります。

離島、農山村地域につきましては、森林や田園、海岸など恵まれた自然環境を有しており、県民生活に潤いを与えるばかりでなく、自然環境の保全や県土の保全などの機能を果たしております。

しかしながら、近年、過疎化や少子高齢化の進行などに伴いまして、特にこれらの地域におきましては、地域社会の活力が低下することが懸念されております。このようなことから、県といたしましては、引き続き地域基盤の整備を推進することはもとより、歴史、文化、産業などの特性を生かした魅力ある地域づくりを進めるための各種施策を新総合計画の中に位置づけることにより、離島、農山村地域の活性化を図ってまいりたいと存じます。
最後に、参加の県政、対話の県政についてのお尋ねであります。
私は、知事就任以来、県民ニーズを的確に把握して、適切に施策に反映するよう努めてまいっているところでありまして、（略）今後とも、県民ニーズが適切に反映された参加の県政、公平公正で透明性のある県政を推進してまいりたいと考えております。また、県議会議員は、それぞれの地域から選出されておりますが、県民を代表しているものと認識しております。（降壇）

——再質問の通告がありますので、発言を許可いたします。なお、残時間は、答弁を含め七分です。石井議員の質問時間は一分四三秒であります。石井とおる君……

——一分四三秒ということでありますので、一つだけお伺いをいたします。

「調停で」という答弁が目立ちまして、素直にお伺いしたいと思ったのは、香川県の本来の役割というのは、県民に対する環境の保全、その安全の確保ということと再発の防止、そこに、もし何か間違いがあって被害があったのなら、それを一体どう是正するのか、その辺の考え方についてきちんと整理してみせるという、そういうことであろうかと思い、それでそういう質問をさせていただいたんです。

その結果、莫大な費用を県民に負担としてかけることになりました。今、知事にお伺いいたしました答弁、ちょっと私うまく理解できなかったんですが、調停ではなく、ここは県議会の場なんですから、それをきちんと知事は、一つずつ県民に説明をしていく義務があると、私はそう考えております。

その冒頭に当たりまして、まず知事にもう一度確認、お伺いしたいのですけれども、県民に対して申し訳ないという気持ちをお持ちなのかどうか、一言だけお伺いしたいと思います。その説明がありませんと、ないというふうに受けとめざるを得ないのかという、そういう気がしてなりません。どうぞよろしくお願いいたします。

以上で再質問を終わります。（拍手、降壇）

——再質問の答弁を求めます。真鍋武紀知事。

——石井議員の再質問にお答え申し上げます。先ほども申し上げましたように、調停が成立いたしましたならば、県民の皆様に大きな負担をお願いするという立場に立ちますことは、十分認識いたしております。（降壇）

県議会には「豊島公害調停」に関する情報はほとんど出てこなかった。調停委員会からそう言われているというのだ。しかし調停の席では「県議会の理解が得られない」という香川県の説明を何度も聞いた。要するに香川県は県議会にはあまり情報を出さず、一方で県議会の理解が得られないことを理由として豊島住民への抵抗手段としていたのである。思い通りにことを進めようと情報操作しているのだ。しかし、これからは通用はしない。

傍聴席には一杯の人たちが島から駆けつけてくれていた。

「みんな起きていましたよ……」本会議が終了すると記者たちが駆け寄ってきて言った。全員が起きて聞いていたということ自体が極めて珍しいのだそうだ。

「おまえの言っていることはまともだ」と、一人の議員が私に声をかけてきた。そして改めてこう聞いてきた。「豊島の住民はとんでもない集団だと思っていたが、こんなにもまともなことを言っていたのか」と。

議会に登庁するようになったころ、私を訪ねてくれた女性があった。その人は一九七七年のデモの時、ちょうど県庁に居合わせたのだそうだ。その日の空気は異様で怖かったという。

「これはいったい何なのですか」と、彼女は思わずそこに居た県庁の職員に聞いた。

「あの人たちはね、頭がおかしいんですよ」と答えた県庁職員の言葉に、事情もわからず、怖い人たちなんだと思い込んでしまったという。

香川県で説明を受けてきたが、「豊島問題というのは、豊島の、それもごく一部の人たちが異常に騒いでいるのを、マスコミが騒ぎ立てているだけで、本当は大したことないんですよ」と香川県から説明されたという話を、豊島を訪ねてくる多くの視察者から何度も聞かされた。少なくとも、ここで私が質問する立場にあるということは、一部の人という説明ももう通用はしない。

それにしても、嘘でもなんでも誹謗中傷を繰り返していると、いつの間にかそれが本当に見えてくるのかもしれない。豊島住民は県にとっては「県民」ではなかったのだろう。

「話しておきたいことがある」と、一人の議員が声をかけてきた。保守の最古参議員である。一九七五年、発端当時は革新県政の時代であった。県とのパイプ役を務めた議員も革新である。「廃棄物の処理及び清掃に関する法律」（廃掃法）に基づいて、処理業許可申請を「不許可」とするのは難しい。その一方、豊島住民の激しい反対運動がある。そこで香川県は「ミミズ養殖による無害産業廃棄物の中間処理」という内容で許可を出し、事業者と住民の両方を説得しようとしたのだ。

その頃、豊島住民から「陳情」があったという。「ミミズ養殖は詭弁だ、許可の取り消しを」という趣旨であった。これを保守が採択する方針を立てた。いくら革新県政といえども、保守が圧倒的に多い地方のこと、県議会の勢力も保守が圧倒的に多かった。もし、このまま手続きが進めば、そこでこの事業計画は終わっていたというのだ。

つまり、県議会が真っ向から知事の判断を否定することになる。今でこそ、県議会が知事判断を否定するのは、内容によっては当然であり、むしろ求められる本来の機能である。しかし、この時代には知事の政治生命に関わることであった。革新からすれば、知事を取るか住民を取るかという選択を詰め寄られることになる。そこで革新は、豊島住民に陳情の取り下げを要求し、豊島住民がこれを受けて取り下げたと彼は言う。

「豊島住民の取り下げた責任」という言葉が、まことしやかに県議会の中を独り歩きしている。このことが県議会の豊島住民への感情のねじれの根底にあった。私は「たとえそれが事実であっても、『県の判断の誤り』の理由にも、県議会がその後の『監視』を怠ったことや不法投棄された廃棄物への対応を『躊躇』する理由にもならない」ことを告げた。

あり得る話にも聞こえるのだが、県議会の記録を調べてもこの話に出てくる陳情を行ったという記録も、取り下げたという記録も出てこない。豊島にも記録はない。島の中で当時の関係者に当たってみても、記憶が曖昧で真相はわからない。まさかとは思うが、残るは「県議会の記録抹消又は改ざん」の可能性だ。驚いたことに、県議会の記録抹消は「あながち不可能とは言えない」と、当時の関係者は言う。しかし、今さら逝ってしまった人たちのところへ確かめに行くことも叶わない。ただ、最古参議員の言ったことが事実だとすれば「豊島住民の取り下げた責任」という主張は責任転嫁であり、豊島事件とは、県行政の過ちによって豊島住民が被害を受けたことにとどまらず、政争の具とされ政治に翻弄された被害者でもあったということである。

県庁の中にも「判断の誤り」をめぐる噂が漂う。県は当時の厚生省官僚に「廃棄物の判断」を問い合わせたという。そしてその官僚の名前もわかっている。だから、県の廃棄物の判断根拠は厚生省照会にあるのだと。このことが県の責任ではないという意識に結びついている。

しかし、法の運用をしている現場は、地元の自治体、この問題では香川県である。たとえそれが事実であって、官僚の判断が「廃棄物ではない」というところから出発したにしても、現場の実態を見たならば、「違法行為」であるその行いを止めさせることはいくらでもできたはずである。いずれも「目の前の現実と向き合うことを拒否する理由」にはならない。むしろ言い訳でしかない。

ともすれば行政や政治は「言い訳探し」「原因者探し（他人批判）」に腐心し、直面する政策課題から目をそらして責任転嫁してしまう存在だ。行政や政治は明らかに強い権力を保つ。予算の執行権であり、議決権、さらに法に基づく許認可権や命令権などである。

では、行政や政治はどのように責任を取るのか。責任者の引責辞任か謝罪……。では知事は判断の誤りに対して責任を取るのか、議会は知事を監視しきれなかった責任を取るのか……多くの場合責任を取る者はいない。そして、そこに費用負担が伴えば、それは結局のところ県民国民の負担、つまり責任を負わされるのは県民国民でしかない。

豊島事件では、「間違いは起こさせないから受け入れろ」と権力をもって強要したのは香川県であった。しかし、香川県そのものが間違いを犯した。

だから豊島住民は「責任を取れ」と要求したのであった。その責任とは「元に戻せ」ということである。これには、莫大な費用負担を伴う。費用負担は、司法による法的責任としての判断に基づくか、再び予算執行権及び議決権を行使するかしか方法はない。つまり、行政とは権力は行使するが、責任は取れないただの「システム」でしかないのだ。これが行政の無謬性の実態である。

香川県が持てる能力の中で取れる責任とは、豊島住民に対しては「元に戻すこと」であり、費用負担をしていただく立場になる豊島住民を含む県民国民に対しては「二度とこのような過ちを犯さないシステム」に変革することが唯一の責任の取り方である。

豊島住民の要求もまたこの二点にすべて集約される。

この後、本格的な最終合意に向けた調整が進められようとしていた。ただ、それでも成立の目処は全く立っていなかった。

ところが、夏になって突然、香川県が調停外の手続きとして「直島での処理を検討したい」と調停委員会に申し出たのである。これには、中間処理施設を豊島に建設するには「莫大な費用を投下するのだから、豊島に不法投棄された廃棄物にとどまらず、広く全国から廃棄物を受け入れて経費の縮減に当てるべき」という、豊島問題解決に当たっての予算執行の条件が県議会保守勢力から突きつけられ、議会を乗り越える見通しが立たなくなっていたことが背景にあった。

もちろん、この要求を豊島住民が受け入れるはずはなく、受け入れなければならない理由もない。調停委員会は、香川県による独自の検討を了解し、その結果が出るまで調停は再度休止となる。また、技術検討委員会は、急遽直島での処理が可能かどうかの検討に入ることとなる。

二つの島

豊島は小豆島の西方に位置する島で、面積およそ一四・六平方キロメートル。豊島事件発端当時人口はおよそ二三〇〇人、二〇一七年では八〇〇人と少々という、典型的な過疎の島である。戦前には、二七〇〇人程度で横ばいだったようだが、戦後の疎開時期には四千人近くまで人口が増え、その後減少の一途をたどっている。

その起源は定かではない。人の活動した形跡は古く、先士器時代の打製石器が多数見つかっており、どうやら紀元前二万五千年くらいまで前に遡れるようだ。とはいえ、瀬戸内海はまだ海ではなく、狩猟が中心であった時代だろうから、必ずしも定住していたわけではない。半定住状態が窺え

フェリーから臨む豊島

るのが、一万年ほど前の貝塚の存在である。豊島の南端、礼田崎《れいたさき》に残されたもので、西日本最古だという。ここから出土する貝は汽水域に生息するヤマトシジミで、瀬戸内海がまだ海ではなかったことがわかる。

海ではなかったという意味では、瀬戸内海の海底からナウマンゾウの牙や骨、歯などが底引き網にかかって上がってくることも、陸地であった証しだと言えそうだ。

氷河期が終わり、気候変動とともに縄文海進（大規模海面上昇）を迎えるのも一万年程前からであり、数千年の時間とともに瀬戸内海が世界有数の閉鎖性海域として生まれると同時に、乾燥冷涼な気候は湿潤温暖な現代の気候に近づいてくることになる。平均水深三七メートル程度の浅海に一級二級河川合わせて六六四河川が流れ込み、年間五〇〇億立米の陸水の影響を受ける海となり、豊富な山々の栄養に支えられ、淡水から汽水、海水域へとつながることで、世界に比類のない多様な生物相に恵まれ世界最高の漁場と言われる、豊かな海へと変貌する。

同時に稲作に適した気候へと変動し、稲作技術の伝播により人々の暮らしは劇的に変化したと考えられる。稲作伝播の経路や時代がいつごろなのか定かではないが、豊島の弥生時代の遺跡からは、漁具が発見されており、漁労による生活の姿も見て取れ、早くから半農半漁の暮らしがあったと想像される。

また、豊島に散在する古墳群からは、三世紀から七世紀にかけて、大和朝廷の強い影響下にあったことが考古学的に立証されている。

弘法大師が訪れ、喉の渇きから杖で突いたら水が湧いたという話が語り継がれる湧水「清水」を始め、豊島の東方唐櫃《からと》方面は湧水が各所に見られ、離島としては珍しく水田が早くから開けた島であった。戦後の疎開時にでさえ、四千人近い人口を支える食料を自給し、さらに移出していたのだから、農業生産の能力は、離島としては異例である。また平安時代には、塩基性角礫凝灰岩（豊島石）の産地として知られるようになり、かまどや流しといった生活用品に始まり、昭和の中期までおよそ一千年に渡って石の島としても知られることになる。豊島はその名のとおり、農業と漁業と石材業、そして海運による豊かな島であった。

隣接する直島本島を中心とする直島町は、大小二七の島々からなる。これらの島々の総面積でほぼ豊島の面積に近い面積となる。戦後の疎開時には八千人近い人口を誇り、現在でも二千人余の人々が暮らしている。農業に適した土地は少なく、漁業と製塩、そして交易の島である。

一一五六年七月二三日、保元の乱で流罪とされた崇徳上皇が鳥羽から四国へと流される。しかし、四国からは拒まれたため、直島で三年程滞在することになった。上皇の流罪に伴って直島へ赴いた三宅氏、片山氏の侍が後に隣の豊島の甲生《こう》に移り住む。これが後の片山家（泉屋）となる。片山家は、江戸時代に讃岐から養子を迎え入れたが、この養子が商才に長けており、九州日向から材木を切り出し、豊島の海岸で木挽（製材）して阪神へ販売する材木商として財をなすことになる。豊島は、材木の島としても知られることになる。

また、江戸時代には、徳川幕府直轄の天領であったため、歌舞伎や人形浄瑠璃の公演が特別に許され、淡路から伝わった人形浄瑠璃が定着する。明治以降休止していた人形浄瑠璃は、戦後まもなく女性たちによって再興されたことから、現代の直島女文楽へと繋がることになる。

大正を迎えてまもなく、三菱合資会社から精錬所進出の打診を受けた豊島村は、これを拒否した。片山家は、精錬業が豊島の水環境を悪化させることを指摘して反対したという。これを受けて、当時農業漁業の不振から財政難に陥っていた直島村は誘致に乗り出し、一九一六年（大正五年）に銅精錬所を受け入れることを決定し、翌一九一七年創業する。今日の三菱マテリアル直島精錬所である。同精錬所は銅の精錬では現在全国第三位の規模、副産物の金の精錬では、全国一の規模を誇る。

これにより、離島はおろか、香川県下でも有数の経済的恩恵を享受し、豊かな税源とあいまって病院や芝居、映画などの娯楽も早くから普及することとなる。また、地の利を生かした養殖漁業も、現在では県内有数の産地として高い生産額を示している。

他方で、亜硫酸ガス公害は、山々を禿山にし、健康影響さえも指摘されることになったが、公害紛争の歴史は持たない。一時は、地方交付税非交付団体となった時代もあるのだから、町財源まで含めて典型的な企業城下町として今日につながっている。

しかし、高度成長ののち、銅精錬業は価格において国際競争力を失い、精錬所撤退がまことしやかに囁かれるようになる。いうまでもなく三菱マテリアル直島精錬所が撤退すれば、直島町の存続そのものが困難となる。後発でありながら政商として財をなした三菱財閥系三菱マテリアルは産業廃棄物からの非鉄金属回収を国内事業として取り組もうとするが、これには様々な課題があった。

豊島もまた、一九八〇年代以降、グローバル化の進む中、農業、石材業は自由化の波に翻弄されることになる。また、瀬戸内海の環境悪化に伴い、漁業も不振となり、他の離島の例に漏れず、過疎、高齢化の一途をたどることになる。

それぞれ、真逆の選択をした隣同士の二つの島は、豊島事件を通してまた大きな選択を迫られることになるのだった。

一九九〇年の兵庫県警摘発の翌年、香川県は「産業廃棄物処理等指導要綱」に県外廃棄物の持ち込み禁止を書き込んでしまった。その理由として、香川県には県外廃棄物に対応する能力がないと自ら認めている。

ところが、これがあっては三菱マテリアルが産業廃棄物を直島に持ち込んで新たな非鉄金属回収をはじめることはできない。他方で、豊島に中間処理用の溶融炉を建設して処理を進めることは、県議会と豊島住民の認識の乖離から現実性を持たない。そこに利害が一致したことは想像に難くないが、ここに至った真相はわからない。

県が事業主体となって廃棄物を処理するということは、文字どおり数百億の公共事業である。公共事業になるという方向が見えてきてから、沢山の企業が豊島へもやってきた。当時、事務局をやっていた私のところにもきた。豊島廃棄物処理事業は、技術検討委員会が公募で提案を受けて、その中から実現可能な処理を選択していくという方法が取られた。詳細な技術の評価は、我々にはできない。だから、応募してきた企業提案の一覧を技術検討委員会の席で共有し、技術の絞込みを行う過程に立ち会うことで公正に進めてきたのだ。

豊島住民が直接提案企業の求めに応じて会うことはせず「提案に自信があるなら、技術検討委員会の事務局である香川県に是非提案してください」とお断りするだけで、内容も聞かない。また、一社会ってしまうと、すべての企業に会わねば公正性が保てないという思いもあった。それでも、アポなしで突然やってくる企業も沢山あった。結局直接現れた企業だけでも七〇〜八〇社程もあったと思う。中には現職大臣の名刺を持参するものもあり、驚かされる。政治家にアプローチする企業もたくさんあるのだろう。賄賂を要求した政治家もいたかもしれない。

彼らは一様に口を揃えて言う。「二〇〇社以上が動いています」「豊島の向こうに一〇〇兆円市場が広がっているのです」「我々も参入したい」と。

廃棄物が経済至上主義の負の産物、厄介者として扱われた時には、まるでババぬきのババを引かされるがごとく、弱い者に押し付けられてきた。ところが、公共事業となって「儲かる」という話になると雨後の筍のごとく、恩恵にあずかりたいという輩が湧いてくる。全く勝手なものだ。事件が発生していく過程でも、解決を模索する過程でも、その島に人が住んでいて、その一人ひとりに尊厳があるなどということは、忘れ去られている。

三菱マテリアルが動いているという噂も耳に入っていた。三菱マテリアルは連合に泣きついたというのだ。現職政務次官からの電話もあった。「隣の直島の三菱マテリアルでも処理はできるんだよ」と。「現職政務次官がそんなこと言っていいんですか！」と、私は電話を切った。

政治家がらみで企業群がおのおの工作している様子が窺えた。

香川県や技術検討委員へのアプローチも行われているに違いない。

直島案は、一九九九年四月、三菱マテリアルが全面的に支援した新直島町長が誕生し、その町長の下で検討作業が始まった。

行政の無謬性を問うた豊島事件だが、ここへ来て「香川県」の問題から、その行方は「直島の問題」としてしか見られない状況となった。豊島の住民にとっても、調停外の手続きとしてその行方を見守ることしかできなかった。

二〇〇〇年三月二二日、直島町は正式に受け入れを表明する。これを受けて、豊島住民も、直島案で香川県民の理解が得られるなら、豊島住民も調停に臨む用意があることを表明する。

「元の綺麗な島に戻せ」と求める豊島、「廃棄物による生き残りを模索する」三菱マテリアルと直島、二つの島は、大正五年の直島村による三菱金属誘致から八四年を経て、再び全く逆の選択をすることになった。

これを受けて翌二三日、香川県はそれまで頑なに拒否し続けてきた、北海岸からの漏水防止工事を先行して実施することを突如発表する。

新たな旅立ち

こうして、直島での中間処理を前提として調停の最終合意案を協議することになる。二五年の運動の集大成であり、これからの原点となる大切な調停調書であり、一字一句譲るわけにはいかなかった。

中間合意の教訓から、今回は、公調委ではなく住民側から原案を提示し、最終合意に臨むことにした。その内容は、歴史の批判に耐えるものであり、世論の支持が得られるものでなければならなかった。同時に、原状回復の履行を確実なものへと導き、将来を予測して、紛争が発生した場合でも解決できるだけの機能を持たせておく必要があった。

まず、撤去の完全な履行である。香川県が技術検討委員会の検討結果に従い期限内に完全に履行することが必要であり、これが満たされないとき債務不履行で訴訟提起及び勝訴が可能な状態にしておくこと。その進行状況をつぶさに確認できること。

さらに、香川県の責任を明確にし、豊島住民に謝罪すること。

そして、技術検討委員会に代わる専門家機関を設置して、指導監督を行わせること。
また、現在の公調委に代わるような、疑義が生じた際の協議、紛争が生じた際にこれを解決するための機関を設置するなど、課題は山積である。

原状回復ひとつとっても、どこまで回復することが原状回復なのかを明らかにしていかねばならなかった。今後の振興策も付帯する課題である。

一カ月あまりの時間をかけて内部で審議した後、その骨子部分を四月二八日に公調委に提示し、これを前提として公調委と協議しながら五月八日に住民としての最終合意案を提出した。公調委はこれを前提として県とも協議を重ね、また住民側も度々上京して協議を重ねた後、五月一八日になって、県と住民側の双方に対して一九日に調停条項案を提案すると表明した。この時すでに、事実上の最終合意を目指す調停期日は五月二六日と双方に通知されていた。

同じ一八日、地元紙紙上には「知事が最終段階で謝罪を避けては通れないと判断し、住民に謝罪することを決めた」とし、「直接指導を担当していた二職員についても何らかの処分を行う考えである」と記されていた。遅すぎる謝罪ではあるが、調停成立に向けて一歩前進には違いない。

一九日の夜遅くになって最終合意案が届いた。そのまま深夜まで内容修正の検討が続く。ギリギリの調整と同時に、島内住民に周知し最後の意見聴取をする必要があった。

翌五月二〇日には、住民会議企画調整会、同二三日及び二四日と島内各地区別での座談会を開催し二六日に向けての調整に臨む。弁護団も二班に分かれ、一班は上京して公調委との折衝、二班は豊島で各地区の座談会に出席し、調整をはかった。

最終的な争点は三点だった。最終合意文書の中の「責任」の文字を削除することを香川県が求め、立ち入り調査権を求める住民に対して「責任」の文字を削除することを条件として「県の承認を得て可能とする」という香川県。さらに、「本調停によって本件紛争の一切を解決した」という内容を堅持しようとする香川県と「事業実施完了によって一切解決」とする住民。豊島住民はあくまで「責任」の文言にこだわったのだ。

二五日早朝、公調委に対して「責任」の文字復活、無条件立ち入り、そして事業実施完了によって一切解決という三点を要求して公調委にファックスで送付したが、公調委からの回答はなかった。すでに公調委は県との意見の相違を収拾できない状態になっていたのである。

この日、警察刷新会議の審議委員として出席していた中坊弁護士から、予定より随分早く刷新会議が終了したので、公調委から回答がないのなら京都の自宅に帰るとの連絡が入った。大川副弁護団長は、中坊弁護士に「公調委がどうにもならない状態になっている」ので、中坊弁護団長が直接調停委員長に電話することを要請した。中坊弁護士が調停委員長に電話したとき、委員長はすでに翌日の合意成立は不可能と判断して鎌倉の自宅に帰るべく東京駅にいた。

調停委員長は東京駅から引き返し、中坊弁護士と話し合った。

中坊弁護士は「責任」の文言削除を受け入れる代わりに、立ち入りに関しては県に「通告」するだけで可能とし、紛争終結についてはこれまでの要求を撤回し、一方で「一切」の文言を削除して「本調停にかかる紛争が解決したことを確認する」という簡潔な表現にすることで譲歩し、あとは香川県の出方を見ることにした。

その後、全くなにも情報が入らない。香川県庁や香川県代理人弁護士の事務所に張り込んでいる記者たちからの情報でも、午前三時になっても県の動きはまったくなく動向は読めなかった。

結局、最終的に香川県がどこまで認めたのか、認めなかったのか、そもそも調停が開かれるのかどうかさえ、わからない状態のままで新幹線に乗り込む。名古屋あたりであっただろうか、「豊島公害調停本日開催……」新幹線のニューステロップに文字が流れた。こうして、はじめて今日調停が開かれることを知った。

しかしいつもの調停期日とは雰囲気が違う。香川県の代理人弁護士は、代理権を剝奪された状態で臨んでいる。表情にまったく生気がない。「一切」の文言がなければ、県議会に対して説明がつかず、決裂しても譲れないというのだ。

「ほな、付けたらよろしいがな」、あまりにもあっさりと中坊弁護団長が要求を認めたため、香川県代理人は狐につままれたような表情になってしまった。

しかし、代理権はない……。「知事に確認をとりますので……」知事の確認がとれ、こうして、事実上の調停は成立を見ることになる。

あと数分、中坊弁護士の電話が遅れていたら、この成立はなかったかもしれない。それにしてもあれほど柔和な県代理人弁護士の表情はこれまでに見たことがなかった。

この日、豊島弁護団の一人が、調停成立を待たずに逝ってしまう。

香川県では、五月三一日に県議会臨時議会が召集され、豊島公害調停最終合意についての同意を得る作業が行われた。

豊島では、六月三日に住民大会が開かれ、最終合意案に対する採択が行われ、事実上の合意がここに成立する。調停調印は、豊島で行われる。高齢化がすすむ島であり、申請人も多くの方々がすでに亡くなっているので、その遺族も含め豊島住民の前での調印を実現したかった。

しかし、二五年に渡って争ってきた相手である。知事が島に上陸したときに一体何が起きるかわからない。その一方でこれから共働していかねばならない相手である。

そこで、二巡にわたって島の中で地区別の座談会を開いてきた。どのように香川県を迎え入れるのか、一人ひとりに考えてもらったのだ。こうした努力を調停委員会も認めてくれて、豊島での調印を決定する。歴史上初めての出来事である。

当日の調印式の運営にあたり、私たち住民会議の役員は「公害等調整委員会」の腕章を手渡され、すべての運営を任された。争いの中で勝ち取ってきた信頼関係だろう。

二〇〇〇年六月六日当日、弁護団も到着の後、知事の到着を前に中坊弁護士は、三議長に対して「あんたらどないしまんのや、自分で考えなはれ」と問いかけた。

三人は港で知事を出迎えた。笑顔であった。

知事は、用意された控え室へと向かう途中、住民側の控え室に気づきドアを開けて「長い間ご迷惑をかけました」と声をかけた。中坊弁護士と議長団は知事を招き入れ、屈託のない会話と大きな笑い声が建物の外にまで響いた。

壇上の知事は予定された文言を住民の前で読み上げはじめる……

「香川県が廃棄物の認定を誤り、指導監督を怠った結果、豊島住民に対して長期に渡り不安と苦痛を与えたことを認め……」

涙する知事を受けて、会場に集まった六〇〇人を超える住民たちが泣いた。

知事はそのまま語り始める……

峰山という山が県庁の裏にある。その山に何回登ったことか。この山からは豊島の現場がよく見える。「ああ、一体どのようにすればよいのか……」と自問し続けたという。

まったく予定されていなかったことを淡々と住民に語り掛け、また涙した。

豊島住民は、その言葉を満場の拍手で受け入れたのだった。


調停委員長は豊島住民の取り組みに対して「不撓不屈の取り組みに心から敬意を表する」と語り、香川県に対しては「調停を成立させるための真摯な努力を多とする」と述べて、「これからは、お互いに敵対関係ではなく、廃棄物を共通の敵としたうえで互いに協力して事業を進め、第二の豊島の悲劇を起こさないためのモニュメントとしてほしい」と語った。

ここに、二五年に渡った紛争の幕が下ろされた。感動さめやらぬ中で歓談しながら港まで知事を送る。離れていく船をいつまでも議長たちは見つめていた。

峰山

その夕刻である。安堵の中で会食する役員たちを前に、中坊弁護士が一喝した。

「まだ、終わってへんで、ほんまに何を考えてんのや、あんたらは。このままで、ええんかいな」

安岐議長と相談して、翌朝県庁へお礼に伺うこととした。

議長は精神的にも、肉体的にもほぼ限界に達しており、音を上げる寸前だったが、話し合い、紛争上の最後の仕事として、翌朝午前六時始発便で県庁へ向かうことを了解してもらった。

翌朝、県庁が開く前に高松へ到着した私たちは、まっすぐ峰山に登った。

「これはよー見えるわ！　ほら、豊島の現場や！」

「ここから、眺めとったか。それはそれで辛かったやろうな」議長が眩いた。

山を降りて私たちは県庁へと向かった。始業時間を迎えたばかりの県庁は、私たちが突然現れたので、少々驚いたようだったが、快く知事公室へと迎え入れてくれた。

そこで、知事の登庁を待ったのだ。

現れた知事に対して安岐議長は、丁寧にお礼を述べ、知事の苦労をねぎらった。まるで自分の人生と重ねるように。そして峰山へ登ってきたことを告げると、再び知事は泣き始めた……

中坊弁護士は、喧嘩の終わり方という話をよくしていた。

「どんなに勝っても、最後の最後で相手を向こうへ押し倒してはならない。前へ引き倒すのだ。負けても感謝できる終わり方でなければならない。そうしないと、どんな内容の喧嘩であろうとも怨念が残ってしまう」という。

私には、この瞬間までその意味がわからなかった。まるで旧知の親友のように、屈託なく話をして笑っている二人を見ていると、どこにこれほど深刻な闘いがあったのか不思議に思えるほどである。

公害調停を申請したときに、現実に撤去が実現すると考えた人がいたのだろうか。

「せめて一矢報いたい」という悔しさと、「死んでも死にきれん」という信念だけが支えてきた。できるはずがないと誰しも思うことに対して、我を捨てて必死になっている姿に、多くの人が声援を送ってくれたのだ。そのことが、不可能を可能に変えてしまったのだった。

第八章　おてんと様は見てまっせ——調停成立の先にあるもの

一里塚、そして冷戦の終結

しかし、私はこの時、調停成立を素直に喜べてはいない。

豊島住民が発端から調停成立までのあいだに起こした行動の回数は七千回を上回る。もしも、この運動に時給八〇〇円の人件費を支払ったら、その人件費は六億円では収まらないという人も居る。言い換えるならば、この島の人たちは六億円を超える労働力を持ち寄って、共働したのだ。

闘いのさなかでは、どんな結果になろうとも、持ち出したお金だけは取り戻すからと、ほぼ無制限に三自治会から負担してもらった。一億円近いお金だ。途中、排出事業者からの解決金の一部を先に使用させてもらった分も含めて、解決金としてこれまでの負担分を返してもらうことができた

（この紛争解決に至るまでの住民総負担額は一億六千万円に上る）。調停の成立を受けて、これまで自治会が拠出した金額の全額を一旦各自治会にお返しした。その上で、今度は返せないことを条件に、今お返ししたお金を全額もう一度出してほしいとお願いし、総会に諮ってもらった。そして三自治会とも拠出を決議してくれたのである。

なぜ、これほどの運動を、この島の人たちはやってのけたのか。この問いに答えを探してみると、この先は不安に満ち満ちているからだ。島の人が特別環境意識が高いかといえば、決してそうではない。政治的な意識が高いかというとおしなべて見ればそうでもない。原動力となっている動機は、尊厳の回復であり義憤である。しかもかなりの温度差がある。

ではなぜこれほどに長い闘いに耐えられたか。そこには二つの大きな要素がある。

例えば、冷戦の前後のアメリカ、そして近代の中国を見ると明らかなように、内政の不満は、国外に敵を設けることで一時的にすり替えられる。それが米国にとっての冷戦であり、その後のイラクや北朝鮮である。また中国にとっての日本批判である。

豊島とて、共働している人々が本来的に仲が良いとか、民主的な自治に長けているというわけでは決してない。性質はだいぶ異なるものの、豊島にとっては、廃棄物撤去という「ミッション」は、だれも否定できない強大な敵であった。日常の諍い、あるいはもっと根源的な帰属性の違いがあったにしても、それをはるかに超えるミッションの下に共働してきたのである。

しかも、そのミッションを実践するために島の人が島の人を傷つけるという現象も、平時とは比べ物にならないほどの軋轢を生んでいる。わけもわからず強要されたと思う場面も多いだろう。それでも分裂を回避できたのは、より大きなミッションにより封印されてきたに過ぎない。その封印が、本日をもって解けるのだ。

その交錯する感情を乗り越えて、共働を成しえた六年半、ひいては二五年の意味を地域にとっての本質的な自信と力に変えていくには、冷静な振り返りと経験に基づいて謙虚に事実を受け止めた育ちなおしを必要とする。そこに至るには相当の時間がかかることは避けては通れない。しかも実際の処理事業という難関と並行して走ることになる。

どの歴史をみても、偉業の末路を維持することはとても困難な作業である。

水俣では「地域のことをその地域の人が知らずして、なぜ地域の将来を語れるか」という当たり前のことに気づき、もやいなおし、地元学などの再出発に至るのに、四〇年かかったと聞かされた。一体どれくらいの時間を必要とするのだろう。

もう一つは、豊島住民運動の主体とはなにかである。

一言で言えば、この国で忘れ去られつつある共同体性である。

明治維新で、現在のこの国の基本的な形が出来上がる。立憲君主制の中央集権国家である。当初の自治体は何をしていたかというと、その事務は「地籍」「戸籍」「徴兵」でしかない。では、今で言う「社会資本整備」や「社会保障」は誰がやっていたのだろうか。

この島にも「よぼし子」「よぼし親」という言葉が残っている。語源は「烏帽子」ではないかと思われるが、次のような仕組みである。子供が生まれると、別の成人との間で「よぼし子、よぼし親」の約束が結ばれる。もしも本当の親に何かあった場合、よぼし親が自分の子と同様によぼし子の面倒を見る。これは逆の場合もあり、老後を見てくれるはずの実子に何かあれば、よぼし子が実の親同様に面倒をみるというものである。

「筆親」「筆子」などと呼び名は違っても、類似の制度は全国各地にあった。最も現実的で人間味のある社会保障制度かもしれない。ただし、信頼関係と人間力、人間性を求める制度であることは否めない。地域の資産家が私財を投げうって共済組合を設立したりした例もある。各種の互助機能は、その地域に住む者たちの知恵と努力によって維持されていた。

社会資本整備についても、必要な道路や水源の確保など、戦前であれば地主が土地を出し、小作人たちが共同作業で建設することは当たり前で、島嶼部などでは名士が私財を投じて港湾工事を行った記録などもある。現在でも現物だけを自治体が負担し、地域の人たちが集まって共同作業で工事を行う仕組みをもった自治体はある。

こうした共同体による自治は、地域内部での再分配の性質も持っていたのだろう。

例えば、豊島では救急車はこない。「病人」「けが人」が出れば、お互いに協力して運び合う。そこにはお互い様という気持ちがあり、当たり前のこととして行われる。財政による行政サービスとして行われないので、代わりに住民同士の現物給付が行われているのだ。

昔ながらのこの国のかたちでは、個人の暮らしと行政や政府が行う施策との間に、地域共同体というもうひとつのパブリックがあった。地域の共同体は、こうした地域が抱える課題に対して、お互いに労力を出し合い、時にはお金も出し合って解決していくステークホルダーとして自立していたのである。しかし、これらは時代とともに消え去り、現在のこの国のかたちは、個人の生活、個人の問題以外の課題はすべて公の問題。公とは行政であり政治である。

例えば、家の前で猫が死んでいれば、「早く誰かをよこして始末しろ」と役所に電話をかけるなどという事態が発生する。「依存」と「要求」だけが残り、自ら問題解決に取り組むという姿勢と機能を、この国は失ってしまったのである。

豊島の運動の主体、その原点はまさにこの共同体性である。だとすれば、豊島が特別な力を持っていたのではなく、どこにでもあった当たり前の力で取り組んだのであり、全国の他の地域がこれらの力を失っているに過ぎない。

共同体性は行き過ぎると、忌まわしき全体主義の様相を呈し、ファッショに陥りかねない。豊島での運動は、民主的に行うことを心がけた。ただ、一般に誤解されている多数決の原理ではない。正しいと信じる方向をひたすら説明し、共働してくれるように要請し続けたのである。運動を維持するための島の中での地区別座談会等の活動は膨大な作業量である。

とはいえ豊島の運動の歴史も両刃の剣だったことは間違いない。この要素がさらに大きな軋轢を生んでいる。実際に「人を使うんは、二階に登らしてはしごを外してやったらええんや」「人の前で、こんな目に会うくらいなら二度と逆らいたくないという目にあわせてやったら、人は従うようになるんよ」と豪語した者も居る。そして、この二五年の闘いの中でそれを実践してしまっている。島の中で他の地域を蔑視する発言も少なからずある。香川県と闘うために、廃棄物と闘うために、島の中で辛酸を飲み込んだ者も多い。

解かれた封印の中で、一旦は運動が崩壊の様相を呈することは目に見えている。公共事業として動きだす処理事業にまとわりつく利権や誘惑、さらに未知の事業に取り組むための膨大な作業、共通の目的が具体性を欠くことによる求心力の低下などにさらされながら取り組むことになる、住民会議の再構築と維持は並大抵のことではない。

調停の成立は、一里塚。さらに困難な作業へのスタートラインに立つこと以外のなにものでもなかったのだ。私には、空恐ろしいことに思えた。

知事へのお礼を済ませ、島へと帰る道々、次の体制への転換について安岐議長と話し合った。まずは、今まで以上に丁寧に島の中の人たちに向き合うことから始めなければ……

情報の植民地化

案の定、苦情が殺到する。お金の使い方、方針、団体運営と物事の決め方……運動の中で屈辱を浴びせられたという訴えまで、多岐にわたる。私のところへも多かったが、安岐議長の元へも多数寄せられていた。多くの役員たちも聞かされているのだろう。安岐議長はたまに「おい、あの時のこと覚えとるか」と問い合わせてくることもあった。安岐議長は真摯に一人一人の訴えに対して寄り添っていたのだ。

私も、些細なことでも可能な限り調べたりもしていた。

「新聞記者たちに一体どれほどの土産を持たせているんだ、お前らは新聞記事を買っていたのか」と領収書を調べに来た住民に批判されても、それを覆す合理的な理由はない。誰が決裁していたかというのも曖昧といえば曖昧である。そして積み重なれば金額は膨大である。

「忙殺されていたとは言え、ちょっと杜撰すぎるな……」

安岐議長と一緒に過去の会計台帳を調べに行っててため息が出る……すでに住民が調べにも来ていて、それに基づく苦情だったのだ。もちろん、住民のお金なのだから、住民に隠す性質のものではない。でも、調べに来ているという事実だけで不信感が持たれているということだ。

「……これじゃ一人あたり一回の食事で四万円近い飲み食いをしとる、非常識な使い方としか言えんわな……」

明細のない個人名の領収書も膨大だった。

「説明がつかんな……」

とはいえ、過去にさかのぼって監査しなおすことも現実的ではなかった。

強気の安岐議長ではあったが、時々愚痴をこぼすこともあった。

豊島の住民運動の主体は、自治会から派生しているとは言え、自治会とは既に独立した団体である。この団体には、お金がなかった。だから苦労もしたが、一方で制約の中でしか活動できていないので、己を律することもお金の制約のなかで比較的やりやすかったはずなのだが……

解決金は、今後数十年にわたって立ち会っていくための原資だが、自ら保有すれば、己を「律する」べき、相当な力を持たねばならない。ましてお金を持った団体には不信が寄せられやすい。わかりやすく言えば、お金を持った団体は、住民への求心力を失いやすいのだ。

安岐議長と話し合う。最大の難点は「お金」だろう。これから始まる処理事業が終了するまでは、産業廃棄物問題以外には支出しないことを明確にした特別会計とした上で、自治連合会預かりにすべきだろうということを検討していた。


お金は本当に怖いと思う。県議会議員に当選して、まず驚いたことは、月額報酬が八一万円という額だったことだ。正直こんなに高額の報酬を受けているのかと驚いた。多くの県民感情がそうだろう。ところが、実際に振り込まれてくると源泉徴収後の振込金額は四八万円程度である。ここでまた、こんなに税金を取られているのかと驚いた。それまで、所得税を心配するような生活をしたことがなかったのだ。

私は小豆島に活動の拠点を置くことを有権者に約束していたので、築五〇年近い古いアパートの一室を借り、宿舎兼事務所としていた。パートの人に来てもらい、電話番と事務処理をしてもらう。給料や家賃、駐車代金、軽自動車とはいえ車検、保険、減価償却などの固定費が月額五〇万円程もかかってしまう。それでもボーナスが四〇〇万円程度あったので、年最低二五〇万円以上を目標に次の選挙用に貯金し、残りを一二カ月で割ると月一二万円程度の生活費が残った。ここから冠婚葬祭などの費用を出す。住民会議の用向きで出かけるときも、住民のお金ではなく、自費でまかなうことが多かった。他に政務調査費が支給されたので、それが中央省庁へ出かけたり、現場調査にあたる活動費となる。当然これは使途公開性のお金だ。

世の中の人が想像する暮らし向きとはかけ離れた月一〇万あるなしという議員生活は、予想以上に厳しいものがあった。

もっとも、小豆島と豊島という二つの選挙区を抱えている島の二重性があり、さらに実務は高松でということになるので、時間もお金も足りず眠ることさえままならないことも多かったが、もしもこれが、高松で自宅から通い、人を雇う必要もなければ、ちいさな家一軒くらいなら一任期四年間でなんとかなるかもしれないくらいの報酬ではある。

当選まもなくのころ、大変な思いをして選挙を支えてくれた同級生が同窓会を開くことになった。その案内の電話があって、私は愕然とした。

「とおるくんだけ会費一〇万円な!」

「みんながそう言いよん……」

「いや、偉い人が出してもらえいうから、同級生やこはそんなこと言わんわ」

「それ誰……」


そんなころ、住民会議が住民の寄付で所有していた公用車が使用不能になり、私の車を小額で売買の形式をとり、提供することになった。

それからしばらくして、住民会議に専従職員を置いて、その給料を私に支払うように住民会議が要求してきた。自分の生活費さえまともに出ないのに、とてもじゃないがそんな負担には耐えられなかった。

ところが、どうやらこの要求は、住民会議の機関決定ではないようだ。そう、もう一つは、どこで何が決まったのかその経緯が全くわからないという状況が問題になっていたのだ。

事実、産廃運動の中で、女性委員会、高齢者委員会なども含めて、極めて煩雑な組織形態になっていた。また、住民会議外にも島の振興を考える団体がある。とはいえほとんどのメンバーが重複しているのだから、個別の団体としては、うまく機能はしない。それればかりか、他団体が決定して進行していることさえ否決するというような、あってはならないことがまかり通ってしまっている。

この組織形態と団体間の位置づけとともに、意思決定機構を可能な限りシンプルなものにして明確にし、その意思に基づく予算執行と監査にしなければ、この組織はもちこたえられまい。

そんな話が安岐議長との間で続いた……

私には、もう一つ気になることがある。「情報の植民地化」という現象である。水俣を訪ねて諭されたことだ。

「これから豊島では情報の植民地化が起こるよ……」

それはつまり、全国に知られた事件となった豊島には、いろいろなものが押し寄せてくる。もちろん、豊島の処理事業を利用してお金儲けをしようという人たちや、癒着や不正などのリスクはもとより、今後の豊島の将来を考えるという視点も含めて、多様な専門家なども訪れてくることになる。

島の外の人があたかも当事者であるかのように「豊島事件」を語り、島の外の人が、いろいろな

「企画」をして、島の外の人がその結果を「評価」する。いつも、島の外だ。島の人たちはよほどお互いに向き合って「自らの意思」を持たないと、翻弄され置いてけぼりにされてしまう。そうした状況から、島の「意思」と「責任」を守ることは並大抵ではない。

「まず、一時的にはその現象は避けられないだろう」

置いてけぼりになった島の人が、もう一度「自分たちが何をやってきたのか、自分たちの足元から見直そう」という原点に立ち返るまでは「相当の時間を要する」というのである。水俣ではその時間が四〇年であったという。

「あの豊島だから」なんでもできるという先入観がある。そこには寄り添うという観点はなく、次々にあれこれ自分の思い入れを持ち込んでくる。悪気が無くとも、結果として、島の人は島外の人に翻弄され消費されていくのだ。

大筋の方針を相談している最中、安岐議長は任期満了を目前に控えた二〇〇一年二月八日に急性心不全のため他界した。そしてこの話は、中断してしまうことになる。その結果、住民会議が自らお金を所有することとなった。

理由は「お金こそが権力である」ということだった。

内を向け

紛争前後で、豊島の紛争について講演を依頼されることが度々あった。多いのは同じように問題を抱えている現場である。周辺を見て回ると、大抵が「ここに住みたい」と思わされる場所である。どうしてこんな場所に廃棄物を持ち込んでくるのだろう。

コンタクトを取ってくる住民から電話で要請を受けると、新聞社を通じて現地支局を紹介してもらい、現地の記者からの目線での事案を確かめてから現地入りする。主催者に確認することは「今をどのような局面として認識していて、今日の成果目標をどこに置いているのか」である。

「そちらへ伺って話をすること自体はやぶさかではありません。でも私があなたの地域の住民になることはないのです。もし私が使えるなら、私をどう使うかあなたがたが話し合って決めてください。最大限その意向に沿うように努力はします」と断りを入れる。多くの地域が一枚岩でなく、なんとか運動を組み立てようとする人たちがいれば、妬みや反感から批判する人たちもいるものだ。普通の社会であれば当たり前のことだ。また、事案によっては利害が対立している現場へ踏み込むわけだから、中途半端なことはやれない。だからこそ、現場に意思を持たせようとする。

御嵩町に関わったとき、全国で廃棄物問題に関わっている幾人かの人たちから聞かれたことがある。「誰ひとりとして御嵩町の住民たちの中には入れなかった、なぜ君は入れたのか」と。もし何かが違っているとすれば「私は全てを現地の人に任せる」ということだろう。あなたがたはこうすべきだ、という意見を持ち込まない。むしろ、あなたがたはどうしたいのかと問うだけだ。強いて言えば「それは誰の意思か、地域の合意は得られているか」と問い返すことはある。

ある日、熊本県境にほど近い鹿児島県の片田舎から相談を受けた。豊島事件のように養殖業を名乗り、その熱源として大量の廃材を燃やしているのだが、かなり怪しく、焼却灰はあたりに撒いている。小川からはダイオキシンが出たというのだ。要請の内容は「現地へ来て見て欲しいこと、豊島の話を住民に聞かせてほしいこと、弁護士を紹介してほしいこと」の三点であった。

鹿児島には知り合いの弁護士などいない。そこで福岡の知り合いの弁護士に問い合わせて、九州の弁護士事情を聞いてみた。すると、鹿児島県知覧の最終処分場訴訟の代理人として鹿児島地裁に通っているという。会ってみてもいいとのこと。次の公判期日は私も体を空けることができたので、現地に連絡を取った。すると、その日に合わせて現地の人たちは鹿児島県庁に申し入れに行きたいという。

夜通し移動して早朝の現場に立つ。役員の方々と話し合い、現地を歩きながら周辺の竹やぶの様子を見て回る。このあたりは筍の産地だという。だから地元自治体に相談に行っても、風評被害が恐ろしいから「とにかく騒がないでくれ」としか言わないのだそうだ。まして地元自治体が県庁に逆らうことはない。

誰もが自分の立場に終始する世の中、物事など変わるはずがない。

昼近くになって地元の方々の車に乗せてもらい、鹿児島地裁へと移動し、知覧の訴訟と合流、その後、知覧の代理人弁護士と住民団体役員の方々が同行してくれての鹿児島県庁申し入れとなる。その夜、現地に戻って公民館で地域の人たちに集まっていただいて、豊島の話をした。決まりごとのように、私は「闘うのはやめたほうが良い」と結ぶ。

地を這い回り血反吐を吐くような思いをして、それでも成果が出るかどうかわからないほどの闘いになる。とてもやるべきだと勧められるものではない。そして、人に言われたぐらいで辞めるのなら、最初からやらないほうが良いのだと私は思っている。それでも闘いたいという人たちには「あなたがたは何を守ろうとするのですか」と問いかける。決めるのはこの地域の人たちだ、その結果責任を負うのはだれでもない、この地域の人たちなのだから。

終わって、代表役員たちと話し合った。話をしながら習性のように、実務者のスキルや意思決定の仕組み、費用負担の仕組み、地域の産業構造や家庭単位での後継者の状況などに探りを入れてしまう。みんな素朴で誠実な人たちである。それだけに、これから直面する事態には悲しいものを感じる。なぜこの人たちは闘わねばならないのだろうか。

深夜になって、鹿児島本線を走る夜行列車を捕まえるために、駅まで送ってもらった。博多から始発の新幹線で高松へと向かう。今日も夜通し移動だ。送ってくれたのは、代表者の嫁入り前の娘であった。道々「責任感の強い父親が何もかも背負って潰れていくのではないか」という不安を打ち明けられた。

島に帰り着いた私は、問題を抱えている地域全戸分のいちごを買って送った。そして、役員の方々に「お世話になりました、あの豊島で作られたいちごです。誠に御手数ですが、一世帯あたり一パックあります。役員の方々で一軒ずつ届けていただけないでしょうか」と手紙を添えた。

一軒ずつ訪問すれば、大勢集まった会合の席では聞けない声も聞ける。どのように地域の人たちが向き合うか、それを考える上で戸別に訪問するきっかけを提供したかった。なによりも大切なことは、地域が共有し、些細な異論にも耳を傾け、丁寧に向き合い続けることだと思っていたからだ。

それから三日ほどたって、中坊弁護士から荷物が豊島に届いた。大量の八橋だ。「豊島の人たち、一人につき三つずつ送ったので、みんなで各戸へ人数分ずつ届けて欲しい」と伝言が添えられていた。豊島もまた、向き合うことが不足しているという無言のメッセージだった。

おてんと様《さま》は見てまっせ

六年半にわたる公害調停
誰からともなく口をついて出る言葉
「おてんと様は見てまっせ」
悪いことをして決して許されるはずはなく
そう「おてんと様」だけは
本当のことを知っていると信じて歩み続けた
そして豊島の人はよく泣いた
涙は一生懸命汗して歩んだときひとりでに溢れてくる
そんな泣き虫にたくさんの人が声援を贈ってくれた
「おてんと様」はわるいことを許さなかった
「おてんと様」は汗の数だけ涙をくれた

そして涙の数だけ喜びが溢れた
「おてんと様」はいつも見ている
時々私たちは自分に負けそうになる
ほんのちょっと「ずる」をしたい
誰も自分のことをわかってくれない
そんな心の隙間を「おてんと様」は
固唾をのんで見守っている
汗が乾いたら泣き虫じゃない
でも涙が乾くと
胸の奥が痛むのはなぜだろう
昨日は通りすぎ
明日はまだこない
再び帰る今日はない
だから見えない明日に向かって歩き出す
泣きたい時は泣けばいい
「おてんと様はきっとどこかで見てまっせ」

私は、調停成立二周年の記念行事に一篇の詩を寄せたのだった。

第Ⅲ部　前代未聞の産廃撤去事業

第九章　困難――産廃撤去への試行錯誤

前代未聞の公共事業

豊島廃棄物処理のためのプラント建設は、前代未聞の事業となった。

この事業の発注は、性能発注の一般競争入札という手続きが取られた。一般的な公共事業は、行政側が設計図を描き、その工事を誰が一番安く健全に建設できるかという競争を行う。しかし、この事業では、敷地面積等の前提条件、さらに処理をする廃棄物の性状成分、処理後の副生物の品質、環境負荷などの諸条件を示し、それを実現できるプラント建設を図面ごと提案してもらう競争入札である。しかも想定される金額が大きいので、ＷＴＯの規定に準ずる国際競争入札が義務付けられる。

入札の結果、応札企業ゼロという結果に終わった。異常事態だ。

豊島に不法投棄された廃棄物を処理するための「処理技術の絞り込み」を行っていた一九九七年頃には、沢山の企業が動き回っていた。彼らは是が非でもこの事業をとりたいとまで言っていた。全国に知られている豊島事件の処理に自社の技術が採用され、これを実現すれば、他社に一歩抜きん出ることになるというのだ。ところが、実際の入札までには随分時間がかかってしまい、二〇〇〇年に入ってからの入札となってしまった。この年、わが国におけるダイオキシン規制が施行された。このダイオキシン対策のために、全国で焼却炉・溶融炉の建設ラッシュになっていたのだ。

工場から出てくる廃棄物は、何を原料として、どのような過程で出てくるかわかっている。だから性状も成分も安定している。しかし、不法投棄された廃棄物は、何が入っているかわからない、当然掘る場所や深さによって中身は違ってくる。とても不安定な対象物だが、頼りとなる情報は、公調委専門委員による調査結果と技術検討委員会の検討結果だけである。実際のところ、情報は少ない。未知の部分が多く、難易度が高いだけではなく、豊島の場合、全国の注目度が極めて高く、さらにすべてが公開される。社運をかける事業となるのだ。いまさらそんなにリスクの高い事業に手を出さなくとも、施工が追いつかないほど仕事はある。その結果が「応札企業ゼロ」だったのだ。

入札の失敗を受けて、香川県が各メーカーからの聞き取りを行った結果、再入札があっても応札の意思はないという。

唯一、株式会社クボタだけが処理に取り組みたいと申し出た。クボタが最初の入札に参加しなかったのは、談合で入札禁止の処分を受けていたからであった。クボタの表面溶融炉は、もともと灰溶

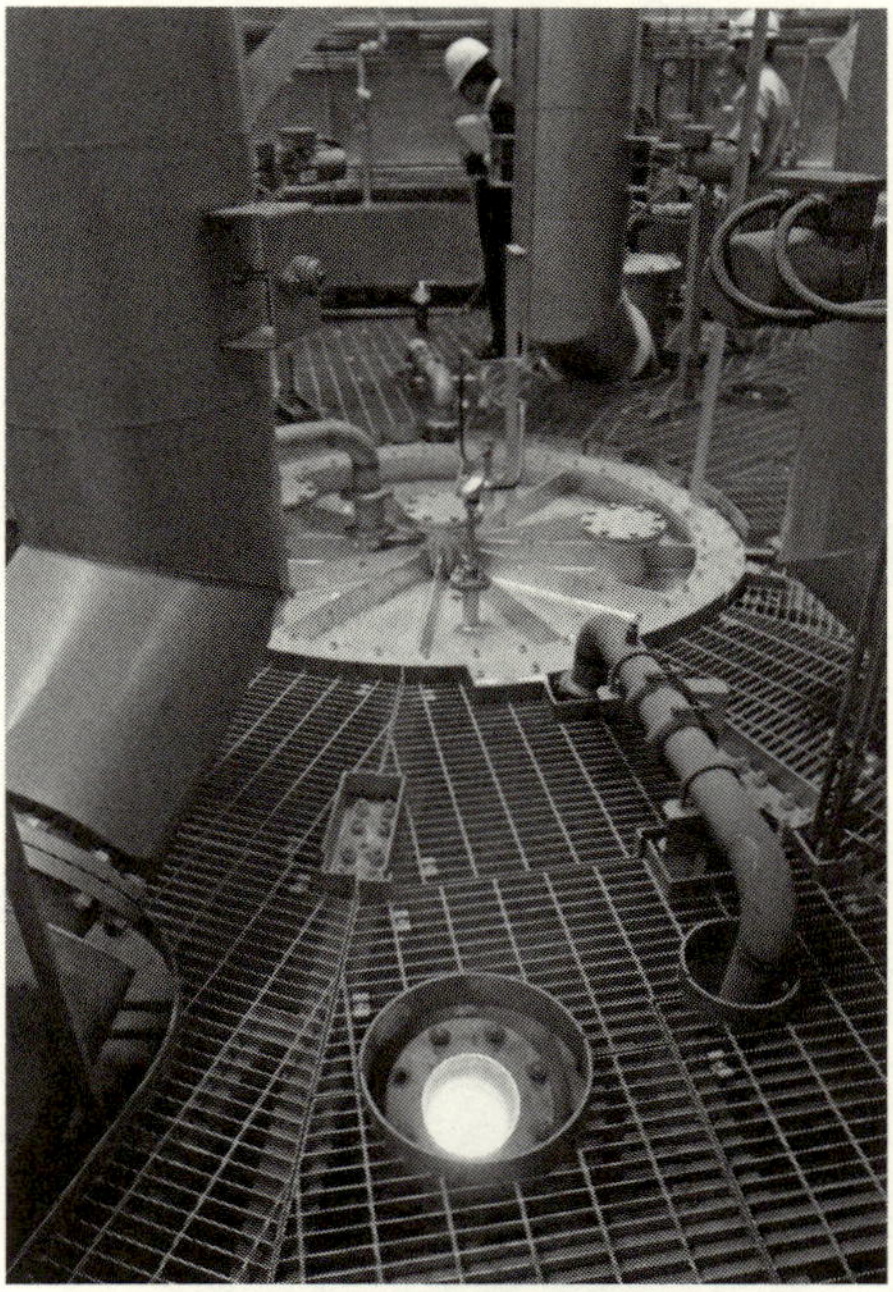

随意契約となった溶融炉（2003年）

融装置として開発が進められ、焼却炉から出た灰を溶融していた。しかも、溶融炉メーカーとしては後発で、豊島廃棄物の処理を実現することで、一気に先発メーカーと肩を並べたいということらしい。まさに社運をかけて臨む事業なのだ。

こうして、一四六億円の随意契約という前代未聞の契約が成立する。

着工してまもなく、一通の怪文書が県議会に出回った。「元請の支払いが滞り、私たち零細企業は首を吊らねばならない」というものである。

委員会で建設事業の実態につい

て問いただした。

「溶融炉建設事業は、四次下請けまで含めて一〇〇社以上の企業で進められている」という。異様に感じて、一般的な事業でこれほどの企業が参入してひとつの構造物を作ることがあるのかを聞いてみた。「香川県では、これほどの企業群による建設事業は経験がない」という。誰もやったことがなく、支払いの実態など把握のしようがないという異常さだった。

一方で談合の噂も飛び交った。豊島から直島への輸送は日本通運が落札したが、入札の随分前から、日本通運が落札するという噂がひろまり、事実そうなった。しかも落札前から輸送用船舶の発注をすでに行っていたという噂さえもあった。とは言え、予定価格は事前に公表されている。香川県から情報が漏れてどうこうという次元ではない。昔のように、官僚や行政職員が業界と癒着して価格を漏らすなどという事態は、今では起こらない。推測の域は出ないが、極めて影響力のある族議員、この事業ではさしずめ厚生族ということになるだろうか、そうした政治家が業界を束ねていたら、談合は可能である。

また、建設系事業には暴力団が絡むことが多いと言われている。大きな事業を落札すると、下請けや孫請け、或いは資材の取引先を斡旋する方法で事業に介入して資金源とするのだ。これを断ると痛い目を見ることになる。

政治家もまたそうだ。一昔前、公共事業費の五パーセントが議員対策費と言われた。賄賂の性質を持つことも珍しくはなかったろう。豊島処理事業はイニシャルコストがおよそ二一〇億円、ランニングコストがおよそ二八〇億から二九〇億円と想定されている。そう、総額およそ五〇〇億円の公共事業として転がり始めているのである。そうすると、地元から出ている県議である私のこの事業の取り分は、さしずめ二五億円である。その金を関係する政治家に配分したり、また賄賂に使ったりすることで権力を得るのだ。寄ってたかって公共事業を食い物にする者たちの構図である。

「クボタから幾らもらったんだ」「一年生議員で五〇〇億持って帰った奴はお前が初めてだ」と議員たちから揶揄されることも珍しくはなかった。

そして私には、この事業にひとつの疑問があった。

廃棄物行政の歴史の中での豊島事件の汚染浄化作業が持つ意味である。廃棄物の取り扱いは「廃棄物の処理及び清掃に関する法律」(廃掃法)に定められている。厚生省はこの当時、廃掃法の措置命令権や、行政代執行法により、不法投棄の未然防止、及び万が一不法投棄が起きた場合でも、この二法によって対策は万全であるという立場を取っていた。

ところが豊島では、廃棄物の撤去こそ命じたものの、事業者には撤去の意思も能力もなかった。さらに行政代執行も適用もしなかった。つまり、廃棄物の責任は誰もとらないということを露呈してみせたのである。このことは、当時一千カ所はあると言われた全国の廃棄物を巡る紛争に、一層の拍車をかけた。つまり、豊島事件にどんな形であるにせよ「解決」がない限り、日本の廃棄物行政が滞ってしまうという現実があった。

だから、厚生省が何らかの形で自ら費用負担に応じるというのは頷ける。

それにしても財務省や経産省がなぜ静観しているのだろうか。そこには違和感を覚えたのだった。

多くの場合、溶融技術をもっているのは鉄鋼業界、造船業界などの重厚長大産業であった。一九九一年バブルの崩壊以降、これらの産業は低迷し危機的な状況に陥っていた。全国で大幅リストラが敢行され、事業の縮小が相次いだのだ。そう、豊島事件で溶融炉が認知され、市場が開かれれば、これら業種に新たなビジネスチャンスが生まれると期待したからこその静観ではなかったのかと思えた。

機会があって経産省の官僚に率直に当時の疑念をぶつけてみた。

「お見込みの通り」答えは実にあっけらかんとしていた。

豊島の紛争が全国の注目を浴びるようになった頃、厚生省や多くの省庁は、困ったものだと考えたのだろう。ところが、豊島は利用できると判断されたとき、個別大企業や政界、財界までそれぞれの思惑で動いた。そこには、何を間違えたのかという問いもなければ、ましてや、そこに人が住んでいて、それぞれの人たち、人生にも尊厳があるなどということは、だれも考えはしないのだ。

直島は海の青、豊島は太陽の赤、輸送船にはミツバチの絵を配して……と香川県によって宣伝される豊島廃棄物等処理事業は、コンセプトカラーやミツバチの絵だけで一千万円近いデザイン料が支払われ、県議会の委員会で紛糾を招いた。

一方、建設工事現場では、一人の下請け作業員が躯体鉄骨から転落し命を失った。この事業初の死者であった。

内部告発と自殺未遂

二〇〇三年の春には引渡し性能試験が実施されるまでになっていた。

この事業は、有害物を扱うため従業員の健康管理が大きな課題となる。事業を指示、助言するものとして豊島廃棄物等管理委員会が置かれ、その指導、助言にあたる。その傘下には、航行安全委員会や健康管理委員会が置かれることになってはいたが、この時点で健康管理委員会は設置されていなかった。

引渡し性能試験とはいえ、実際の廃棄物を処理するにあたっては、健康管理にあたる専門家集団が必要だと考えた豊島住民は、香川県に対して早急な設置と、設置されるまで引渡し性能試験を延期するように求めた。しかし、県に引き渡される前の試験であること、想定より事業が遅れていることなどから、性能試験は始められてしまった。

だが、最初からこの試験は難航する。そもそも廃棄物を投入しても、車両への投入用コンベアが詰まって動かないなど、性状や水分といったごく初歩的なことから、操業が難航する。コンベアの歯の数を減らしたり、ガス切断機で切り落として歯の大きさを変えたりと、手作業で動きを見るところから始まる。

試験開始から一月ほどたった四月二八日、私はいつものようにフェリーに乗って小豆島の事務所へと向かっていた。

作業員が突然声を掛けてきた。見たこともない作業員だった。事業を落札したクボタの従業員かと思えば、そうではなく、派遣だという。現場が思うように行かず、度々ベルトコンベアが詰まるという事態が起きるというのだ。そして詰まって動かなくなると、密閉式のコンベアの中に人間が入って、詰まった廃棄物を手作業でかき出すのだそうだ。

ところが、従業員の数に対して、防毒マスクなどの装備が足りず、装備なしで入っていくという。掘っている場所によるが、相当高濃度のダイオキシンが含まれている。それ以外にも、多種多様な有害物がある。コンベアの中は目も開けられないほどの粉塵であろうと思われる。クボタの従業員を含めて、上司たちは保護具を身につけて、中をのぞきながら指示を出す。最も曝露する可能性が高いところに入っている派遣従業員が、保護具なしで作業をしているというのだから、想像してもぞっとする。

それだけではない、水分との反応による発熱を利用した乾燥促進のために、生石灰が相当量混入されている。作業の翌朝、まぶた等の粘膜はただれて腫れ上がり、全く別人のような顔になり、嘔吐を繰り返して、一月足らずで七キログラム以上痩せたというのだ。

「このままでは死んでしまう！」と彼は言う。

私は数日の内に現地へ確認に行くことを約束して、私に話したことは内密にして、私が現場に現れても知らない顔をしているように伝えて別れた。

日程を繰り合わせて三日後、私は現地へ入った。作業の様子を見て回ったが、彼の姿がない。そこで、そこかしこで作業している人に「これは何をしているのか……」と聞いても要領を得ない。そこで、責任者を探した。

この現場は特殊前処理物処理施設という。廃棄物を掘削していると、ドラム缶や岩石、鉄の大きな部品やロープ、シート、古タイヤなどそのまま溶融炉に持ち込めないものがたくさん出てくる。特にドラム缶には何が入っているか判らないので、検体を採取して直ちに一回り大きな三五〇リットルの容器に密封してしまう。分析結果が出てから一缶ずつ処理方法を決めるのだ。こうしたいわば手作業部門が、特殊前処理物処理施設である。

中間保管梱包施設の二階にある香川県直島廃棄物処理センター豊島分室に責任者の席はあった。なにやらオドオドと落ち着かない責任者に、特殊前処理班の今の状況、今日の作業の内容などを尋ねるのだが「ドラム缶の処理だ！」というだけで具体的な説明が出てこない。「あなたはマニュアルに従って仕事をしているんだよね」と問いかけると、あわててマニュアルを探し始めた。

「これです」と差し出されたマニュアルは古いバージョンである。「違うでしょ、これは古いやつでしょ、新しいのがあるでしょ！」少し語気を強めるとあわてて探し、「これですか」と差し出した。どう見ても読んでいるようには見えなかった。

今度は「あなたは今、何をしているのか」と尋ねた。

「個別のドラム缶の分析結果と処理方法を照合している」という。渡された書類は香川県による一本ごとの化学分析結果と、もう一枚は汚染度ごとの処理方法の一覧だ。

彼は震えている。

普段大して意識はしていなかったが、二枚の書類を比べると、片方は「鉛」や「総水銀」といった具合に、漢字で物質名が記してあるのに対して、もう一方は「Pb」「T‐Hg」と化学記号表記である。改めて眺めると見にくい。「よくわからんな、T‐Hgって何だったかな」と聞くと、うつむいたまま震えている。しばらくして「読めないんです」と頭を下げた。この人物は、化学汚染物質を処理する事業現場の労働安全衛生管理者である。この人物も派遣であった。

私はその足で、香川県と労働基準監督署へと向かった。香川県は「同じ苦情」を電話で受けていたという。

「それでどうした!」

「はあ、クボタにどうなっているのか照会をかけてます」

「そんなことをしたら、どうなると思とんや!」自然に声が大きくなる。

香川県は、派遣従業員が現場対応していることも認識していないし、内部告発という意識もなかった。とてもいやな予感がした。労働基準監督署は即刻抜き打ち調査を行い、「安全衛生」に関して改善指導を行ったが、彼の消息はわからなかった。

フェリーで会った派遣労働者の消息らしきものが聞こえてきたのは、それから二週間あまりがたった頃だった。「焼身自殺」をはかったらしい。が、一方で「死んだ」という噂もない。生きているならどこかの病院に収容されているはずだった。

それからさらに三週間が過ぎた頃、地元消防署長を交えた会合があった。そのあとの懇親会でほどよく酒が回った頃、切り出してみた。

「話は変わるけど、ほら、あの海岸の焼身自殺大変だったでしょう、島ではめったにないことだから……」

「あれは驚きましたね、小豆島の二次救急ではどうにもならないと思ったので、まっすぐ県立中央病院へ駆け込みましたよ……いや本当にあれは驚いた」

翌朝、私は県立中央病院へ向かった。県立中央病院では、事情を話して、該当する患者がいないかどうか尋ねた。ＩＣＵに該当者がいた。あの日から一月以上がたっている。

「私はその人に会いたい。この名刺を見せて、会う意思があるかどうかを確認して欲しい」と頼んだ。

「それは無理です、意識はありません……」意識が戻るかどうかも判らないという。

私は自分を責めた。もう少し早く、私が現地へ入っていれば……状況は変わっていたかもしれない……のだ。

それから、私の病院通いが始まった。意識が戻ることを祈りつつ通い続けた。

二カ月ほどが過ぎた七月三日、この日も病院を訪ねた。

「意識が戻ってますよ！」私の顔を見るなり看護師が声をかけてくれた。早速私は面会の意思があるかどうかを確認して欲しいと頼んだ。「会いたい」という。

手を消毒して白衣をまとうように言われて、個室に入る。ベッドの上に包帯の塊がある。が、とうてい人間だとは思えないような細さであった。ほとんど皮膚のない体からは、体液が漏れ出し、いたるところが濡れている。太ももですら、足首ほどの太さしかない。人間ってこんなに小さくなるものかと、唖然とした。漏れ出す体液と競争のように点滴で栄養が補給されている。辛うじて命をつないでいる様子だ。

まだ口はきけず、筆談となる。耳は聞こえているので、私は言葉で話す。

「どうしてこんなことに」と問いかけると、震える手に鉛筆を握って書き始めた。

「一日一五〇トン積み出して詰まるものを、三〇〇トン運び出すのは無理、もっと改善して欲しい……」と書き終えて涙を流した。

労働基準監督署が入って改善指導を行ったこと、安全管理のために「健康管理委員会」も設置されたこと、コンベアは改善され、詰まらせることなく送り出せること、保護具ももちろん全員のものが用意されていることを告げると、ほっとした様子だった。

彼は、自殺をはかる前日、自己都合退職した扱いになっていた。だから、派遣元の会社も、派遣先のクボタも、自社とは関係がないと無視していた。香川県も同様である。住民会議も、県事業とは関係のないこととしていた。私は、住民会議に経過を報告しながらも、放ってはおけず、病院通いを続けた。

彼は生死の境をさまよいながら、複数回にわたり、残された皮膚を削っては他の部位へ移す皮層移植手術を繰り返し、火傷の治療は一八カ月に及んだ。私は彼の好きな歴史小説を手に、病院へと通い続けた。その間、彼はどこか少しでも体が動くようになると、その機能を使って死ぬことを考えていた。

一方で、複数回にわたって保護具なしでコンベアに入った作業員も体調を崩していた。眼球粘膜組織が生石灰で溶け炎症を起こしたり、嘔吐を繰り返した挙句、体重が激減したりという直後の症状ばかりでなく、契約期限満了で退職した後も全身のリンパ節が繰り返し腫れ上がり、大きい時にはソフトボール大にもなった。また、突然のすい臓の機能不全で死に瀕したりもしたが、原因はつかめなかった。

この件に関しては、豊島事件外ということで弁護団の協力は得られなかったが、私は自殺未遂に至った本人の意向を踏まえて、一緒にクボタ及び派遣会社を「労働安全衛生法違反」で告訴した。しかし「労働安全衛生管理者」は、直後に姿をくらまし、行方がつかめなくなり、物証がなく状況証拠だけに留まったので不起訴処分となった。

もっともその反動として、現場の安全衛生管理が徹底されるという本来の目的はかなったはずである。

この間、聞き取りの中で私は膨大な調書を作った。医師の見解も聞きたいと思って、本人の承諾を得て、担当医の意見を聞いた。半ば予想したこととは言え「もう、本人が自分の足で立つことはないでしょう……」という医師の言葉は重かった。が、所見については、全てをありのままに書いた。

そして、告訴前に事実関係の確認をしてほしいと、私は不用意に彼にすべての書類を渡してしまったのだ。読み進む彼の顔を見ていて、その先に医師の所見書類があることを思い出した。書類をいまさら取り上げるわけには行かず、私は彼の手を止めて「ちょっと私の話を聞いて欲しい」と切り出した。ゆっくりと、医師と話し合ったこと、医師の判断では「自分の足で立つことは、この先一生かなわないであろう」ことを自分の口で告げた。

私の話を聞きながら、彼は目にいっぱい涙をためていた。

車椅子の生活が始まり、時々は自分に負けそうになって、酒に溺れて私に電話してくることもあったが、それでも懸命に生きようとする彼の行動は、私や医師の予測を徐々に裏切り始める。

議会へ車椅子でやってきて、ウイリーをして見せる。彼の胸と腕の筋肉は半端ではなかった。重度の火傷を負ってベッドに横たわっていた人物と同じ体だとは、とても信じられなかった。就職のための技能訓練もやっているし、車椅子でのスポーツもやっている。バンド活動にも参加していた。それでも耐えられなくなると電話をかけてきた。

三年もたった頃には、壁に寄り添って自分で立ってみせた。だが、三歩進むと足が痙攣を起こしてひっくり返った。ところが、一〇年たって彼は、トラックの運転手として見事に社会復帰していた。人の生命力とは本当に素晴らしいと思った。だが、やけどの後遺症か、彼は五〇代半ばでこの世を去ってしまった。

もう一人は、告訴を拒んだ。化学物質曝露による健康被害の可能性が、子供たちへの偏見や差別につながることを恐れたのだ。だれでも当然に恐れることである。私は、公表するかどうかは別として、血中の有機化合物の残留濃度分析を今のうちにしておくことを勧め、ダイオキシン類をはじめとした化学分析を行ってくれる大学を見つけだし、そのための血液採取を引き受けてくれる病院も探し出していた。しかし、最後まで彼は検査を拒んだ。

リンパ節異常を繰り返していた彼は、七年後にホジキンリンパ腫（血液がんの一種）を発症して、脊椎中で出血したために、神経圧迫で下半身不随となる。立証はできないであろうが、私としては呼吸器からの大量曝露を疑わざるを得ない。

緊急手術で一命はとりとめたが、下半身の回復は困難を極める。その後、貧困の中で治療も中断した闘病生活を送っている。今でも、時々生活相談などに応じるが、その度に、豊島事件がなければ彼の人生もまた違ったものになっていたことは間違いないと思うのだった。

廃棄物が燃えた

引渡し性能試験では、廃棄物の火災も発生した。香川県から報告を受けた翌朝、朝刊に顛末が記されていた。記事を読みながら、ふと疑問に思った。廃棄物処理現場で火災が起こったとき、誰が消火活動に当たるのだろう。

豊島には、消防署はない。一般の火災にしろ山火事にしろ、初動に当たるのは地元消防団である。消防署は本土小豆島にあり、一一九番通報を受けてフェリーに乗ってやってくるので、よほどフェリーとの接続タイミングが良くても現場到着は一時間後である。遅ければ五〜六時間近くもかかる。夜間の火事では、翌朝までかかる。だから、大体の火災は住民が消し、消防署は現場検証と事後処理に当たる。つまり豊島住民そのものが消火に当たることになる。

今回の火事でどのように対応したかを消防署に問い合わせて驚いた。「今回の火災では、通報も事後の報告も受けていません、消防署も新聞報道で知っただけです」という。

出火の原因は、生石灰である。現場の廃棄物は、溶融処理する前に一辺が三〇ミリ以下になるまで破砕する。厳格な前処理を要求するのが豊島事件で採用されている回転式表面溶融炉の特徴である。破砕機はもちろん、破砕機に送り出すコンベアも、水分量が多過ぎると詰まってしまう。そこで、大量の生石灰を混ぜて、生石灰と水分の反応による発熱を利用した乾燥促進を行うのだ。同時に、溶ける温度を下げる融点降下剤としての機能を期待するのである。

その日、生石灰を大量に廃棄物上に散布して昼食に移った。昼休みを終えて戻ると廃棄物が燃えていたのだ。後の実験で、大量の生石灰を散布し、攪拌せずに放置すると、約三〇分で四五〇度近い温度まで上昇することが確認された。これは、十分に自然発火する温度である。

私は香川県に対して、早急に地元消防署と火災その他災害時の対応について協議の場を持つことを求め、私も同席した。

「消防署は廃棄物の火災に対してどのように対応していますか」

唐突に切り出した香川県に、私も消防署も面食らった。

「経験がないのでわかりません、ただ、消火の原則は酸素を断つか、冷却です」と答える消防署。

就業時間外に出火したなら、香川県としては「重機オペレーターを呼び戻して、重機で被覆して酸素を断つか、冷却なら周りは海だから海水なら無尽蔵にある」と県は応えた。

たまらず、口をはさんだ。

「そういうことじゃなくて、ＰＣＢやダイオキシンを含んだ大量の廃プラスチックが燃えるんでしょ！　そしたら、海水をかけて蒸し焼きみたいな低温不完全燃焼させるとダイオキシンを製造するようなもんじゃないですか！

そういう消火方法でいいのか！　その時筒先で消火に当たる人が、どんな知識とか装備を必要とするのかっていう、そういうことを聞いているんですよ！　消火の初動に当たるのは島の普通の住民なんだから！」

事務職の香川県担当者が、化学を専攻した同行職員に「本当か」と尋ねた。彼は頷いた。

それに、重機のオペレーターを呼び戻すといっても、掘削現場で働いている人は島外から通っている人なのだ。島の人たちは嫌がって働いていなかった。

「オペレーターを呼び戻すための船を香川県が手配するんですね！」

香川県担当者はキョトンとしている。どこから従業員が通っているのか知らないのだ。

この日から検討が始まり、「初動の対応」から、収拾がつかなくなった時の「自衛隊出動要請」に至るまでの災害時対応マニュアルが作成され、常備される装備も整備されていくことになった。同時に現場での消火訓練も開催されることになったのだ。


現場を知らないという事実は目に余った。机の上で仕事をする人たちの常である。事件が発生する経過の中でも、現場の違法事実を机上の論理で合法に見せかけようとしていた。この習性が行政の過ちを助長していることは間違いないと思う。

溶融炉爆発

引渡し性能試験も終盤に差しかかったころ、停電に伴う溶融炉緊急停止試験が行われた。最初の爆発が起きたのは、この実験のさなかである。

私はこの日、実験に立ち会っていた。実験の経過を制御室のモニターを覗き込みながら見守った。そして制御室を出て数分後に爆発は起こった。

溶融炉燃焼室は負圧で運転されている。負圧を維持するために強力な誘引がかけられているが、停電すると誘引自体が止まってしまう。排気構造の最終部分には触媒塔が設けられているが、触媒塔そのものはある程度高温のほうが安定して機能する。また、誘引が止まっているために自然排気をはかろうとすれば抵抗にしかならない。

そこで、停電で失火すると自動的に触媒塔バルブが閉まり、バイパス排気塔のバルブが開いて上昇気流による自然排気に任される。その後、非常用発電機が稼働して電力が復帰すると、誘引を再開するという手順になる。

ところがコンピュータープログラムに「バグ」があったため、一度開いたバイパスバルブが、六〇秒後には自動的に閉じてしまった。中央制御室では、この事態に対して制御を手動に切り替え、触媒塔まで行って、現場の配電盤で手動開放したところ、新鮮な空気に接し「ドカン!」と爆発したのだった。

爆発原因調査（2004年）

あとで確認したところ、中央制御室からスイッチ一つで開放できたのだが、その日の実験に立ち会った人たちは誰もそのことに気づかなかった。根本原因がコンピューターの「バグ」にあることは間違いないが、それだけでは爆発はしなかった。それに判断と操作ミスが重なって爆発したのであった。

後日、検証のための管理委員会が開かれて、事故時点でのトレンドデータが公開されたが、驚いたことに、私たちが中央制御室にいたときには既に排気ガスは逃げ場を失い、溶融炉燃焼室内は正圧に転じ燃焼室の圧力は上がったままになっている。ところが、異常事態が発生しているなどという「緊張感」はどこにもなかった。むしろ、何が起きているのか全くわからなかったと言ったほうが正しいのかもしれない。

修理を終えて、再度停電時の緊急停止試験を行うことになった。私も再度立ち会うことになる。

一号溶融炉は既に運転状態に入っており、二号溶融炉の立ち上げにかかった時、実験の内容が一部変更され、ロータリーキルン炉も立ち上げることとなった。準備を進め、ロータリーキルン炉を起動させたところ、二号溶融炉が失火して停止してしまった。

連絡を受けた私は課長に「まさか、これだけの施設で燃料系統が一系統しかなくて、一度に立ち上げを行ったために燃料供給が追いつかなかった、なんていうことはないよね」と尋ねた。検証の結果、その通りだった。思ったよりも、基本的な部分で容量いっぱいの設計なのかもしれない。すべての炉が運転状態に入ったところで、実験の開始となる。

電気保安協会の人と並んで、雑談しながら進行を見守った。これからの試験手順が説明される。「停電に伴う失火と同時に、電動の機器は全て止まります。停電を感知すると、非常用発電機が作動し電力供給が再開されます。電力復帰後、最初に炉圧を正常に保つために誘引機を作動させますが、誘引機は非常に負荷が大きいので、フル負荷での起動はいたしません……」

説明が終わって、質問はありませんかと聞かれたので、「誘引機の負荷が大きいって、どれくらいの容量の電動機が入っているんですか、起動電流は定格の何倍くらいまで見ていますか」と、ちょっと恥ずかしいような初歩的な質問をしてみた。

単相でも誘導電動機の起動誘導電流は定格の三倍は必要になる。三相の場合は六倍だ。大型三相誘導電動機は、容量に余力がない場合にはスターデルタ等の減電圧起動をさせる必要がある。全電圧起動の電動機が複数ある場合には、複数同時に起動するだけで容量不足で遮断器が作動するような初歩的なミスが起きるかもしれない。あの燃料のように、まさかとは思うが。

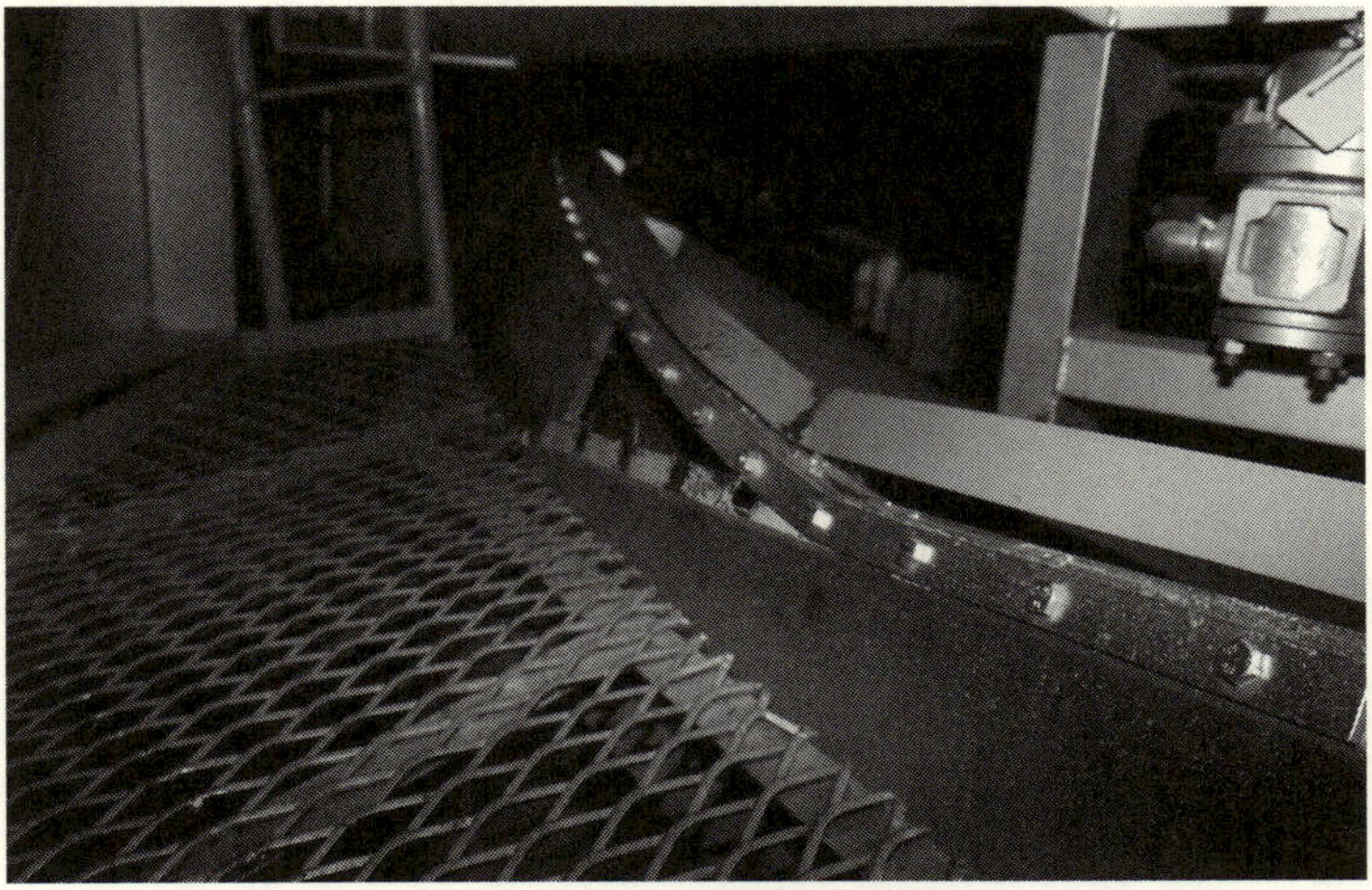

爆発により完全に変形した溶融炉本体（2004年）

「あのう、それは、かなり大きいです。どれくらいかまた確認しておきます……」という。緊急停止試験なのだろうか、これが。どうやらこの日の制御室には設計に携わった人は居ないようだ。

試験開始と同時に、私はモニターを覗き込んだ。停電と同時に溶融炉が失火、ほぼ同時に非常用発電機が稼働して、ごく短時間で電力は復帰する。手順に従って誘引機が起動された。

一連の手続きを確認しながら、私は炉内圧力の変動をじっと見つめていた。圧力は時々正圧側に振っている。「正圧に振っているけどいいんですか」とオペレーターに聞いてみると、「ええ、この炉はこれくらいの正圧は普通ですよ」と聞かされた。その時、一人の従業員が近寄ってきて、周りに気づかれないように私の耳元で囁いた。

「本当に怖いと思ったら、私たちはどこへ連絡したらいいんですか……」

引渡し性能試験が終了し、香川県に炉が引き渡されたのは、二〇〇三年九月一八日である。知事が華々しく溶融炉に火を入れて、それから四カ月後の二〇〇四年一月二四日、溶融炉は大爆発を起こした。

原因は水素爆発である。掘削現場で、廃棄物の乾燥を進めるために生石灰を大量に使用している。その生石灰と廃棄物中の亜鉛やアルミニウムが反応して、水素が発生しているのだ。もちろんこれはわかってはいたことだが、濃度計測しても引火点に達するようなものではなかった。しかし、溶融炉に廃棄物を送り込むコンベアなども含めて、全工程がクローズド構造になっている。少量とは言え発生し続けた水素が構造物の上部に滞留し、静電気かなにかで引火して、ほぼ同時に三カ所が爆発したのだった。

対策としてガス検知装置を各所に配置すると同時に、ガスを抜く装置も増設された。そして、運転時の炉内圧力はさらに五ヘクトパスカル下げられることとなった。

私はこの事業が怖いと思っている。

事業の詳細は決められていない。決め方と最終目標が決まっているに過ぎない。

第一線の科学者集団が置かれている。「豊島廃棄物等管理委員会」である。さらにその傘下に現場労働者の健康面をサポートしていく「健康管理委員会」や、輸送船の運行に目を光らす「航行管理委員会」など専門部会が置かれている。この委員会で、現状の認識や今後の対策がはかられていく。この席には住民も参加する。

委員会の指導助言に基づいて、香川県は事業を実施することになるが、その際、豊島住民との間で「豊島廃棄物等処理協議会」にはかられて、豊島住民の理解と協力の下に処理が進められることになる。さらにこの事業は公開で進められ、外部評価機関によって外部評価が行われるなど、徹底したリスクコミュニケーションと公開が行われている。おそらく世界でも最も厳格な事業の一つだと思う。

それでも、何が埋まっているか掘ってみなければわからないという処理対象物を溶融無害化するという歴史上初めての事業である。可能な限りの「知見」を集めて「マニュアル」を作成すると、紙では配布できないほどの分量になっている。

また、蓄積された知見に基づいて、細心の注意を払って炉の設計に当たる。しかし、実際に運転に当たるのは、マニュアルを作った人でも設計した人でもない。全く別の者たちがモニターを眺め、マニュアルを読んで運転を習うのである、どれだけ末端まで、事故の懸念要素とそれに対応するマニュアルになっていることが理解浸透しているのだろうか、疑問に思えてしまうことすらある。

掘削廃棄物の性状成分、融点降下と乾燥促進のために用いられる生石灰、そのことによる水素の発生などの自然科学的要素は、溶融処理の要である。しかし、実際の運転では、問題意識が末端まで共有されているか、緊張感の維持が可能か、さらには下請け孫請け、派遣などの形態に基づく社会科学的な要素が事故の引き金になる。炉を設計、建造する技術と、長期にわたって炉の安全操業を実現する技術は、全く違った次元の技術なのだ。掘削現場の様子も同様である。

大事故を招くことなく一〇年に余って処理事業に緊張感を持たせ続けることは、それ自体が至難の業なのだから。

条例の四〇日

実は三菱マテリアルにとって、この事業は双子の事業になっている。豊島廃棄物処理とは別に、同時期に同規模で自前の溶融炉を建設していたのだ。広く全国から廃棄物を集め、金属回収の原料とすることが目的である。経済産業省から直接支援を受ける「エコタウン事業」という。

香川県は、県の要綱で県外廃棄物の持ち込みを禁止している。これを緩和して、リサイクル事業に限って県外からの廃棄物持ち込みを認め、三菱マテリアルの金属回収をすすめる、その一方で三菱マテリアルは豊島廃棄物処理を受け入れる、ということなのだ。

経済産業省の補助を受ける「エコタウン事業」は、もともと北九州で始まったものだった。ひとつの事業所から出るものを、他の事業所の原料として使えないか、そうした連携を構築して、限りなく廃棄物排出を抑制しようというところから始まっている。長年の取り組みの中で実績を積んでいる。この動きを見て、経済産業省が後に「エコタウン事業」として補助制度を創設したのだった。だから北九州の人たちは、他の地域で付け焼刃で取り組んでうまくいくはずがないとまで言い切っていた。

直島のエコタウン事業で三菱マテリアルが取り組む事業は、広く瀬戸内一円からシュレッダーダスト等の廃棄物を受け入れて、それを原料に非鉄金属の回収事業を行うというものである。規模は瀬戸内一円からの排出量の六割を引き受ける構想となっていた。これには不安な要素がある。時代のニーズは排出抑制であり、可能な限り上流域での再利用である。そうすると自動車等由来のシュレッダーダストの排出量は減る方向になるし、そもそも自動車販売台数は下降線を辿り、さらに廃車寸前の自動車類が中古車として大量にアジアへ流れ始めているという状況もある。原材料は減る方向にある。

また、例えば青森、秋田、岩手の三県は、これを経済圏として、エコタウン事業で秋田に溶融炉を建設した。複数乱立すれば過当競争化してしまうからである。しかし、直島エコタウン事業には他県との連動といった要素はない。もし、瀬戸内海圏でもう一機同規模の溶融炉が建設されれば、その時点で過当競争に突入することになる。現に倉敷で建設が進んでいる溶融炉は、直島エコタウン事業を競合事業と認識していた。

どう見ても、縮小再生産が求められる事業だろう。「環境アセスメント」以前に「経済アセスメント」を必要とするのではないか、と危惧される事業に見えるのだ。

事業そのものの選択は直島島民にゆだねるとしても、私が憤りを覚えたのは「直島の活性化」「新たな環境産業の創造」といった言葉で、香川県が直島を翻弄することだった。言うまでもなく、香川県が直島という一つの島の運命に責任を持てるはずはない。

「香川県が直島町民に過度な期待を持たせて誘導してはならない」と抗議する私に対応しているのは、数年もすれば県庁を辞めていく職員たちである。彼らがこの先、直島で余生を送ったり、彼らの子供たちが直島で暮らしたりすることもないだろう。知事とて何年か先にはその職責を辞する時が来る。

二〇〇一年九月議会、香川県は県議会に対して、要綱の一部改正によって三菱マテリアルの廃棄物からの金属回収事業を受け入れる方針を県議会に説明した。

これには県議会から強い反発があった。

豊島事件において、香川県が事業者から有害産業廃棄物の処理業許可申請を受けておきながら、許可したのは限定的な無害物であった。法律にも条例にも、有害物はいけないが無害物なら良いなどという根拠はどこにもない。だから、事業者にお願いし、或いは説得して無害物だけの許可を出した。このことが後々、事業者を指導する時に弱腰になる原点となっている。後の島民と事業者の裁判では、この点を指して「私がやりたかったのは有害産業廃棄物だ、香川県に騙された」と事業者は証言している。

県議会の委員からは「要綱には法的拘束力はない、行政指導の中で香川県は豊島事件を起こしたのだから、法的拘束力のある条例で対応するべきだ」との声が相次いだ。これに対して香川県は「廃掃法が廃棄物の県境を越えた広域移動を是としている以上、法律を超えて条例で県外廃棄物の原則持ち込み禁止を書くことはできない」と応酬する。県の対応にしびれを切らした委員長は「議会にも発議権がある、議会側から条例案を発議する」と言い切ってしまったのだった。

二つの島を巡る議論の中で、そこに住む人たちのことを考えて議論している人が何人いるのだろう。私には、いずれ直島が「香川県に騙された」と言い出す日が来はしないかと不安が募った。

県議会に、条例案を作った経験やスキルは極めて乏しかった。委員長から条例原案作成の指示を受けた政務調査課は、県庁の廃棄物対策課へ依頼し、県は国にお伺いを立てる。香川県に対して「国と闘え」と県議会は威勢がいいが、実際の作業となると、県を通して国に伺いを立てている。これが地方分権の壁なのかもしれない。自らを律する地方の法である条例を、自らつくる力を持たないのだ。ただ、内容が何であれ、条例が可決されることは数の上では避けられない。

廃棄物の取り扱いは「法」で定められている。知事の許可が必要だ。しかし、その前に憲法で職業選択の自由をはじめ我が国の国民には自由が保障されている。その点からすれば、廃棄物の処理は誰がどのように行っても良いことになる。しかし、それでは扱う「モノ」が「モノ」だけに、危険極まりない。

そこで、廃掃法に廃棄物の取扱いについて定め、法律の要件を満たしたものに「許可」が与えられる。だから、この許可は特別の者に与えられる許可ではなく、国民の誰でもがもっている本来の自由を「回復」する許可と解釈されてきた。これが、全国の紛争現場で行政がよく使う「要件が整えば許可せざるを得ない」という言葉の根拠である。だから、地方自治体が「廃掃法の目的と同じ目的」で条例を作り「より厳しい制限」を設けてしまうと「憲法に反する」、つまり「違法」だということになる。

法律と同じ目的で法律以上の規制を加えることを「上乗せ」というが、これは違法として国から厳しく批判される。香川県が要綱の中で「県外廃棄物持ち込み原則禁止」を書き込んだことに対して国は難色を示していたが、要綱は法的拘束力がないので、違法とまでは行かないグレーゾーンだったのだ。

しかし、「より厳しい制限」の目的が「廃掃法」の目的とまた別の目的であれば、「廃棄物」の取り扱いに「廃掃法」以上の制限をかけたとしても、その目的と制限が妥当であれば認められる。これを「横出し」という。

「県外廃棄物の持ち込み禁止」を条例に書くことは、憲法議論を含めて法解釈ぎりぎりの課題となる。いずれにしろ、経済行為や人々の生活に影響を及ぼし、しかも罰則まで設けた条例を制定して施行するには、相当な突貫作業でも二年を要すると言われている。それを四〇日後の一一月議会に上程し制定するというのである。

私は廃棄物の広域移動には反対である。そこで出た廃棄物はそこで完結しなければならないと思っている。そうすることによって、処理に困るものは出さない方向で検討が進み、自区内であるからこそ合意の形成も可能となると考えていた。しかし、新たな広域移動の窓口が香川県に設けられるのは必至だ。だとすれば、この条例によって「香川県の過ち」が繰り返されることだけは避けなければならない。

必要なのは「許可」することに対する「知事」の義務と責任を明確にすること、「指導監督」に必要な権限とツールを知事に与えることである。そしてなにより、廃棄物に対する香川県としての理念が必要とされていた。しかし、別の委員会に所属していた私には、委員会での発言権はなかった。代案が必要とされたのだ。

すぐに東京に飛び、環境省官房へと足を運んだ。「廃掃法のどこに広域移動が前提だと書かれているのか」を問うた。この部分は解釈の問題で明文化はされていない。国会答弁中の廃棄物対策課長を追いかけて一時間あまり議論した。環境省の真意を確かめたかったのだ。その足で、環境政策

登壇（条例策定の議会、2001 年）

研究所、産業廃棄物処理業者らも訪ねて回った。

法学者、各界の専門家らのご協力をいただき、独自の条例案の策定にとりかかった。議会内では超党派学習会を主宰し、週一回の連続学習会を開催して、一般を交えてのシンポジウムも重ねながらの異例の突貫作業である。関東のNGOからベテランの専従職員に二カ月の休暇を出してもらって借り受け、事務処理をサポートしてもらった。ぎりぎりの追従である。

議会がどのように本会議に上程するかは「各派連絡会」という非公式会議で話し合われる。この会議に委員会から条例原案が提出された日、私も条例原案を各派連絡会に提出して、各会派での検討を求めた。

「石井試案」と呼ばれた条例案は、環境省に遠慮している「委員会案」とは、考え方も完成度も大きな開きがあった。私たちの条例案では、廃棄物の広域移動を「原則禁止」とした。自らの県で発生した廃棄物は自らの県で処理することを原則として、自らの県内で処理できず原材料としての利用に限り、知事が承認した場合にのみ「認めることができる」としたのだ。二案の比較を基本に議論は白熱した。しかし、実際の議会の動きは、政党間の牽制や優位に立とうとする議員たちの思惑が絡み合い、二転三転と猫の目のように変わっていく。まるで生き物だ。


「どうあるべきか」という当たり前の議論は、時として「面子」の前に一蹴される。昼も夜も、二時間もあれば情勢は変わってしまうのだ。その都度、次の手を打つ。忙殺の中で、四〇日後の最終日まで、自分の体が本当に持ちこたえるのかわからない情勢だった。法律を一本作ると官僚が一人過労死すると言われるが、その実態が目に浮かぶようだった。このさなかに、豊島からも小豆島からも戻ってきて説明会を開けという要求がくるが、現場を離れる余裕など全くなかった。せめて聞きに来てくれれば説明はできるが、だれも来ない。

迎えた最終日、数の論理の中で私たちの条例案が上程に至ることはなかったが、「県の責任」の明確化、「立ち入り調査権」など多くのツールは、委員会案に移植された。

そして私は、この委員会案に反対した。議会での議論、県からの議会への説明や説得工作の影には、終始中央官僚の影響が感じ取れた。彼らの思惑が形になっていくように、考え方には一貫性がなく「場当たり的」だということだ。

また、この議論を通じて浮き彫りになったのは、廃棄物の取り扱いに対する香川県の「リサイクルを目的とした場合に廃棄物を持ち込んで良いかどうか」は、いわば枝葉の部分で、「そもそも廃棄物はどうあるべきか」という幹がないのである。幹のないところに枝葉をつけようとするから空転している。

すでに同時期の岡山県では、「廃棄物の有効利用」に関する基本的な考え方を示す条例策定作業が大幅に進められていた。また各地各県の廃棄物税に関する議論も、事実上の広域移動抑制が視野に入っている。

結局、委員会案は賛成多数で可決されたが、同時に「早急な基本条例の制定」が付帯決議案として上げられ、こちらも可決した。この条例は、それでも環境省から見れば不本意なようだ。後にこの条例は県外からの視察の対象となり、業界紙や研究論文に取り上げられることとなった。

三菱マテリアルの溶融炉による非鉄金属回収事業は、廃棄物が思うように集まらないという事態から、操業開始が随分遅れることとなった。さらに、当初予定よりも相当広域から集めてこなければならない状態となっており、操業早々から前途多難な事業として歩み始めている。

しばらくして、直島の立会いに出かけた私に、直島町長と町議会議長が近づいてきた。

「石井さん、香川県はほんま酷いわ！」「そうや約束を守らんのや！」

かなりの剣幕だった。

「そうでしょうね。あの香川県ですから」

「石井さんもちょっと力貸してよ」

「わかりました！　いいですよ、私でできることであれば。で、何を約束したんですか」

「……」

一瞬躊躇して、二人は何も言わずに視線を逸らして離れていった。

本当のところ、誰の前でも説明できることでなければ闘えない。だって、香川県はただのシステムでしかないのだから。香川県の職員からは「一冊の本になるくらい直島町から約束させられた」と聞かされたことがある。これからもこの島は香川県に裏切り続けられるだろう。

単年度主義の地方公共団体が長期的な約束をするということ自体、仕組みとして無理がある。この時私は、違法でない限りは、県を糾弾するつもりであった。その内容が何であれ、一旦約束したのであれば、行政は住民を裏切ってはならないと思うからだ。

水俣・豊島・福島

豊島に不法投棄された廃棄物は一体どんなものなのだろうか。排出した企業の供述調書から、いろいろなものが見えてくる。

例えば「重金属」は、工場の排水処理施設から出される汚泥などから出てくる。公害時代と呼ばれた頃には、規制がなく垂れ流されていたものだ。有害物質を排水や排気を通して無秩序に自然界へ垂れ流すと、周辺で病人や死人が出る。一方では利益を追求する企業があり、他方で何の関係もない周辺住民や漁業者に被害が出る。明らかな不公正、差別がそこにある。

「目の前の工場の排水が原因で人が死んでいく」という出来事は、一気に世論の高まりを招き、排気や排水に法的な規制が加えられることとなる。水質汚濁防止法や大気汚染防止法等がそれにあたる。段階的に法整備は進み基準も強化されて、一見美しい環境が取り戻されたのは言うまでもない。

しかし、それでは製造工程で有害物は使わなくなったのだろうか。そうではない。多くの企業は排水口の手前に汚水処理施設を設けて有害物を分離したのである。そして分離された有害物は、ドラム缶などの容器に詰め込まれて「産業廃棄物」という名前に変わったのだ。こうして「公害源」として環境汚染や人的被害を引き起こした有害物は、工場の目の前の海ではなく、遠く山間部の過疎地や離島にまで運び込まれるようになった。

こうした廃棄物は、一部はリサイクルされ、あるいは焼却して減量化を施してから、最終的には埋め立てられる。

埋め立ては大きく三つの方法が認められていて、それぞれ安定型、管理型、遮断型と呼ばれている。

「安定型処分場」とは、特段の設備を持たない埋立処分場で、安定五品目と呼ばれる廃棄物が定められていて、それ以外は埋められない、無害物しか埋められない、と定められている処分場である。ところが、一九九四年から一九九五年にかけて、時の環境庁が全国八二カ所の処分場を任意に抽出して調査したところ、四割近い処分場から重金属や発がん性物質が検出され、周辺環境の脅威になっている。これは、有害物と無害物との分別が困難であることと、中には無害物と偽って有害物を捨ててしまう悪質な業者もあとをたたないということを示している。

「管理型処分場」はどうだろう。比較的毒性の低い有害物を埋めることができるこの処分場は、遮水工と呼ばれる水を通さない層を、埋立処分場の底の部分に敷設する構造になっている。埋め立てた廃棄物に雨が降り注ぎ有害物を溶かし出してきても、遮水工で汚水を受け止め、集水して汚水から有害物を分離して綺麗な水にしてから流すという仕組みになっている。

しかし、この時代に使われてきた遮水工は、もっぱら厚さ一・五ミリ程度のゴムシートだった。そしてこのシートが破れて汚水が漏れ出したという紛争は全国に無数にあった。実際に手にとってみると、破れないわけがないと思う。鉛筆で突くと簡単に穴があく。カラスがマヨネーズの容器と一緒につついたら破れたなどという目撃談を聞いたこともある。この上に数十万トンの廃棄物を埋めるのだから、穴が空かない方が不思議だ。紫外線に弱く数年で劣化するものもあったという。

米国のＥＰＡ（環境保護庁）は、このタイプの処分場に水を張って、漏れるか漏れないかの実験を繰り返し、このタイプの処分場は漏れるということを公表している。またゴミ先進国として報道されることの多いドイツでは、こうした処分場は漏れることを前提として分別の徹底に努力すると聞いている。しかし、わが国では法律上は穴が空かない、破れないことになっている。

では、仮に破れないとして、この遮水工は何年くらい保つのだろうか。ある処分場でゴムシートを供給しているブリヂストンから、五〇年保つと聞かされた。それでは五〇年たったら、そこに埋めた廃棄物は無害になっているのだろうか。もし無害になっていなかったら「五〇年もしたら漏れ出しますよ」と聞こえてしまう。

廃棄物の中の有害物がどれくらいあるかは、含有量分析でおおよそつかめる。どれくらい溶け出すかも溶出試験から計ることができる。そうすると、その地方の雨量から、いったい何年ぐらいで溶け出してしまうか、一応の仮説が立つことになる。そこには数百年というオーダーが見えてくる。

「遮断型処分場」は最も毒性の高いものを埋める処分場である。コンクリート製のプールにゴミを入れて上から屋根をかける。そもそも水が入らない、水が漏れないという構造を要求している。まるで地中に作られた倉庫だ。

何も足さない、何も引かないという状態で保存された廃棄物は、無害になる日が来るのだろうか。コンクリートの耐用年数は、七〇年程度だと言われる。少なくとも一〇〇年後に無害になっていなければ、作り直す必要が出てくる。しかし、廃掃法のどこを読んでも、その時誰が作り直すのか、誰がその費用を負担するのかは書かれていない。はっきりしていることは、廃棄物を排出した我々の時代の人たちはもうこの世にはいないし、その時費用負担する能力のある人たちはまだこの世に生まれてきていないということだ。

私たちは便利さを追求して自然界の様々な「モノ」を取り出して使ってきた。やがてそれを加工して自然界になかった「モノ」まで作り出した。これらの中には、人間を含む生態系に毒物として作用するものも少なくはない。

私たちは、これらを無秩序に垂れ流し続ければ「死人が出る」という悲惨な体験を通して、公害を知ることとなった。垂れ流しに規制をかけて一応の静寂を取り戻したかに見えたが、実は「公害源」を容器に詰めて持ち出し、全国の山間部や離島などあらゆる所へ埋めてきた。その数、推計二〇万カ所と言われている。しかし、埋めるという行為は、未来永劫安全などとても言えるものではない。そうすると、この国は、廃棄という問題に対して明確な答えを持っていないということになる。

水俣が、筆舌に尽くしがたい紛争があったにせよ、曲がりなりに解決を目指そうとすることができた大きな要因の一つは、加害者と被害者がお互い顔の見えるところにいたことである。

しかし、豊島に廃棄物を出した企業は一〇〇社を超えるといわれながら、今となっては数十社しか把握されていない。そのほかにどんな企業が廃棄物を豊島に送り込んでいたのかわからないのだ。さらに、これら排出企業の多くは、油の再生業者などの零細な廃棄物中間処理業者である。これらの中間処理業者に廃棄物の処理委託をしていた排出元には、一部上場の大企業も存在する。さらに言えば、豊島に捨てられた廃棄物の中で最も多いのはシュレッダーダストであった。自動車のなれの果てだ。年間何兆円という巨大な利益を生み出す世界最大級の自動車会社もある。しかし、こうした企業が事件の当事者としてこの問題に顔を出すことはない。当然、これらの企業の製品を使用していた人たちは、豊島の住民の苦しみを知る由もない。

廃棄物の広域移動は、事業活動によって便益を受けるものと、被害を受けるものを分断してしまう。場合によっては、次の世代へと負の遺産を残して、時代さえも分断することになる。そのことが問題の解決をより困難なものにしてしまうのだ。

ものを作り「利益」を得る。それに伴って環境が悪化することは、その事業に伴う「コスト」だと考えることができる。どこまで容認するかは利益との兼ね合いでそこに住む者が決めていく。とはいえ、健康被害が発生するような不可逆的な公害では、利益を抑えてでも環境保全をはかることになる。

もっとも、これは「便益」を受けるものと「被害」を受ける人、或いは地域社会が同一の場合である。

広域移動する廃棄物が不法投棄や大型処分場の事故で被害をもたらした場合、被害者は一部に集中し、加害者は膨大な数となって、当事者意識が保たれなくなる。当事者同士が互いに向き合って、ともに問題と向き合い解決できる規模を超えて、さらに当事者意識が失われた時、それは巨大な構造的暴力となって被害者に襲いかかってくるのである。豊島事件は、社会活動が一方で便益を生み、もう一方で廃棄物を生みながらも、廃棄の問題を外部化してきたことにほかならない。そう、「人が人を人だと思わなくなったとき」、人の存在そのものが「罪」となるのだ。それはお互いの顔が見えないほどの大きな構造を背景に起きることになる。

そうすると、福島はさらに深刻だ。

原子力発電は、経済原則、市場原理に委ねれば、瞬時にしてこの世に存在しないものになる。リスクも大きいが、コストがあまりにも高すぎるのだ。原発メルトダウン事故後になって初めて、原発による発電が他の方法よりも高く付くことを認めた政府だが、それでも廃炉や使用済み燃料の最終処分までのコストは含まれない。そもそも廃炉技術、使用済み燃料最終処理技術そのものが確定していないので、試算すらできないでいる。最終処分の場所を探すだけで、すでに五〇億円以上の税金を費やしているが、未だに候補地の見当すらつかないのが現状だ。

もちろん、今回の事故後の福島第一原発のメルトダウン・メルトスルー後の高濃度放射性廃棄物処理はさらに深刻である。つまり天文学的負債、不良債権そのものなのだ。しかし、国策だからこそ、今日まで持ちこたえてきた。事故は起きないという「神話」と、その背景には、いつでも核武装が可能な国としての対外的な位置づけがある。

さらに、設計者、製造メーカーには責任は及ばない。融資した銀行の貸し手責任も問われない。その時代ごとに判断してきた科学者も政治家も、責任を問われることはない。関係した者たちの大部分は最初から外部化されていて、原発による利益だけが保証されている。

被害者はいる。大勢の避難住民が将来の見通しを失っている。表面化していないけれど未曾有の健康被害も予想されている。情報を隠せば、今後将来にわたってさらに膨大な数の被害者が出る可能性もある。家族はばらばらになって各地で避難生活を送り、故郷は奪われた。同時に馴染み親しんだ地域の共同体も失ったのである。

そう、家族と故郷、過去と未来を同時に、一瞬にして奪われたのである。

加害者はだれか、もちろん東京電力である。

では原子力発電は東京電力の意志と責任において実施されているのかといえば、そこは少し違う。責任を取るべき人たちはもっといるはずである。「便益」を享受する東京電力と「被害」を受ける者だけであれば、問題はまだシンプルだ。しかし、東京電力あるいは原子力産業を通して莫大な利益を享受する存在が、その背景にはある。この巨大な「人を人とも思わないシステム」が被害者を襲う。誘致した地域は膨大な利益を見返りに得たのだから……という被害者原因説や、大したことはないという無関心が、さらに追い討ちをかける。

国民の八割が原発ゼロを求めていると自ら公表していた政府も、段階的脱原発から、いつの間にやら原発推進に転換してしまっている。また、情報を出さないことで、無関心はさらに醸成されることになる。

加害者と被害者が向き合って議論するような仕組みは、到底求めようもない。

除染が思うように進まない放射能汚染現場では、除染はするが、効果が発揮できなかった場合、サーベイメーターを貸し与えて自己管理をするように求められている。また、除染物として排除したものは、持って行き場がないので、これもまた自己管理である。出口までは気の遠くなるような道のりが待っている。そして国民は、すでにそのことを忘れようとしている。

被害を受ける立場に立たされて、明日の生活も見えない者たちに、自らこの巨大なシステムを暴き、救済の措置を確立せよというのか。水俣、豊島の例を見るなら、それは非現実的である。被害者は家族でさえばらばらであり、余りに多くの被害者が自ら全体を把握することなどとても困難であるに違いない。お互いの認識さえないだろう。
一人ひとりの今日の生活に追い立てられる孤立した被害者と、多元化したシステムでしかない加害者。追い討ちをかける国民の無関心。

公害の被害者は三度殺される
一度目は、加害企業に殺され
二度目は、法や行政に殺され
三度目は、世論に殺される

いま、福島を見殺しにしようとしているのは誰でもない、あなたであり、私である。

第一〇章　島を離れる日

これはちょっと困ったぞ

忙しい合間をぬって、豊島で不法投棄現場の視察対応をする。

今日の視察者は「女子大生」であった。視察を終えて交流センターに戻って「どうでしたか」と最後に声をかけて、少し驚いた。「石井さんて、いい人みたいですね」といわれて意味がわからなかったからだ。

「それはどういう意味……」もちろんこの日が初対面である。

「だって、石井という人間がどんなに悪い奴かって、すごい数のメールが来ているんですよ。ほんとうにどんな人かと思って視察にきたら、石井さんが対応でちょっとびっくり」

「何なの、そのメール……」

「そのメール、私のところにも来ている。私は無視しているけど……」

「なに、それ……」

どうやら、私個人を中傷するメールが相当広範囲に送りつけられている。内容からして、情報の出どころは島の中なのかもしれない。

しかし、こうしたことは島での視察に限らなかった。私の関係する先に、私を批判するメールが来ていることを知らされることも度々あったのだ。


二〇〇六年の五月一三、一四日には、四国ではじめての「第六回全国菜の花サミット」を高松で開催した。

菜の花プロジェクトというのは、地域で燃料を生産する取り組みの一種である。菜種油などの使用済み廃食油を、メチルエステル反応を利用してバイオディーゼル燃料として、トラクターや巡回バスなどの燃料に利用できないかという試みと、その原料になる菜種そのものをその地域の休耕地などの有効利用により組み合わせて生産消費し、地域循環を模索する取り組みである。

このときにも、メールで混乱が起きた。全国組織での準備作業が止まった。滋賀の本部まできてほしいという。私は香川の現地実行委員会を担当していた。

滋賀まで訪ねると、「石井さんこれ……」と見せられたのはメールである。そこには「石井は、経済産業省の助成金を五〇〇〇万も使っておきながら、住民に対して決算報告もしていないような奴なのだから、彼と関わって四国でサミットをやるというのは止めて、ほかの地域でやったほうがよい」という趣旨のメールが届いている。誰からのメールかは、教えてくれなかったが、実名で送ってきているのだそうだ。

「この助成金というのは何なの」

「五〇〇万円というのは、経済産業省の実現可能性研究助成事業のことだと思います。共同研究枠で、経済産業省と株式会社などの民間営利企業が事業主体で、行政との連携で行うものです」

「その助成金を受けたのね」

「小豆島の小豆島バス株式会社が土庄町と香川県との連携で受けた事業ですよ」

「じゃあ、あなたやあなたの島が受けたわけではないのね」

「豊島での菜の花バスプロジェクトの検討をした年の翌年度に、小豆島でのバス運行の活性化存続に有効な対策になるのではないかということで、小豆島バス株式会社に出された実現可能性調査の助成金ですね」

「豊島での検討の費用はどうしたの」

「豊島での検討は、全額、やってみようという人たちの持ち出しです、決算もなにも会計そのものがない。私も検討作業を進めていましたが、議事録や資料の作成や印刷代、出席の交通費は自腹です。みんな自腹で来るので、他の人がどういう負担があったのかは知りません。

バスのデモ運行実験はバス会社全額負担ですし……栽培の実験はトラクター類は私が費用負担し

ましたし、種や燃料は作業にあたった人みんなで出し合って買いました」

「五〇〇万円の決算報告は……」

「そりゃしているでしょう。少なくとも香川県や土庄町、経済産業省には。経済産業省に限らず、税金ですからその監査は厳しいし、そもそも株式会社等の営利事業体の事業会計内処理が最初からの要件ですから、社内監査だけではなく会計事務所が入るし、第一、経産省の共同研究ですから、一から一〇までお金の執行についてはいちいち口出ししていると思います。最終的には、小豆島バス株式会社の事業年度決算に出てくるわけです。監査する立場にあるのは、国税局であり、経済産業省ということになりますね、税金は当然のこととはいえ、とかくしんどいから……」

「豊島の菜の花バスはどうなったの」

「こういう考え方だったんですね。島の小学校にはスクールバスがある。でも児童の登下校以外は動いていないわけです。そして車両の維持費や運転手の人件費は、すでに文部科学省のスクールバス事業として確保されている。

もし、このバスを有効利用して、路線運行すれば、そのための経費はごくわずかなものになるはずです。

そしたら過疎地でも区間一〇〇円とか二〇〇円の受益者負担で走らせることができるのではないか。そして、その燃料にバイオ燃料は使えないか。さらに休耕地での菜の花栽培との循環は作れないか、という三段階ですね。ただ、全て独立していて、どれかがだめでも支障ない設計にして検討していました」

「それでっ……!」

「とにかく、貧弱でもいいから島に公共交通が欲しかった。島の高齢化は半端な状態じゃないですからね。でもね、私が一つ失敗をしたんですよ。スクールバス利用の路線運行が最も現実的だと思っていたんです。ただ、当然教育委員会の全面的な理解が必要でした。でも、後で聞くと、町の教育委員会はスクールバスをそういう使い方をしてもいいものか判断しあぐねたんですね。その上で黙ってやってみて、文部科学省に叱られたら知りませんでしたと謝ってしまおうと考えていたのだそうです。

そのことを知らなかったので、私は公然とやったらいいし、支障があればそれを共有すればいい、そして変えてくれと要望すればいいと思っていたので、文部科学省に問い合わせたんです」

「そしたら……」

「有償無償を問わず、スクールバスに一般人を乗せたらスクールバス事業とは認められないと……そこで、正式に要望すればいいと思ったのですが、教育委員会はご機嫌斜めで、少し時間がかかりそうな状態になってしまいました」

「栽培や燃料化は……」

「栽培は圧巻でしたね。八〇アールほど土地を借りて、トラクターと一緒にフレールモアという草刈りアタッチメントを買ったんです。そして耕耘して種まきして見事に咲いたときには、ほんとに感動ものでした。

それを山陰の業者におくって昔ながらの方法で絞ってもらったら、本当に美味しかった。細々でも商品化は可能性があると思いましたが、同時に、サークル活動のような形では無く、収支のリスクを背負った責任主体が必要だと思いましたね。

それでも燃料化は排出量があまりにも少ない。豊島の人口や年齢構成規模では、食用油を使った事業をもう一段組み込まないと燃料化の原料にまではなりませんね……」

「路線バスは、結局法律を超えられなかったということなの」

「いいえ、そんなことはないんです。実は私たちが文部科学省に照会をかけた四カ月後に法律が変わったんです。『有償・無償・混乗・分乗を問わず、大臣認可で一般人を乗せてかまわない』と変更したんです。全国のたくさんの過疎地が、この時豊島で考えていた『スクールバスが使えないかな』っていうことを真剣に考えていたんじゃないかな、道路運送法上の許認可の問題も大丈夫でした……」

「それでなんで止まったの……」

「二〇〇三年には、実験運行を計画していましたが、すぐには教育委員会の協力が得られず、とりあえず一年延期したんですね。そしたら会計報告をしていないという話が出始めて、混乱してきた。結局町議さんも横を向いて、教育委員会ともうまく話が進まない状態になった。荒廃地のほうは、もっと悲惨でしたね。島作り委員会という会の中で、合意を得て進めているし、会議の予算なんて一円も使っていない、みんな自腹で自分で汗流して、荒廃地の草を刈り、土を耕したんです。花が咲いたときには嬉しかったです。絞った油でてんぷらを揚げてみると、昔ながらの焙煎圧搾で絞った赤水って呼ばれる油がこんなに美味しいのかとみんな喜びましたよ。でもね、自腹でお金を出し合って汗かいてやっている人たちを、まるで使い込みをしたかのように非難したんですから、もう誰もやらないですよ……」

「じゃあ、本当はいまごろ豊島でもバスは走っていたのね」

「それはわかりません。実は路線バスにはもう一つ問題があった。それはね、福祉バスというのがあって、路線バスの無いところで町が医療へのアクセスのために無料ワゴン車で希望者を送迎していたんです。もし有償路線バスを走らせると、これを廃止するというんですね。そうするとどちらがいいのか、島の高齢者一人一人の生活課題も含めてかなり検討を進めないとね。

一年間の実験運行までは問題無かったと思いますが、実験運行の中で、それが本当に私たち島民の必要としているものなのか、もっと検討する必要がありましたからね……」

「じゃあ、結局なんにもならなかったの……」

「それも違いますね。この検討は各地で参考にされ、今ではいろんなところでスクールバスを有効利用したバスが走っていますよ。菜の花の栽培だって、いろんなところで特産化への挑戦が進められています……

それに、菜の花バスプロジェクトは、地域に住む住民が行政に意見を言い、自らの努力も含めて行政の仕組みの再検討を促す、行政予算に負担をかけずに有効利用して、適度な受益者負担で政策を実現するかもしれない、という一連の経緯を辿りました。これまでの、何とかしてくれという一方的な要求とは根本的に違っていたんですね。

これは、国土交通省の目に止まって、離島振興法の改正議論の中でも、市町村という基礎自治体よりも小さな単位でも、自立的（自律的）に運営できる地域団体が事業主体になる可能性を検討し始めたんです。

法を書いている官僚が直接やってきて、あらたな自治の可能性として参考にさせてくれと言ってきたこともありましたしね……多くの地域で活用されていますよ。小豆島バスの事業は実証事業には移行しなかったけれど、触発された民間企業がいくつか廃食油の燃料化に乗り出していますから……」

四国で初となった第六回全国菜の花サミットは、五〇〇人を超える参加を得て成功裏に終わった。そこで撒かれた種は、再び各地に散って、それぞれの地域が試行錯誤しながら地道に取り組んでいるが、豊島での事業は無期限休止である。

この当時の元自治連合会長が晩年になって、「町議会議員に立候補してくれないか」と私のところを訪ねてきたことがある。

私は断ったが、話のついでに彼がこんなことを言い出した。

「あのトラクターは君のもんか」

「そうです。くたびれた中古だし、たいした値段じゃなかったけど、当時の私のほぼ全財産で買いました」

「そうか……」

「それが、何か？　まさか、私が助成金で買ってそれを報告しなかったとでも……」

彼は苦笑いした。

故郷を後にして

二〇〇七年春、三度目の選挙が終わり、議員の職を離れたとき、我が家の全財産は千円を切っていた。すでに、開拓農地は荒れ果てている。

しかし、収入が途絶えても、離れられない現場は豊島だけではない。現役時代と全く変わらない状態で、いたるところから難解案件への介入要請が来る。住民からだけではない、行政関係機関からもである。そんな中で私は結婚した。無謀すぎたかも知れない。

自分の仕事を探して面接を受けてみる。顔を見るなり、面接する側が恐縮している。緊張がほぐれると興味津々で豊島事件の話を聞いてくる。しばらく話をして席を立とうとすると「あの、お車代を」と差し出される。苦笑いしながら、いいえ、結構ですと丁寧にお返しして、部屋を出る。

就職難である。なまじ顔が知られていることが弊害になっていた。

ハローワークで求人を眺めても、年齢制限をしてはいけないことにはなっているが、実際のところ四七歳という年齢もあって募集としては極めて少ない。その上、前職が議員とは、彼らにとっても極めて厄介な存在でしかない。

どこへ行っても顔を見せただけで誰だかわかってしまう。こちらは誰だかわかってもなんともないが、会社側はそれだけで、雇うつもりはない。行政と喧嘩した過激な人間として刷り込まれている。また、そうした第三者がもっているイメージで就職先に迷惑もかけたくはなかった。

私はもう一つ問題を抱えていた。妻が寝込んでいたのである。結婚以前からさらされてきた現実には厳しいものがあったとは思う。全く起きられないので、私が家事をこなしながらの生活である。少しずつ対応する先を減らしながら、生活を再建する方法を模索する。長期戦しかあるまい。

私は、住民会議の夜の会合をしばらく休ませて欲しいと願い出た。

「妻が起きられないので、しばらく住民会議の夜の会合を休ませて欲しいのだけれど……」

「それはな、お前に男としての性的能力がないから、嫁がうつになるんじゃ。お前はセックスがへたなんじゃわ……」とにやにや笑っている。開いた口が塞がらなかった。

日を改めて再度お願いに出向いた。

「そやから、お前の男としての性的能力がないんじゃ。それがうつの原因じゃわ……お前のセックスがへたやから嫁がストレスでうつになるんじゃ。女やこそんなもんぞ」とりつく島もない。

それでも私は、妻のそばにいた。そして沢山の心に関する本を読んだ。私が会合に出ないことを批判しているという話を聞くこともあったが、とても実情を全体に説明することはできなかった。

そういえば、以前にも同じようなことがあった。住民会議の経営が放漫になり、その責任を巡る議論に巻き込まれて、うつで危険な状態になった大切な仲間がいた。何人かで注意深く支えていたが、そのうちの一人をうつを発症させた加害原因者として、住民会議の幹部が糾弾したのである。本末転倒である。死人を出しかねないほどに人心が殺伐として、運動の品格が失われていくような

豊島の棚田（2007年）

気がした。

その一方で、豊島の将来も気がかりだった。やはり過疎地の地域を支える原点となる生業は、一次産業、特に農業だと思う。もともと私が島へ戻ったのも、戦後の開拓入植地でもう一度農業をやりたいと思ったからだ。ただ、農業は生産物を市場に出荷するだけでは、生計が立てにくい。特に島の場合は、資材に輸送コストがかかり、出荷にもコストが余分にかかる。

かといって、旧来の特産地化大量生産による市場競争では、離島という立地そのものですでに勝負は見えている。

むしろ、地道な高品質の生産に島の自然や環境を生かした体験を加味したような消費形態、または地域の中で消費そのものまでつながる流通形態が必要に思える。

まさにそこならではの当たり前の暮らしの延長

食文化調査（2007 年）

だと思う。

学生や社会人を受け入れて、一年を通して、田んぼでの作業体験や、鶏を解体して自ら調理したり、農作物の収穫、竹やぶの管理作業などを実践してみたりする。何がしかの枠組みは作れそうだった。

もう一つ、家庭菜園が気になっていた。独居の高齢者でも、菜園を見事に作る人たちはたくさんいる。近所に配って、それでもかなりの部分が畑の肥やしに戻っていく。

それぞれの経済状態を根掘り葉掘り聞いたことはないが、多くの人たちが国民年金である。多い人で月々六万円程度の年金収入ということになる。

家が持ち家で家賃がかからず、菜園で野菜を育てながらの暮らしだから何とかなっているが、病気をして本土へ通院しなければならないということになると、たちまち年金では交通費さえままならなくなる。月々あと五千円収入が多ければ、暮らしが随分変わるだろうと思えた。

あの菜園の野菜を、少しでも換金できないだろうか、また、高齢化、独居化の中で共同作業による産品作りなどができれば、それだけで日常の安心が随分変わってくる。お金の話ではない。日常的に顔を付き合わせること、共同作業することで、互いに変化に気づくし、またいざという時の助けあいでも普段から関わっていると全然違ってくるからだ。

そんな緩やかなつながりが持てれば、とても良いのだが。

そして、地域のお母さんたちが、島外から来る人を地域の食材でもてなし、生活の足しにしていく仕組みをつくりたいと思い立った。

二〇〇九年七月、高松で数人の仲間と小さな会社を作った。八百屋と食堂を兼ねていた。県民との間で豊島事件を長く共有する必要がある。やはり豊島の入口の一つを高松に置いておきたいという思いが、私にはあったのだ。

時々、ツアーを公募で組んで、豊島の視察をする。島の食材を使って料理をして食べる。お母さん方にも何度か集まってもらって、こういう流れの中で、「お母さんたち自身が豊島の食材を使ってもてなし、生活の足しにしていく」という提案をしていく。ゆっくりと人を受け入れることに慣れてもらおうという試みだった。

越後妻有踏査（2009年）

　そんな時、瀬戸内国際芸術祭というイベントが開かれるという話題が持ち上がる。

　どんなことをするのか、中身はよくわからない。越後妻有で開かれている「大地の芸術祭」の瀬戸内海版のようだと聞かされる。

　早速、新潟の大地の芸術祭を踏査に出かけて、現地の人たちにも会って話を聞いたが、今ひとつよくわからない。願わくば、島に寄り添い、その島の文化や歴史を尊重して欲しいものだ。が、不透明である。私は、設立されたばかりの芸術祭実行委員会で、プレゼンテーションを行うことになり、今私が取り組んでいることを説明したのだった。

「島のお母さんたちが、島の食材でもてなし、人々の生活に還元される交流の仕組みであり、農作業などの体験と、島の歴史や文化を感じ取れる受け入れについて、様々な実験と調査を香川大学と連携して行っているのが現状である」と。

実行委員会からは「なんだ、石井さんたちは、芸術祭がやりたいと思っていることを、もうすでにやってるんだ」という感想が聞かれたので、私も「そうか、こういうことをやりたいのか」と少し安心したのだった。


しばらくして、芸術祭の詳細が見え始める。

「島のお母さんたちが、島の食材で迎えてくれるアート作品」というコンセプトが目にとまり、気になったので、作品を管轄している「アートフロントギャラリー」の担当者と話し合った。

「どんなことをやるの、私たちの取り組みと同じなので……芸術祭の邪魔をする気は毛頭ないけれど、私たちの取り組みもそっとしておいて欲しいと思っている。きちんと調整しておかないと変なことになるよ。第一、同じ提案を違う主体が同じ人にしたら、困るのは島の人たちだ。あなたがたはどう考えているの」

「そうなんです。同じ提案を別の主体が出せば、困るのは島の人たちです。先行しているあなたがたと両方がうまくいけばそれが理想だけど、私たちは組織が大きすぎて舵は効きません」

「それは、私たちに辞めろということか」

「辞めろとは言っていません。私たちは止まらないと言っているだけです」

そうした活動の拠点として、空家も借り受ける準備をしていた。島には居ない家主に連絡して借りたいと申し入れ、快く内諾してもらってはいたが、一方で、これも芸術祭の空家調査に引っかかっていた。

しばらくして家主と話したら、電話でなにやら言いにくそうなので、

「いいですよ、難しくなってきたなら。このまま押すとあなたが板挟みになるんでしょ。迷惑をかけるわけにはいかないので、なかったことにしましょう。私は大丈夫ですから……」

そんなある日、携帯が鳴った。小豆総合事務所長からの電話だった。話がしたいけれど、豊島ではまずいので小豆島の事務所まで出てきてくれないかという。

「なんの話なの」

「それは、その時に……」

えらく神妙な表情で私を迎えた所長は、「率直に聞くけど、瀬戸内オリーブ基金の二億五千万円を石井さんが私物化しようとしたっていう話で困ってる」と話し始めた。

あまり神妙な顔つきなので、つい我慢し切れなくて笑ってしまった。

「事情を聞いてもいいですか」

「いいですけど、そう、瀬戸内オリーブ基金というのは、二〇〇〇年に中坊弁護士と建築家の安藤忠雄氏が呼びかけ人となって発足した助成基金団体。瀬戸内に木を植えるという行為に助成する。

その原資は寄付金でまかなわれるという活動ですよ。当初は私と安藤事務所のスタッフで立ち上げた。

そこにユニクロの柳井さんが加わって、ユニクロ店舗での募金も含めて、現在ではNPO法人であり、基金残高は二億五千万円ほどにもなる。事業を公募して審査し、助成決定するシステムも出来上がり、専従職員もいるし事務所もある。

私は、この仕組みを立ち上げる段階をやってきたんです。安藤さんを説得し、中坊さんに説明しながらNPO法人化するために運営委員を選任し、専従職員を公募する作業を進めたんだけど、立ち上げ当初は、もちろん何もかもゼロから始めているので、安藤さんを中心に口コミの助成事業だったし、具体的な手続き論もなかった。もちろんこの事業は、豊島事件の教訓から、豊島や瀬戸内海を環境破壊から守り、再生していく事業として出発しているんです。

一方で、豊島の住民は、豊島事件を起こした事業者を破産させ、土地や事業者の自宅だった建物を裁判所から買い取っていたんです。

この建物をささやかな再生の拠点とすることを考えていた。弁護士からも、瀬戸内オリーブ基金から助成してもらえないかという声はかなり出た。自治連合会長に話すと、彼は改装することには異を唱えなかったけれど、自治会管理には難色を示したんですよ。自治会という継続性の弱い主体が管理する物件を持つことを嫌ったからで、でも誰かが管理するということなら第三者に貸すことは問題ないとも言うわけです。

私は、安藤さんとかけあった。所有者である自治会が事業主体として取り組むべきなのだが、当時の自治連合会長が管理義務を負うことには否定的だったので、管理委託、賃貸などの方法を考える必要があった。全てを話して、最悪でも私たちが設立した農事組合法人が家賃負担して管理するということで、島の環境回復や地域振興のための住民の拠点整備改修工事の内諾を得た。もちろん最終的には自治会が申請主体として出してくるように進めていこうということで、安藤さんとは協議していた。

同時に、農事組合法人の中でも、自治会がどうしても直接管理を嫌った場合は、法人事業としてリスクを受け持って家賃負担して管理することを合意していた。

これを、瀬戸内オリーブ基金の運営委員会に、当事検討中だった公募時の応募用フォーマットの試作品で申請書形式にして、検討用の資料を作って渡した。この時点での書類は、農事組合法人が借り受けた場合の仮の想定になっている。事務所の機能、お母さんたちやいろんな人が利用できる小さな加工場、小規模の宿泊機能などを実現するために、概算での見積もりも大工さんを通して数値化してもらっていた。

もう一つ、農事組合法人でも申請書形式で、オリーブの繁殖を想定して渡した。

当時は、現場の課題と、基金側で出す提案をすり合わせながらの事業執行だから、これも議論のためのたたき台の域を出ない。

このたたき台から、そもそもの申請の形式、審査の仕方などの内部の手続きのあり方、一方で事業そのもののあり方や、基本的な考え方、その主体について大枠の検討作業が始まるはずだった。つまりフォーマットモデルでしかなかった。

ところが、運営委員の一人が、外部の一人の青年にこの書類を渡してしまった。その青年は、この書類を豊島事件の弁護団会議に持ち込んでこう説明した。『オリーブ基金の運営委員から、石井の不穏な動きがあるから、これを告発してくれと託されてきた』と言って現れたのですよ。

私には全く理解できなかった。そもそも、なぜこの席に運営委員の代弁者として、全く関係ないその青年がいるのか、そして運営委員はいないのか。どういう趣旨で、どう説明してこの書類を外部へ出したのか、まったくわからない。他の住民会議メンバーもその青年に同調して、いきなり『被告』として私の糾弾が始まったが、渡した本人がその席にいないのだから話にならない。弁護団も困惑している。

検討用の資料は、そこに悪意があるという前提で読めば読めなくはない、善意だと言えばそう読める。どうにでも読めるものだ。運営委員だって検討作業用の資料だと認識している。問題は『告発を託した』というところだ。

後日になって運営委員に連絡が付いて、どうしてこんなことになっているのか問い合わせたが、運営委員も全く不本意だという。その運営委員の説明によれば『今回の農業生産法人のような自律的主体がいっぱい現れて、いろんな取り組みを始めることが、豊島にとって望まれる姿だと言って渡した』ということだった。それがなぜ『告発』ということになるのかはわからない。

それから、しばらく時間をおいて運営委員からまた連絡が入った。運営委員がその青年に詰め寄ったところ、その青年は『豊島の人に言わされた』と運営委員に説明したという連絡だった。私にわかる顚末はそれだけだ……」

「嘘だったということですか。まあ、そんなことかと思っていましたが、大変な目にあってますね。それにしても、島に自治会の経営する新しい拠点ができていたかもしれないんですね、全くもったいない話だ……」

「そうね、誰かが嘘をついているということにはなる。その嘘が広がっていったんだね。この話は、県の部長たちにも広まっているのか」

「聞いている人は聞いているでしょう。でも、あなたを直接知っている人は誰も信じていませんよ、直接知らない人は気にもしていないし。島の外からは、あなたと瀬戸内国際芸術祭をやりたいという根強い声がありますが、島の中からオリーブ基金の例を出して反対の声が上がると、県としてはいかんともしがたい……」

「そんなことは気にしなくてもいい、芸術祭とはちょっと距離を置きたいと思っている」

「なにかできることはありますか」

「なにもすることはない。時間がたてば公にしても笑えるが、証言を集めて争えば、島の内外で豊島そのものが笑いものになり求心力を失うだけだ。

第一、人の口に戸は立てられん。考えてみなさいな、広まっていったものを一つ一つ打ち消して回ることができますか、ましてやあまりにも哀れな姿、何もすることはない。

人の噂も七五日とも言う。だれもそんなこと信じていないと私も思う。外から見れば痴話げんかくらいにしか見えん。そんな歴史は飲み干してしまえばいい。問題は豊島の行く末なのだから……」

「それにしても、紛争時代と豊島は随分変わったんですね」

「いや基本的には、何も変わってはいないよ、批判しようと思えば何でも批判できる。大なり小なり、豊島に限らず地域社会の中では、どこでも起きていることだ。私の提案に対する代案のない批判と糾弾は、運動時代も今も変わらない。

違っているのは、機能する事務局と話し合う場や手続きがなくなったこと、現場の指揮官がいなくなったこと、そんなところだ。地域の中の代案なき批判と糾弾という議論のタブーは、今も昔もどこにでもある。

組織が分裂するというのは、ある意味仕方のないことだと思う。もともと豊島住民にしたって弁護団にしたって一枚岩ではない。組織というのは、出来上がったその瞬間から陳腐化が始まってしまう。これを回避し続けるのは尋常じゃない。

時代に追従しきれない組織は情報が出なくなる。語りかけることを欠いたら、島の内外で機能しなくなるよ。ただ、その基礎になる力は落ちているし、その隙間に付け入る者も現れる。豊島の人たちの本当の闘いはこれからだ……問題は、それぞれが己を乗り越えられるかどうか、その点だけだと思っている」

それから数日たって町の職員が現れて、こう言った。

「今後一切、あなたがたが米を作ることは認めない」

その頃、あの小さな組合法人で農地を借りて米を作っていた。農地は農地法で保護されている。

戦前までは地主と小作人がいたが、戦後の農地解放で地主の土地を政府が安く強制的に買い上げ、これを小作人に払い下げたのである。

農地の所有権と借地権を農業委員会が間に入って相互に保証するという仕組みになっている。しかし、農地解放で土地を失った人たちは、そのことをよく覚えている。

荒れた水田は、貸してほしいと頼むと快く貸してくれる。使っている方が荒れないからだ。ところが、農業委員会指定の書類を持ち込んで「これに印がほしい」と伝えると「印がいるんやったら、貸さん！」と言われる。「農地法は所有権を守るための法律やから、印を押してくれるとありがたいんやけど」と頼むと、

「お前、法律が変わらんという保証ができるんか」

「いやいや、法律が変わらんという保証まではできんわ」

「ほやから印は押さん」

「ほんなら、『返せと言われたらすぐに返します』という借主と貸主の直接の約束事やったら、印押してもらえるん」

「まあ、それならええわ」

そこで、一律に簡易の借地契約書で土地を借りている。農業改良普及センターや農業委員会からは、正規の手続きを踏むようにと指導されることがある。

「手続きの手間は惜しまんけど、法律が変わらん保証するように言われたら、どうしようもない。役場や普及センターから、農地法とは何ぞやという説明をしてくれればありがたい」と言うと、笑っ

ているだけで説明をしてくれることはない。どこでも似たようなものだからだ。

ところが、芸術祭で唐櫃《からと》地区の棚田を復活するという事業が計画された。数百万～数千万単位の緊急雇用や中山間地直払い制度等の各種補助金が除草作業に投入された。これだけのお金をかければ相当な景観回復にはなる。棚田の景観が戻れば、米を作りたいのはわかる。ところが、地元の生産調整枠だけでは足らず、郡外の生産調整枠まで駆り集めて、生産調整枠のぎりぎりの集積を行ったのだそうだ。

「いままでは、闇米は黙認してきたけれど、これからはそうはいかん」

町の態度は頑なだった。

そう、「米は芸術祭が作るから、今後あんたらが作ることは認めない」というのだ。

この事業を行っているのは任意団体であって、行政ではない。しかし、農地法の説明をしてくれなかった町は、この事業の事務局として法制度説明に奔走していた。なにか違ってはいないかと思う。


芸術祭が始まり、すごい人の波だ。私は高松の食堂の厨房で料理をしていた。昼間は島にいて、夜は高松の店に入った。

夕方、観光客が帰る時間帯に出勤である。定期便二～三時間待ちという事態になっている。一応、生活者優先ということにはなっているが、暑い夏のこと、炎天下で待つ乗客を通り越して船に乗ろうとすれば、観光客に野次られ、怒鳴られる。

挙げ句の果てに船からは「乗客の怒りに収拾がつかないので乗らないでくれ」と頼まれる。それが日常の通勤なのだ。結局直行定期便に乗れずに、宇野経由、小豆島経由になることもしばしばで、その都度、高松へ連絡をとって店を数時間閉めた。予約客があると海上タクシーで駆けつけざるを得ないこともあった。

その日も、港へは出向いたが、乗れそうにはなかった。確実に乗ろうと思えば往復五〜六時間を整理券をもって待つことになる。日本中、一体どこに公共交通待ちで六時間をかける通勤があるだろうか。

困っていた時に誰かが私に声をかけた。

「おーい、石井君よ、急患が出たらしいぞ、急患搬送船が出る」

状況を確かめて、診療所まで迎えに出て搬送を手伝うことにした。養殖場時代にお世話になった人だった。容態が悪いようだ。

患者を乗せたストレッチャーを押して船に乗り込もうとしたとき、また誰かが私に声をかけた。

「石井君よ、よかったやないか！」

何かが狂い始めている……

ふと、東京のあの日を思い出した。知人を訪ねて上京した祭、中央線のとあるホームで列車を待ったが来ない。すると「今日、何曜日」知人が私に問いかけた。

「木曜日やな」

「木曜日か、きっと飛び込み自殺だろう。木曜と金曜の夕方は多いんだ」と彼が教えてくれた。ちょうどその時、アナウンスが流れた。「人身事故のため、列車が遅れております……」まもなく列車が来て、誰ひとり気にすることなく列車に乗り込む。遅れた列車に、「全く迷惑な話だ」と呟いた乗客の声が耳に入った。東京とは「人が人を人だと思わない街」なのだと思った。そして豊島にも東京の匂いがし始めている。

高松まで辿り付き、救急車に患者を託したあと、私は仕事先に急いだ。運ばれた彼が、生きてふたたび豊島の地を踏むことはなかった。

私は通勤不能となり、会社の根本的な方針を変えなくてはならなくなったため、島を離れることになった。

ホームレス社長

老いた母を残して島を離れることになろうとは、夢にも思わなかった。

二〇一〇年、母満七三歳、私満五〇歳の夏である。間接的とは言え、この日から私は生活保護のご厄介になることになる。

この後三年近く、眠る場所も定まらない生活が続いた。人生を一からやり直すしかないようだ。肩書きは社長だが、生活の実態はホームレスである。

無一文から始まる生活。人生で何度か通り抜ける長いトンネルを私は歩き始めた。自分の会社の厨房に入り、慣れない料理を習う。しかも即実践である。慣れない仕事は後手に回り、仕事が終わるのは午前三時〜四時が当たり前だった。そして午前八時半に厨房に入る。

眠るのは、店の奥の畳である。時には知り合いの生活保護世帯にまで出かけていって、一角を拝借して眠ったり、風呂や洗濯機を借りる。寒い日には、朝まで眠れないことも稀ではなかった。その一方で、島に残してきた山の中の母の暮らしには、飲み水を運ぶ必要があった。時間が取れないときには、仕事が終わってそのまま午前三時半発の宇野行きのフェリーに乗った。宇野経由で島に午前六時五分にたどり着き、水だけ運んで、午前七時の船で高松へ向かい、そのまま仕事に戻ったりもしていたのだ。観光客と同じ方向に船に乗ると身動きが取れなくなるからだ。

ある朝、同僚が私に声をかけた。

「その顔、どうしたん。すぐ病院行った方がえぇで……」

鏡を見るとまぶたが垂れ下がっているが、その感覚は全くない。診断の結果、顔面神経麻痺である。過労でも起こるのだそうだ。確かに一日二〇時間前後働き、あまり食べてもいない。それでも収入にはならない。

そんなある日の明け方、仕事を上がって腹が減って我慢できず、夜明け前のコンビニで七五円の牛乳と一〇〇円のあんパンを買った。財布を覗くと、これでお金は最後である。

ところが、不思議なのだ。

明日、何をどうやって食べようかという不安よりも、牛乳とあんパンの組み合わせってこんなに美味しかったのかという感動の方が優先している。なんとも幸せな一瞬である。平穏な暮らしの中でこの美味しさを発見するのは並大抵ではあるまい。ちょっと得した気にさえなる。私はコンビニの前の地べたに座り込んで、うっすらと明るくなりはじめた東の空を眺めながらあんパンを食べた。季節はもう本格的な冬である。

とはいえ、長引く生活の行き詰まりの中で、私は島の土地と家の権利を売ってしまった。これでもう、島には何の足がかりも無い。そして私個人は、年金も健康保険も支払いが滞る。当然、生命保険はおろか健康保険もない状態になってしまった。

そう、病院へ行くことができなくなってしまったのだ。保険証発行が滞っている。

国保加入者証明書は、制度としては知っていた。一定額の保険料滞納が続くと、国保加入者であることの証明はしてくれるが、一〇割負担でしか診療は受けられない。保険料を納めたときに手続きをすれば、七割が払い戻される。一見、理にかなっているように見えるが、収入に辿り着けなければ一〇割負担がつづくということだ。実質的に医療は受けられないということである。

仕事を失い、住まいを失い、体を病んだ者が、医療に辿り着けない状態から自力で全てを解決するなんてことができるのだろうか。

私はこれまでの仕事の関係で、おそらく多くの一般の人たちよりは行政や社会の仕組みや制度、社会資源を知っている。万が一の場合にはまだ手段があることも知っている。そしてどうやら私は、とても能天気にできているようだ。ここはひとつ、私を産んでくれた母に感謝することにしよう。

しかし、多くの人たちはそうしたことを知らない。

二〇〇八年、米国での史上最大の六四兆円という負債総額の倒産から世界的連鎖を引き起こしたリーマンショック、そして遅れて影響を受けたわが国の年越し派遣村、その後の公設派遣村に見るように、世界中が冷え込んでいる。とんでもない時代になりそうだ。

左脇腹あたりから、痛みが走る。そっと服をたくし上げてみると、ブツブツと神経線上になにやら一列に並んでいる。ヘルペス（帯状疱疹）のようだ。何ともいやな痛みである。こいつは、少々厄介だ。放置しても自然治癒はするが、早期に治療をしないと神経障害性疼痛として一生涯後遺症が残ることがある。が、病院へ行くお金は無い。

相当に体力、免疫力が落ちているようだった。じっと耐えることにする。

それでも、多くの人が問いかけて来る
なぜ、あなたは闘わないのか
なぜ、あなたは発信しないのか
なぜ、あなたは語り継がないのか
あなたがた豊島の住民にも非があったのではないか
あなたには、闘った者としての責任がある

この言葉は、心に痛い。しかし、今何とかしなければならないのは、今日食べるものをどうやって手に入れるかである。昼夜を問わず働き、それでも生活の姿は一向に見えてこない。海を隔てて豊島で開かれる会合に出席する術もない。

しばらくして、住民会議の議長が訪ねてきた。

「豊島では君に対する罷免要求が出された……君はどうする」

「なぜ罷免要求が……」

「会合に全く出ないからだ……」

「会合の連絡など全く入ってないよ……。会合の連絡はしないけれど、出席しないから罷免だということか……それは住民会議の総意か」

「……」

「私は豊島を放っておくつもりもないし、辞める気も無い。議長団で合議でもなんでもしてくれ、議長団が罷免だというなら甘んじて受ける。でも自分から辞めるつもりは毛頭無い……」

そんな頃、私は新しい仕事に携わることになった。電話相談である。

ボーダレスであらゆる分野の人や社会が抱える問題に寄り添い、個別に相談に応じることになる。今では全国で一日に四万件を超える電話がかかる状態になっている。その数がすでにこの時代を象徴しているかのようだ。もちろん、この電話で私の人生が変わるわけではない。そして、相談してきた人の人生が、たった一本のこの電話だけで変わるわけでもなかった。

ただ、かれらの不安や苦しみはよくわかる。そして、豊島事件の辿ってきた歴史、さらにその歴史の中のこの国の形のもう一つの側面が電話の向こうに見えてきたのだった。

おぼろげだった私の心の中のもうひとつの疑問は、やがて確信へと変わることになっていく……

遅すぎた青春

「世の中、そんなに甘くないよ。権力の怖さをよく考えなさい。守ろうとすれば、自らが立ち上がって自分の手でとれ……国民主権というものはそんなものだ。主権者というものは、自立して自分の力で勝ち取れ」

「儲かる話が確かにある。でも、そら危ないよ。働かないでお金が入る癖つけてしもたら、俺らはいったいどうなるか……」

自分で立つことの意味を、中坊弁護士は示唆に富んだ話で繰り返し聞かせてくれた。

豊島の運動は、廃棄物問題を通してこの国の行政や政治、ひいては人のあり方そのものを問うた運動であった。

「中坊公平四四歳・遅すぎた青春」と題して、中坊弁護士は度々人々に語りかけた。

中坊弁護士の両親は教員であった。その両親は校長排斥運動でくびにされ、父親は弁護士になったという。その両親の下に生まれた彼は、体が小さくて弱かったそうだ。小学生で留年した経験を持つという。弁護士になった彼は、ある事件をきっかけに「現場」を知る者こそが勝つという鉄則を見出し、負け知らずの弁護士となっていく。そんな彼は「現場に神宿る」と時々口にした。

やがて弁護士会の会長も務め、社会の中で一定の地位を築いていくのだが、そんな時、森永ヒ素ミルク中毒事件に出会うことになる。

一九五五年、森永乳業徳島工場で製造された缶入り粉ミルクに安定剤として使用された第二燐酸ソーダに、多量のヒ素が混入していて、これを飲んだ一万三千人もの乳児がヒ素中毒になり、一三〇名が幼い命を失った。しかし、満足な救済措置が取られることもなく、また後遺障害もないとされていた。

ところが、一九六二年、一人の養護教諭が、自分のクラスに入学した男児の母親から、息子が脳性麻痺になったのはヒ素ミルク事件が原因であると知らされる。これがきっかけとなって、養護教諭、保健婦、医学生ら二二人の調査グループが立ち上がり、被害児五五名の徹底的な追跡調査が始まった。そして森永ヒ素ミルク中毒事件「一四年目の訪問」として、後遺障害の実態が明らかにされたのだ。

「乳の出ない母親だったのが間違いだった」「嫌がって飲もうとしなかったのになぜ飲ませ続けたのか」と親たちは、森永ではなく自分を責め続けながら子供たちの世話をしていたのである。そこには、手足の動かない子供たちや、お皿に注がれたお茶を舐めるようにして飲む子供たちの姿があった。

この事件の弁護団長を中坊弁護士は依頼されたのだ。しかし、中坊弁護士は躊躇する。大企業や国が相手の裁判であり、その上弁護団は、当時左派的政治色彩を持つ団体というレッテルで批判を

中坊公平弁護団長（2000年）

受けていた青年法律家協会の弁護士だったのだ。

「私がこの事件に乗り出すことは『左』の人間や言われるんやないか。言われるんはええけど、これまでの依頼人を失うことになるんやないか。自分のせっかく築き上げてきた生活を自分で壊す。これは私の人生として得策やないんやないか」と考えた。

そして父親に相談するのだった。父親は一喝する。

「お前なんちゅうことを言うんや。お父ちゃんは公平をそんな情けない子供に育てた覚えはない。第一、こんな毒入りミルクを作るというんは赤ちゃんに対する犯罪やないか。赤ちゃんに対する犯罪に右も左もあると思うのか。なんちゅうことを言うのや」

その言葉を聞いた中坊弁護士は、一人ずつ被害者を自ら訪問する。

「この子が一七年の生涯で話せた言葉は『おかあ』『まんま』と『あほう』の三つだけでした。私はあの子に生きていくのに必要だから『おかあ』と『まんま』という言葉だけはなんとか教えました。でもこの子は『あほう』という言葉もどこかで覚えてきたのです……」この子が世間でどう扱われているのかを物語っていた。

「本当に弱い者は、自分を責め続けるしかない」ということの国の形と闘い始めるきっかけである。中坊公平四四歳、遅すぎた青春……

「罪なくして罰せられる……こんなことが許されて良いのでしょうか」と中坊弁護士は豊島事件の中でも訴え続け、そしてよく泣いた。

二〇一三年五月三日、中坊弁護士永眠……

ある日、また一人、そしてほんの少し島の人が成長したと感じられた場面で、中坊弁護士は眩いた。

「ええ一日が終わったいうかね。わしは豊島の結末をみることはないと思いますなぁー。こうなりましたと報告を受けるのは墓の中かな。まあそれでええんですよ……」

豊島の闘いは、長い歴史の中で、同じ地域に住むというだけで住民が一丸となったことに価値がある。

しかし、批判が批判を呼ぶ連鎖は、悪循環の一途を辿っている。

これもまた歴史なのだ。

とはいえ、誰一人として「島が良くなって欲しい」という願いは揺るがない。

豊島の闘いは、まだまだ続く。

この前人未到の闘いは、人のあり方を問い直す闘いであり、挑戦である。

人が人を人として尊重する社会……

季節は、まもなく発端から数えて三九年目の夏を迎えようとしていた。

だが、このときの私は、島がさらに遠くなることを、まだ知らなかった。

二〇一六年二月、島を離れてすでに五年半、私は対岸高松から豊島を眺めている。

いつになれば故郷豊島に帰れるのかわからないが、その日はきっと来る。

豊島も私もこの歴史を乗り越えねばならない。

震災、原発事故から丸五年を迎えようとする福島でも、未だに一六万人の方々が避難生活を送っている。

豊島では、まもなく四一年目の春がやってくる。

エピローグ　もう「ゴミの島」とは言わせない

故郷へ帰りたい

二〇一六年五月、「開拓村のわが家をきれいにしよう」と友人に請われて、豊島へ泊まりに行くことになる。豊島で眠るなど何年ぶりだろう。

八十八カ所巡礼で知られる四国だが、香川県高松港はその四国の玄関口として栄えた港であった。岡山県宇野港との鉄道連絡船が往来し、四国内鉄道との結節点だったのだ。子供の頃の記憶では、当時は賑わいとともに生活感に溢れ、風情の感じられる港であったように思う。

その後、結節機能を瀬戸大橋にとって代わられ、後のウォーターフロント開発で近代化が図られて、西日本一、二の高さを争うシンボルタワーが建てられた。個人的にはあまり好きにはなれない。

生活感を感じない空間は、建設の借金だけを次世代に残して、あまり役に立たないものと思えてしまうからだ。

高松港県営第二桟橋に立つと、目の前に女木島《めぎ》、男木島《おぎ》が見えていて、その向こうに、山の上が平らに見えるひときわ大きな島がある。豊島だ。

小型の高速船に乗り込むと、船は桟橋を離れて反転、徐々に速度を上げながら港湾出口にさしかかる。この国でも最も交通量の多い重要港湾・特定港の一つである高松港の出口では、実に多くの船が行き交う。赤灯台と呼ばれる玉藻防波堤灯台を左舷に眺めながらほぼ北に進路を取り、やがて高松市女木島の東海岸沖を通過する。通称鬼ヶ島だ。

右舷側には庵治《あじ》沖の大島が見えている。国立療養所大島青松園の島だ。日本の歴史に痛ましい記憶を残した国立ハンセン病療養所である。

その発端は一九〇七年、法律「癩《らい》予防ニ関スル件」発布に伴う全国五つの「癩（ハンセン病）」患者収容施設の一つ、「公立第四区療養所」（中四国八県広域）として一九〇九年に設立されている。日本におけるハンセン病患者隔離政策の始まりである。

もともとハンセン病は、夫婦間ですら必ずしも感染はしないほどに感染力の弱い感染症である。しかし、古くから知られた病気ではあったにもかかわらず、潜伏期間が長く、近代までその原因がわからなかったため、確固たる治療法もまたわからなかった。

ハンセン病施設　解剖台（大島、2016年）

中世社会では仏罰による病（天刑病）と考えられていたが、後に家筋と受け止められるようになり、近代以降はこれらの上に伝染病という認識が加わって、多くの差別被害をもたらした病である。風説が流布される中、病気そのもので働けなくなることはもとより、いずれの時代も歓迎されざる存在として、家を出て湯治へ、あるいは巡礼の旅に出るものが多かった。浮浪の民となるのである。

西国（近畿以西の国）では平安末期以降、大寺社の差配のもとで、非人と呼ばれた乞食《こつじき》や浮浪の民を構成員とする非人宿《ひにんじゅく》が編成・固定されていく。ここでいう乞食とは、本来仏教の思想から来るもので、その日の最低限の糧を物乞いによって得る暮らしのなかで、煩悩を断ち清貧に生きる修行の一つであった。行乞《ぎょうこつ》又は托鉢《たくはつ》ともほぼ同じ意味である。これが転じて、宗教者ではない者が路上で物乞いすることも乞食と呼んだもので、現在の差別用語である乞食《こじき》とは異なった意味で捉えられていた。

慈悲に根ざした社会保障機能といってもいいのかもし

れない。

江戸時代には徳川綱吉によって「生類憐れみの令」と呼ばれる多数のお触れが出された。時代劇などでは悪法として面白可笑しく演出されていることも多いが、現在の動物愛護法に類するものだけではなく、その思想は幼児や老人にも及んでおり、刑法の保護責任者遺棄罪、殺人罪、さらには児童福祉法や児童虐待防止法など現代の法令に通じる部分もたくさんある。

この法令下には、旅の病人に対する保護規定も存在していた。旅の病人に医者を付けて養生させ、場合によっては旅費も提供し、目的地又は故郷に至るまで村から村へと送りついで行くのである（村送り）。死亡した場合の届け出も厳重に義務付けられていた。もちろんハンセン病を患った者も病人として扱われる。この間、村が立て替えた経費は全て、藩や代官所に届け出ることによって後から精算される制度だ。またこの時期、乞食は非人という名において身分制度に組み込まれていくことになる。

信仰心に根ざした社会保障から社会制度へと変遷した時代である。

もっとも、この時代こうしたことが全国画一的に行われているというわけではない。ハンセン病であることを理由として家に幽閉され外へ出ることもなく生涯を終えた者や、遺棄された者も多かったという。他方で、ハンセン病を患いながらも普通に結婚して子供をもうけ、地域の中で差別を受けることもなく交友した記録も残されてはいる。家や地域社会の考え方や経済力に左右された一面もあったようだ。

いずれにしてもこの時代は、家族、地域社会、信仰、制度など、社会的弱者は皆で守るものであり、排除すべきものではないという考え方が根底に窺える。とはいえ、家筋（遺伝病）としての蔑視は根強いものが残り続けるため、近代になっても家に隠れ住むか、家を出て浮浪の民になることが多かった。自らの存在により家族が「癩筋」とされ結婚差別などを受けることを恐れたからである。患者が出た、あるいは住み着いたことによって「癩部落」として結婚差別等を受けた地区そのものも多数あった。

非人となったものは寺社の門前で物乞いをする者が多かったのは言うまでもない。

このように遺伝病と考えられたハンセン病患者を隔離する契機は二つある。ひとつは一八九七年ベルリンで開かれた万国癩会議で、この席上、ハンセン病が感染症であり、その予防策として隔離がよいと確認されたこと。いま一つは、一八九九年に欧米諸国間との条約改正により「内地雑居」（欧米人たちが日本国内で自由に居住し、または旅をできる）が可能となったことである。

ハンセン病は欧米には少なくアジアに多い病気であり、一九〇〇年の内務省調査によれば患者数三万三五九名、血統戸数一九万九〇七五戸、血統家族人口九九万九三〇〇名とされている（ここでいう血統は、遺伝ではなく、生活を共にすることによる感染の可能性、あるいは感染していて潜伏期間にある可能性をもつという意味だと考えられる）。

日露戦争に勝利してポーツマス条約に調印し、また不平等条約改正にも成功し近代化を進める日本にとって、感染症であるハンセン病の患者が観光地や寺社で物乞いをする姿は国辱と映ったのかもしれない。一八九九年、アイヌ民族への「保護」を掲げた「北海道旧土人保護法」、一九〇〇年精神障害者の座敷牢への監禁を認めた「精神病者監護法」、そして一九〇七年隔離収容を中心とする「癩予防ニ関スル件」は、いずれも外国からの訪問者の目から隠すことがひとつの大きな目的となっていることは、当時の国会議論の記録から疑う余地はない。

猛威をふるったコレラ、天然痘などが一応の沈静化を見せた頃、国会でハンセン病はコレラやペストと同列に議論され、一九〇七年「癩予防ニ関スル件」が成立する。一九〇九年に、同法に基づいて全国に五つの療養所が作られることになり、隔離収容が開始されることになった。

当初、所長以下職員には警察官出身者が充てられたこともあり、療養所というより、収容所に近い側面を持ち、強制労働、断種、強制堕胎、嬰児殺しが常態化していく。混迷する療養所の統治は困難を極め、一九一五年の最初の法改正では療養所に警察権が与えられることになる。優生思想（不良な種を抑制する）と相まって強制的な堕胎、出産時の嬰児殺しばかりでなく、男性には外科手術で、女性には生殖器にX線を照射しての断種と呼ばれる強制不妊術は、半ば強制的に行われたという。

家筋という蔑視を色濃く残したハンセン病を、法制化、隔離を急ぐあまりコレラやペストと同列の感染症として流布したために、国民は必要以上に怯えた。その上に、警察官がハンセン病患者を無理やり連れていく姿が各地で見られ、さらには外堀や高い塀に囲まれ、或いは離島に隔離され、不治の病と信じられていたために、同法には退院規定もなく、一度隔離されると生きては戻れない病として国民に恐怖が植えつけられる結果を招いた。

一九三〇年、一九四七年と二度に渡る「無癩県運動」でその悲劇はさらに拡大する。ハンセン病撲滅のための国家総動員の様相を呈し、警察による異常なまでの検挙、大量強制収容の結果、療養所の資材食糧不足から暴動が発生し、全国網で展開される執拗なまでの患者探しが横行する。こうした背景を受けて、熊本（一九五〇年）、山梨（一九五一年）、香川（一九八三年）等での一家心中事件をはじめ、ハンセン病であると告知されたことによって、自ら命を断つ悲惨な事件は数えきれない。

一九三一年「癩予防ニ関スル件」は「癩予防法」と命名される。その一二年後の一九四三年には、米国でプロミンが実用化されハンセン病は治る病気となるが、一九五三年の「らい予防法」発布に伴う「癩予防法」廃止では、隔離政策が継承された。

後年、「無癩県運動」は、正しいハンセン病の理解を普及する運動へと転換し、事態の沈静化に伴って国民は次第にこうした歴史を忘れていくようになる。

一九九六年、幾多の法改正を経た「癩予防ニ関スル件」改め「らい予防法」は「らい予防法の廃止に関する法律」の制定とともに廃止された。

一九九八年には「らい予防法」違憲国家賠償請求訴訟が、国立ハンセン病療養所の入所者らによって提訴された。二〇〇一年熊本地裁は、少なくとも一九六〇年以降、厚生大臣の患者隔離政策は違法行為であり、その状態の中で法改正を行わなかった立法府（国会）も違法であるとの判決を下した。そして同年、ハンセン病療養所入所者等に対する補償金の支給等に関する法律が施行された。

二〇〇四年には、戦前までの植民地時代に韓国、台湾で同様に設置され運営されていた施設の入所者から日本国内同様の補償を求める二つの裁判が提起され、二〇〇五年の判決では結果が二つに分かれてしまった。この二つの裁判では、原告被告それぞれが控訴している。しかし、高齢化している原告たちは係争中にも次々と他界し、解決が急がれる状態となっていたため、二〇〇六年、補償法の一部改正を行い、韓国、台湾はもとより、パラオ、ヤップ（ミクロネシア連邦）、サイパン、ヤルート（マーシャル諸島共和国）でも同様の行いがあったことを認め、二〇〇七年四月からこれらの国々での日本政府に対する補償の申請を受け付けている。

現在、国立ハンセン病療養所の入所者の方々は、完治している方がほとんどだが、帰る場所もなく、生涯を療養所で終えることを望み、国もこれを保証することとしている。閑静に整えられた静かな小さな島には、病院、郵便局、スーパー、各種寺院、教会などおよそあらゆるものが小さいながらも備えられ、自己完結したとても小さな町を思わせるが、一〇〇年にわたるこの国の大きな歴史の証人である。

穏やかな日差しの中、この島の周囲には無数の小さな無人島が見えている。


少し前方に目をやると、ひときわ大きな島とも本土ともわからない陸地が見えている。小豆島だ。島最高峰の星《ほし》ヶ城《じょう》山は標高が八〇〇メートルを超えていて、空気が澄み渡った日には、九州まで見えると聞いたことがある。

星ヶ城は中世、南北朝時代に南朝に味方した佐々木信胤が山城を築いた場所ともいわれている。神社が開かれ、現在でも信仰の対象となっていて、山頂に築かれた一等三角点の測量用の石積み櫓でさえも、なにやら荘厳な印象を受けてしまう。

その南側に開けているのが内海湾だ。その入り江の南側を、まるで火山の火口湖のように田浦半島が覆っている。ここは、壺井栄の小説『二十四の瞳』の舞台として知られている。この小説は、一九五四年に木下恵介監督の手で映画化され、一九七八年には浅間義隆監督によってリメイクされた。時代背景もあり、作品に込められた反戦のメッセージが人々の心に響いた作品で、記憶している人も多いと思う。

私も戦争経験者ではないが、戦争の記憶が時代とともに薄れていく様はどうも不気味に思う。特に昨今の北朝鮮、韓国、中国との間の緊張感はぞっとする時がある。少し冷静に考えてみると、戦争は、実はとても身近なところにあるものなのだから。

小豆島の左手に見えているのは小豊島《おでしま》である。

女木島通過と同時に船は大きく左舷方向へと転進する。男木島との間の狭い水道を通過するのだ。潮が速く、釣り船がよくいるところである。今度は男木島伝いに右舷へとゆっくり回頭すると、斜面に連なる男木島集落独特の景観が右手に広がる。この景観は、私のお気に入りの一つである。

左に目をやると、おむすびのような形をした大槌島《おおづち》、小槌島《こづち》の向こうに瀬戸大橋が霞んで見えている。九年六カ月の歳月と一兆一三三八億円の巨費を投じて一九八八年に完成した世界最大の道路鉄道併用橋だ。新幹線も通過できる設計だという。一九九四年には電源開発（株）により五〇万ボルトの本四連携線（送電線）が敷設され、四国電力と中国電力が融通しあえるようにしてある。文字通り本四の動脈となっているのだ。

この橋は、悲しい歴史を経て生まれた。一九五五年五月一一日、午前七時〇二分、北緯三四度二二分三五秒、東経一三四度〇分五八秒。女木島西南西およそ二千メートルの沖合いで紫雲丸沈没。日本の海難史上に残る事故である。この日、濃霧の中で第三宇高丸と紫雲丸という鉄道連絡船同士がほぼ全速力で衝突、機関周辺が爆発して、わずか数分で紫雲丸は転覆沈没してしまったのだ。乗客七八一名、乗員六〇名のうち死者一六八名。乗員の死者は二名、一般乗客五八名、その他は修学旅行関係者で、愛媛県庄内小学校、広島県南小学校、島根県川津小学校、高知県南海中学校の児童生徒一〇〇名と教員父母八名であった。船長は、船と運命を共にしている。

この悲惨な事故が架橋機運を一気に高めたと言われる。

また、この事故の犠牲になった児童生徒一〇〇名のうち実に八一名が女子であった。あっという間の急激な転覆の中でのパニック。先を争って逃げ出す群衆の中で、より体力の弱いものが置き去りにされ投げ出されて溺死したと思われる。教員の中には、児童を第三宇高丸に避難させたあと、再度沈みかけた紫雲丸に乗り移り、逃げ遅れた児童を助けようとして犠牲になった者もいるという。

この事故を契機に、全国の小中学校にプールが設置され、体育の授業で水泳の普及が進められることとなった。

似たような話は青函トンネルにもある。

一九五四年九月二六日、未明に九州南部へ上陸した台風一五号は、その日の夕方、青森県西方約一〇〇キロメートルにあり、北東に時速一一〇キロメートルで進んでいた。一七時頃には津軽海峡に最接近するとの予報だった。

この日、青函鉄道連絡船洞爺丸は、一四時四〇分函館発青森行として台風最接近までには陸奥湾に入る見通しを立てていた。ところが先発の連絡船が相次いで航行を断念して引き返したため、洞爺丸も出航が遅れ、一五時一〇分には運航中止を決定した。

その後、一五時頃の風速二〇メートル弱をさかいに風は弱まり、一七時頃になると、晴れ間も見えるようになって、まるで台風の目に入ったような状態となった。時間も予報より早かったが、気圧も予報よりもだいぶ高かったため台風の勢力が弱まったものと判断された。また、もともと台風の速度が速かったため天候の回復も早いと判断し、洞爺丸は一八時三〇分に出航することを決める。後の検証では、この一時的天候回復は台風の目ではなく台風の前を通過する閉塞前線であったと考えられている。人工衛星などなく、気象レーダーですら初めて実用化が始まる頃であり、気象情報のほとんどは米軍に頼っていた時代のことである。

一八時三九分に離岸した後、函館港防波堤を通過して六分後、予想以上の荒天のために、錨泊することを決断する。海岸線からわずか千メートルにも満たない場所である。ところが、にわかに強まった風は、風速四〇メートルから五〇メートルにも達し、あまりにも強い波浪で海底の錨を引きずったまま船は流されてしまう。同時に、波に揉まれる中で浸水してバランスを失ってしまった。発電機にも浸水したため順次電力を失い、停電に伴ってビルジ排水ポンプ（船底の排水ポンプ）も停止してしまう。

二一時五〇分、左舷主機（メインエンジン）に浸水して機関停止。一五分後の二二時〇五分には、今度は右舷主機を浸水で失い操船不能に陥る。二二時一二分、洞爺丸は沈没を免れるために座礁することを決意し、同一五分全員に救命胴衣着用を指示、二二時三九分、ＳＯＳを発信した。二二時四三分、海岸から数百メートルの地点で、最後の生命線となっていた左舷錨鎖が切れて大波を受け、左舷側に一三五度傾斜して一一分後に沈没。海底に煙突が刺さった状態で完全に裏返しとなってしまった。

洞爺丸沈没によって、一一五五名が死亡又は行方不明となっている。

この夜、運航を見合わせて函館港防波堤沖に停泊していた青函連絡船のうち、第一一青函丸沈没九〇名全員殉職、北見丸沈没七〇名殉職生存者六名、日高丸沈没五六名殉職生存者二〇名、十勝丸沈没五九名殉職生存者一七名、合わせて五隻が沈没し一四三〇名の尊い命が奪われた。タイタニック号沈没と並ぶ二〇世紀の世界三大海難事故に数えられている。四年後の一九五八年に、この台風一五号は洞爺丸台風と命名された。洞爺丸台風は西日本でも約三〇〇名の犠牲者を出している。

この事故をきっかけとして、青函トンネル構想が急速に具体化されていくことになる。

洞爺丸事故、紫雲丸事故と二年続いた惨事に、国鉄総裁は引責辞任した。同時に、連絡船は船体構造が徹底的に見直され、その後、橋やトンネルにとって代わられて鉄道連絡船全面撤退に至るまで幸いにも大きな事故はない。

目の前の平穏な海からは想像もできないが、自然の猛威はしばしば人の想像をはるかに超える。

どこまでも穏やかな海を進み、やがて男木島を通過すると、島の北端に石造りの男木島灯台が見えてくる。一九五七年木下恵介監督脚本の松竹映画「喜びも悲しみも幾歳月」の舞台となった灯台だ。その後も幾度となくテレビドラマ化された名作だが、灯台は一八九五年建造当時のままの風情で一〇〇年以上たった今日も稼働している。航海の安全を祈りつつ。

ここまで来ると、正面には豊島の全景が広がる。男木島の一〇倍以上もある、このあたりでは小豆島に次いで大きな島だ。山頂は五〇ヘクタールほどのメサと呼ばれる山頂台地で、南側は安山岩の絶壁に囲まれている。あの台地で私は生まれた。もう半世紀にもなる。島の南にあるかわらけ山南斜面には、第六管区海上保安庁の白いレーダー基地が見えている。このあたりは、明石海峡に次ぐ海の交通量の多いところだ。

左には、直島が見えている。直島町は、牛ヶ首島《うしがくび》、喜兵衛島《きへえ》、屏風島《びょうぶ》、杵島《きね》、安野島《やすの》、京の上臈島《きょうじょうろう》、局島《つぼね》、家島《えじま》、向島《むかえじま》、葛島《かつらしま》、荒神島《こうじん》、尾高島《おだか》、柏島《かしわ》、そして豊島の約半分ほどの大きさの直島本島など二七の島々からなる。なかでも直島本島は、北側の小さな山に三菱マテリアル直島製錬所の赤と白に塗り分けられた高い煙突がそびえているのでわかりやすい。大正時代の創業だ。

豊島と直島本島の間には井島《いしま》（香川県の表記）が見える。この島は、島の中に県境があり、石島《いしま》（岡山県の表記）とも書く。同じ音で読むが、文字に書いた時には、それぞれ違う文字を用いるのだ。離島に県境がある島は日本中で八つしかなく、とても珍しい。その中でも、この島では一七〇二年に境界論争が起きて以来、現在に至ってもまだ県境の位置は決まっていないのだから、その意味においては全国で唯一の島と言えるかもしれない。それにしてもまだ癒えない山火事の跡が痛々しい。この島は二〇一一年の夏、島の山林の九割を焼失している。

船は、豊島西端を回り込み、井島との間を東へと船首を向ける。

開拓村よふたたび（2016年）

豊島西端部には、赤いラインの入った大きな建家があり、無数のダンプがうごめいている。広大な土地は金属板の垣で覆われ、亜鉛メッキの鈍い輝きが物々しい雰囲気を漂わせる。豊島事件の不法投棄現場だ。多くの人々の汗と涙と命を飲み干していくような歴史がある。気の遠くなるような時間の長さが忌まわしい。

ほどなく島の北西部家浦《いえうら》港が見える。豊島の玄関口だ。ここまで来ると対岸は岡山県、本州である。豊島は四国香川県に属する離島だが、距離的には本州の方がはるかに近い。すぐそこに見えている。

私の故郷だ。島を離れて六年、やはりほっとする。あの頃、まさか本当に島を離れて暮らす日が来るとは、想像すらしなかった。

五月の風は頬に心地よい。若葉から深緑への息吹は夏のおとずれを告げるかのようだ。

これが故郷の風なのだ。

この島も、課題は多い。

私は、この故郷へ帰りたい。

涙の向こうに見える豊島からの夕日に感謝。仲間に感謝。


普段の瀬戸内海はとても穏やかだ。少し高いところから眺めると、海面に島々や雲が映っていることがある。

かと思うと、冬場の海水温がまだ暖かい時期に一気に気温が冷え込むと、「浮島」と呼ばれる一種の蜃気楼が見られる。船や島が宙に浮いて見える現象で、とても幻想的だ。

四季を通して、風景は毎日のように異なった表情を見せ、時には人々を楽しませ、時には人々を癒してくれる。しかし、おおよそ穏やかな風景や街並みには、物語があり歴史がある。その積み重ねの中に今日がある。このことを忘れてはならない。

もう「ゴミの島」とは言わせない

今、目の前に小さな船だまりが見える。豊島甲生《こう》漁港だ。静けさと、船だまりの隣に広がる砂浜の渚の音が心に染み入る。

甲生漁港（2017年）

島を離れて暮らした七年、離婚を経験し、その間にも一人暮らしの限界に達して体調を崩した母を引き取り、闘病と老いに向き合った。この間、産廃現場の視察対応を除けば、処理事業を監視する豊島住民運動の情報はほとんど入らなかったが、別の世界では多くの発見と学びの連続だった。

母の体調次第では一生島に帰ることは無いかも知れないと一度は覚悟を決めたものの、思った以上の回復を遂げたので、母が島で暮らす身体能力はあると判断して帰島を夢見始めていた。

私はと言えば、いつの間にかソーシャルワーカーとして働き、カウンセラーとしても活動していた。二〇一六年四月、これらの活動を一切辞めて、帰島の計画を立て始めた。とはいえ、住む家も土地も何の足がかりも持たない状態で、使わせてもらえる家を探し始

全量撤去・最後の船（2017年）

めたがなかなか見つからず、時間ばかりが過ぎていった。しかも、仕事の当てがあるわけではなく、島へ移住すること自体が暴挙とも言える状態であることも事実である。

島の人に声をかけてもらい、一番小さな集落の海辺の古びた一軒家を紹介してもらった。二〇一七年三月二二日、身の回りのものだけを持って、私は母と共に豊島へ帰った。

ここから、私たち親子の新しい暮らしが始まる。母八〇歳、私五七歳の春である。

わずか七年とはいえ、島の様相は一変している。急速に過疎化は進み、すでに限界集落に達していて、住民会議も組織としては完全に金属疲労を起こしている。まるで私は浦島太郎である。

やらねばならぬことは山積している。さて、一体どこから手をつけるべきか……

一方で産業廃棄物は、帰島から六日目の三月二八日、その全量の撤去を終えた。私は一〇〇人ほど集まった島民と共にその船を静かに見送った。調停上の最終期限まであと三日を残して……前人未踏の巨大な一里塚である。

二〇〇三年九月一八日の本格操業から一三年半を要した産廃撤去は、その途上において、他のダイオキシン汚染土の処理や、土壌洗浄技術の取り込みの失敗、処理方針の変更要求など多くの脅威にさらされながらも、当初目的の達成にこぎ着けた。

溶融処理も二〇一七年六月一二日には終了し、エコセメントの原料として処理される粗大スラグや汚染土壌は、完全な処理完了時期に見通しがついているわけではないが、同年度中には完了を予定している。

しかし、全てが終わったわけではない。豊島の方では、施設群の撤去が始まる。その前に施設の徹底した洗浄が必要となる。地下汚水処理については、今後相当の年数を要することになる。そして、どのように修景して緑化していくかは、いまだ結論が出されていない。あと五年～一〇年あるいはそれ以上とも言われる作業が待ち構えているのだ。

一九九三年に調停を起こした五四九世帯主は、すでに三二〇人以上が他界している。生きてその目でこの事件の終結を見ることができる申請人は、ごく一部である。

豊島事件とは、巨大産業廃棄物不法投棄事件に対して、全国の支援を受けながら、住民運動で島の人々が知恵と汗を結集して美しい島を取り戻す歴史である。そのために一丸となって闘った。そして多くの人が、自分の代で全てが終わるわけではないことを知っていた。まさに、前代未聞の快挙として語りつがれるべきことである。

特筆すべきは、世論喚起の一環として、自分事として受け止められる人をどのように増やしていくか。つまり主権者運動を通して、自らステークホルダーとして成長していく過程にある。これほど凄まじい運動は他に例を見ない。

また、原状回復作業も、九一万トンに余る廃棄物及び汚染土壌中の有害物を分解し、又は金属として回収して全量を再利用するという、世界に比類の無い処理である。

これらを実現させたのは、その公開性と優れたリスクコミュニケーションにある。事業主体はあくまで香川県だが、処理に関する一切は、我が国の第一線級の科学者集団により検討される。その指導助言の下に香川県は事業を実施するのだ。実際の処理事業実施に当たっては、豊島住民と協議し、その理解と協力の下に実施される。事業実施は全面公開で行われる。さらに外部評価機関が安全性の確保や合理性を検証していく。

豊島の住民は、科学者集団の会合から実験、その他全てに立ち会い、意見を述べる。こうしたことから、香川県による豊島廃棄物の処理に関して、豊島住民は監視するという立場で共働するという理解が県と住民の間で共有されている。世界でも最も先進的なリスクコミュニケーションと言えよう。さらに豊島住民が香川県を監視するに当たり年間数百万の経費を要しているが、これは豊島住民自らの負担で実施されている。

また、こうして事業を実現するために、被害住民である豊島住民が原因事業者を破産させ、管財人を通して裁判所から有償で土地を買い取っている。これも世界に類を見ない。

地下水汚染対策と施設撤去を残す現場（2017 年）

「もうゴミの島とは言わせない」

しかし、そこには大きな課題が待ち受けている。

汚水処理などの残された作業を確実なものにするのはもちろんのこととして、豊島の人々自身一人一人が、誇りとしてこの歴史を取り戻さなければならない。

渦中の人々が、大局的に物事を見極め理解することは並大抵のことではないのだ。そして、時が過ぎて振り返った時、初めて物事の本質に行き当たることは少なくない。

この作業を通して、育ち直しすることが求められる。

さらに教訓として活かされなければならない。もちろんマニフェスト制度をはじめとして、各種法改正、新法・新制度などとして活かされてはいる。また一度破壊された自然を回復することがいかに困難なことであるかも立証された。

しかし、豊島事件が自治を問う運動であったことは余り知られていない。

その上で、一人一人の人としてのあり方を問うた。

豊島の人たちの出発点は、たった二つの願いであった。

それは「二度と豊島事件を繰り返してはならない」「豊かな故郷を取り戻し、子孫に継承したい」というものであった。

人が人として尊重する社会を求める。それこそが豊島の叫びである。

豊島は、「ゴミを乗り越えた島」として再出発しようとしている。終わりのない始まりである……

被害者がいる。

その時、当然加害者がいる。

今も故郷へ帰ることの叶わぬ多くの人たちがいる。

加害者は誰なのか、どのように責任を取るのか。

その責を負うのは、言うまでも無くあなたであり、私なのだから……

あとがき

活字に起こすという作業は、ある一面を切り取るという作業にしかなりません。

豊島事件発端の年、島の人口は二三〇〇人程度でした。調停申請の年には一六〇〇人ほど、そして、現在八〇〇人余という人々の人生が、この事件に巻き込まれています。

また、豊島の人々以外にも沢山の方々が関わって下さっています。千人の人がいれば、千の歴史があるということであって、誰一人欠けても今の豊島はなかったと思います。

別言すれば、全容を詳細に書くどころか、その全容を知る人は誰もいないというのが現実だと思います。そうした中で、本書は私のまわりに起きた出来事でしかありません。

固有名詞はできるだけ使わないようにいたしました。登場人物のバランスにとらわれると、書けなくなってしまうからです。いろんな局面で活躍して下さった個人、団体の方々にはこの場を借りてお詫び申し上げたいと思います。また、本書から、そうした本当に多くの人々の人生に思いを馳せていただければ幸いです。


この事件の渦中にあって、朝日新聞社からは、「明日への環境賞」の受賞を熱心に勧めていただきましたが、前述の通り、誰一人欠けても今日の豊島には至っていないことを考えると、個人が受賞するべきものではないので、お断わりをしました。それでも勧めて下さったので、それでは「団体」での受賞ということにしていただきたいとお願いいたしました。そして、副賞の一〇〇万円は、運動の専従事務を置く経費にあてました。当時の専従だった彼も、この経験をもとに今では大学の教壇に立っています。

この事件を契機に、裁判官になった方もいらっしゃれば、環境系コンサルタントとして働いていらっしゃる方もいます。豊島の人と共に、多くの方々が育っています。そうした意味でも、豊島事件は、少なからずこの国のあり方に影響してきた事件なのだと思います。

豊島事件に対する豊島住民の運動は、共同体性に立脚したものです。しかし、共同体性は、ともすれば忌まわしい全体主義に陥ります。この危ういバランスの上に立って、物事は進められてきました。

「なぜ、豊島住民は成し遂げられたのか」という点は、さらに研究されるべき課題だと思っています。自治とは何か、民主主義とは何か、豊かさとは何か、答えが模索される命題が無尽蔵にあるのだと思うのです。そしてそれは、少なからず今後直面する多くの社会問題解決へのヒントになると思うのです。

豊島は、今や全域が限界集落の閾値を超えています。共働することがいかに大きな力を発揮するのかという歴史体験を活かせるかどうかが、問われています。

かといって、過去の再現は叶いません。共同体の力の元になっていた各家庭という単位が崩壊しているからです。
共同体の機能に取って代わる新たな主体、例えばソーシャルアントレプレナーの出現を必要としています。

私はと言えば、まずはこれまで通り、島を訪れる方にこの歴史の語り部として、語り継ぎ、問題提起を続けていきます。願わくば読者の方に巡り会えれば幸いです。

しかし、本当は、もっと広く、この島がどんな島だったのかという点について、知ってもらいたいという思いが膨らみます。そこにも学びが沢山あると思うのです。

これからどのような人生を歩くことになるのか、これは岐路に立てば、正しいと思う方向に進むしかありません。

最後になりましたが、藤原書店をはじめとして本書の出版を願い激励して下さった皆様、お世話になった方々が大勢いらっしゃいます。衷心より御礼申し上げたいと思います。本当にありがとうございました。

二〇一八年二月

石井　亨

豊島産業廃棄物不法投棄事件に対する住民運動（一八九〇―二〇一八）

（重要事項は太字で示した）

前史

一八九〇（明治23）**年**
家浦村・唐櫃村・甲生村が〝明治の大合併〟で豊島村に

一九一四（大正３）**年**
「豊島村誌」編纂

一九一六（大正５）**年**
三菱合資会社（現・三菱マテリアル）、豊島に銅製錬所建設計画（反対で翌年、直島へ）

一九三四（昭和９）**年**
3・16 瀬戸内海が雲仙・霧島とともに日本初の国立公園に指定

一九四九（昭和24）**年**
2 豊島で一回目の離県運動村民大会決議

一九五三（昭和28）**年**
〝昭和の大合併〟問題で離県運動再燃

一九五四（昭和29）**年**
香川県土庄町か岡山県玉野市かの住民投票で合併先が土庄町に

一九五六（昭和31）**年**
5・1 水俣病公式発見（熊本）

一九五五（昭和30）**年**
4・1 七カ町村合併で豊島村が土庄町豊島に（一部離島化・自治権後退）

一九五七（昭和32）**年**
12・25 離島振興法による離島指定（第七次指定）
一九六三（昭和38）**年**
海の幸の宝庫であった豊島沖団子の瀬で海砂採取始まる
一九六五（昭和40）**年**
この頃、豊島総合観光開発（株）（以下豊島観光）、山土を採取して鋳型成型用の原料として販売
第二水俣病公式発見（新潟）
一九六七（昭和42）**年**
8・3 公害対策基本法公布・即日施行
一九七〇（昭和45）**年**
7・31 内閣に公害対策本部設置
12・18 第六四回臨時国会（通称「公害国会」）で廃棄物の処理及び清掃に関する法律・海洋汚染防止法・水質汚濁防止法等公害関係一四法が成立（12・25公布）
一九七一（昭和46）**年**
3・36 福島第一原子力発電所一号機（GE製）運転開始
7・1 環境庁発足（各省庁の環境関係部を統合）
一九七三（昭和48）**年**
この頃、漁業者からの苦情により、豊島観光、埋立て堰堤を作る
一九七四（昭和49）**年**
7・18 福島第一原子力発電所二号機（GE製）運転開始
9・5 前川忠夫氏香川県知事就任（任期〜一九八六・9・4）
一九七五（昭和50）**年**
12・18 豊島観光が香川県知事に有害産業廃棄物処理場建設の許可申請
一九七六（昭和51）**年**
2・23 住民の反対署名（一四二五名）
2・25 香川県に反対の陳情
3・23 嘆願書と反対署名（一三九〇名）知事に提出

3・27 福島第一原子力発電所三号機（東芝製）運転開始
9・25 産業廃棄物満載で各地で入港拒否の高共丸、豊島沖に錨泊

一九七七（昭和52）年
1・12 豊島観光が無害な産廃の埋立てに申請変更
1・15 県より一方的に許可の通知
2・15 前川知事、住民説得のため来島し発言「住民の心は灰色だ」
2・23「産業廃棄物持ち込み絶対反対豊島住民会議」結成
2・24 知事の暴言で岡山県玉野市に越県合併請願
3・1 県議会へ反対署名（一四二〇名）と建設中止請願
3・2 住民傍聴のなか知事、議会答弁で許可方針表明
3・4 許可方針撤回を求め高松港で決起集会、県庁へデモ行進（五一五名）
3・25 豊島観光経営者松浦氏、県庁へ（この頃、住民を脅迫）
3・26 石井友蔵議長ら環境庁へ
4・6 県議会議長「国立公園緑化」「県が苦情の窓口に」等七カ条斡旋（不調に）
6・28 住民五八四名、産業廃棄物処理場建設差止め請求を高松地裁に提訴、工作物破損禁止の仮処分申立て
8・2 松浦氏が住民への暴行傷害で逮捕
9・16 豊島観光が事業内容を「無害物によるミミズ養殖」に申請変更

一九七八（昭和53）年
裁判中、知事がミミズ養殖による土壌改良剤化事業のための汚泥（製紙スラッジ、食品汚泥）・木くず・家畜のふん処理に限定し無害産廃の扱いを許可
10・12 福島第一原子力発電所四号機（日立製）運転開始
10・19 住民と豊島観光、高松地裁で和解成立、県が住民に監視を約束。その直後から産廃の野焼き始まる

一九八〇（昭和55）年
この頃より産廃持ち込みによる刺激性の悪臭、騒音、粉塵、野焼きの黒煤煙等、公害による風評被害で島の観光業に打撃
6・11 県担当者、日誌に「豊島観光でラガーロープ

（番線）発見」

一九八二（昭和57）**年**

2・27 県・土庄町・住民、豊島観光の処分場を立ち入り調査

4・16 住民、豊島観光の処分場を立ち入り調査

一九八三（昭和58）**年**

1・25 豊島観光が香川県公安委員会から金属くず商の営業許可

この頃から豊島観光がミミズ養殖業をやめ、シュレッダーダスト等、大量の産廃の不法投棄始まる。廃油焼却の野焼き公害に対する苦情が激増、マスクが生活必需品に。大量の黒煙のため漁船の操業停止頻発、魚が売れなくなる

一九八四（昭和59）**年**

豊島観光が中古カーフェリー購入（二隻目）、**違法投棄がさらに大規模化**

かつて良質の漁場であった水ヶ浦で貝や魚が獲れなくなる

4・5 県に公開質問状

6・28 県の回答〝合法〟

10・10 住民、行政監察局へ訴え

一九八五（昭和60）**年**

10・10 住民、行政監察局へ再度、訴え

一九八六（昭和61）**年**

3・8 家浦自治会で喘息の多さが問題になる

4・26 チェルノブイリで原子力発電所事故

9・5 平井城一氏県知事就任（元副知事、任期〜一九九八・9・4）

6・9 豊島観光が県に事業内容変更申入れ

11・2 事業内容の変更について住民投票、反対九六%

一九八七（昭和62）**年**

この頃、咳が止まらない等身体不調の訴え多発

4 「産廃を何とかしてくれ」元・家浦自治会副会長が喘息で急死

5 姫路海上保安署が豊島観光を廃棄物処理法違反の疑いで検挙

6・25 前川忠夫前知事死去（享年七九歳）

8・23 「産廃の不法投棄だ」住民、立ち入り調査の県職員に訴え

10・1 住民、再々度、行政監察局へ
6・10 報道「大阪の残土、どっと島へ　建設ブームの余波、豊島」（朝日新聞）

一九九〇（平成2）**年**
11・1 土庄簡裁が豊島観光に五万円、経営者に一〇万円の罰金命令
11・16 兵庫県警摘発
11・28「産業廃棄物対策豊島住民会議」再結成
12・2 知事、住民の要請で来島、県担当者・経営者らの案内で現場視察
12・3 県議会議長に八項目の陳情書を提出
12・4 社民党国会調査団来島
12・6 県「豊島問題対策連絡会議」設置
12・20 県、シュレッダーダストを廃棄物に解釈変更
12・28 県、第一次措置命令（廃棄物撤去、飛散・流出防止等）

一九九一（平成3）**年**
1・16 県、廃棄物対策室を設置
1・23 兵庫県警、経営者ら三名逮捕（廃棄物処理法違反容疑）
1・28「あくまでも事業者が撤去を」平井知事記者会見
2・1～11 兵庫県警、県担当者の供述聴取
3・16～19 県、住民の健康診断実施、安全宣言
6 県「産業廃棄物処理等指導要綱」策定（県外産業廃棄物の搬入を原則禁止）
7・18 神戸地裁姫路支部、経営者に判決（懲役一〇月執行猶予五年・罰金五〇万円）
8・13 お盆の夏祭り「元気だせ花火」はじまる
10・5 豊島事件を契機に廃棄物処理法抜本改正
10・7 県の安全宣言ゆらぐ「海岸に産廃から水漏れ、磯の生き物に重金属汚染」
4・1 報道「ゴミの〝上塗り〟産廃放置の香川・豊島に県が処理場建設案」

一九九二（平成4）**年**
11・2 県と町へ産廃放置のままの不法投棄現場再開発反対の申入れ書提出
12・24 県が現地北海岸を中心に掘削・ボーリング調査

一九九三（平成5）**年**
1・22 廃棄物撤去作業中に炎上事故
2 公判記録公開を求め県庁情報公開室へ（結果を

待つが連絡なし）

3・8 豊島時夫弁護士に公判記録取得の委任状送付（4・8に記録入手）

3 「平成四年度豊島いきいきアイランド推進事業 豊島活性化のためのビジョン」報告書

4・18 豊島弁護士と面談、情報の公開・公害調停申請の助言

5・13 岡田好平県議と面談、公判記録の一部を渡す

6・10 岡田県議、平井知事に公判記録提示

6・20 岡田県議仲介で平井知事・副知事・山下賢一環境部長と非公表で面談「認識は甘かったが県に法的責任は無い」

7・6 住民、香川県議会議員全員にアンケート

7・15 岡田県議、文書一枚の回答持参「行政代執行は法律上の要件などから困難」

8・25 島内六カ所で公害調停申請について賛否アンケート

9・25 「遅い、あんたら泣きなはれ」豊島弁護士の紹介で中坊法律事務所訪問

10・10 中坊公平・岩城裕弁護士来島。現場視察後、住民と協議。弁護団結成

10・24 岩城弁護士、調停申請書作成

11 申請選定代表人決定（「三議長五代表」体制）

11・4〜5 高松地裁に現場土地の仮差押え申請

11・10 仮処分・仮差押えの決定

本史

一九九三（平成5）年

11・11 公害紛争処理法に基づく公害調停申立て、五四九名

11・22 県、豊島観光に第二次措置命令（北海岸に九〇mの鉛直止水壁を作れ等）

12・9 「産廃の撤去を求める豊島住民大会」

12・15 知事、議会で安全宣言

12・20 無言の抗議活動、県庁前「立ちんぼう」開始

12 事件解決を訴える冊子『ふる里を守る　取り組みの記録と隠された真実』発行

一九九四（平成6）年

2・4 全県議四五名個別面談開始

3・3 公調委事務局・県職員、不法投棄現場調査に来島。経営者、住民立ち入り妨害

3・4 「調停を高松で」公調委事務局と姫路市役所

で面談
3・23 第一回公害調停（高松）
3・24 調停委員、現場視察
3 「平成五年度豊島いきいきアイランド推進事業豊島活性化のためのプラン」報告書
4・13 住民会議議長に安岐登志一就任
5・2 島の若者九名が廃棄物島外撤去を訴え「メッセージウォーク」出発
5・19 第二回公害調停
5・29 南調停委員が単身来島、役員会議に出席
5・31 立ちんぼう中止（実施回数一〇六日間、述べ五七二名参加）
6・1 小林恵写真集『心の島　ふるさと豊島』（鯨吼社）刊行記者会見
7・1 第三回公害調停。県「撤去も視野に入れ検討する」
7・29 第四回公害調停。「専門委員による国の実態調査」決定
8・24 知事選再選を目指す平井知事、豊島に遊説
9・21 「現場から発言せよ」調停委員と専門委員、現地視察。住民立ち会い
10 中地重晴氏、弁護団助言者として技術顧問就任
12・13 専門委員による調査を閣議決定。予備費等より二億三六〇〇万円
12・20 国による実態調査開始。毎日住民二名立ち会い

一九九五（平成7）年
1・17 阪神・淡路大震災
5・1 専門委員が実態調査の中間報告発表（約四〇〇頁）。高濃度ダイオキシンをはじめとして深刻な汚染確認「処分地をこのまま放置することはできず、早急に適切な対策が講じられるべき」
環境庁、高濃度ダイオキシン検出で放置廃棄物周辺の全国的調査・対策へ
5・27 事件報道記録集『世論の支援を受けて』発行・配布（二万部）
7 自治会で夏祭り中止決定（運動に自治会から五千万円出費）
7 植田和弘氏（京都大学教授、環境経済学）現場視察
7・18 実態調査専門委員、島内外処理・中間処理等七案提示
9・21 宇井純氏（沖縄大学教授、元東大公害講座）来島
10・30 第五回公害調停。遮水壁案（廃棄物を残す〝底

抜け案〃の第七案）撤回要求
11・28 第六回公害調停。実態調査結果確定
12・10 第一回豊島シンポジウム「循環型社会をめざして」（約五五〇名参加）、公式ホームページ開設
12・21 第七回公害調停。シンポジウムの成果を反映した要請文提出

一九九六（平成8）**年**

1 弁護団技術顧問に依田彦三氏就任（駿河台大学非常勤講師）
2・22 第八回公害調停。西山委員長が撤去請求の根拠を質問し紛糾
2・26 住民二四五名、豊島観光らに撤去と損害賠償を求める裁判を高松地裁に提訴
3・20 豊島事件を瀬戸内海全域の問題として捉え「瀬戸内弁護団」結成
4・4 第九回調停で委員長が前回の質問撤回
5・6「豊かなふる里わが手で守る」家浦港に看板設置。島内一斉清掃
5 読売新聞大阪本社、冊子『地方パワーの断面 豊島の叫び』発行
5 衆議院厚生委員会で議員二名が質問、菅直人厚生大臣答弁
6「これまでの香川県の対応は不適切」厚生省
6・20 中坊氏、国の要請で住宅金融債権管理機構社長就任
7・3 環境保護団体グリーンピース旗艦来島、「ゼロダイオキシン」キャンペーン
7・31 第一〇回公害調停。住民側と公調委激論（事態進展なし）
8・1 町営豊島交流センター開館、石井亨管理人に就任
8・4 菅厚生大臣現場視察「想像を絶するひどさ」（官僚派遣を約束）
8・30 厚生省仁井正夫産業廃棄物対策室長、現場視察
9・20「元の島を返せ　東京キャラバン」決行（夜行バスで往復）、銀座をデモ行進
9・20 平井知事、議会で初めて豊島産廃処理に言及。第七案を「必要にして充分」
10・12 橋本龍太郎総理、国の財政支援表明（高松・藤本孝雄代議士選挙応援）
10・23 第一二回公害調停。県が遮水壁案（第七案）提示。国を相手に公害調停申立て
10・30 岐阜県御嵩町長襲撃される
11・24 島内中間処理案、住民大会「涙をのみ決議」

11　市民団体「環瀬戸内海会議」らと「未来の森」記念植樹
12・1　〝過疎地からの反乱〟第二回豊島シンポジウム「豊島の再生をめざして」
12・4　第一三回公害調停。公調委、県主体の中間処理実施の文書回答を要請
12・20　厚生省、予算確保と財政支援表明（不法投棄事件で国の支出は全国初）
12・26　豊島観光に撤去と損害賠償求めた裁判で住民側が全面勝訴、県庁までデモ行進

一九九七（平成9）**年**

1　県による撤去と知事謝罪の方針再確認
1・31　第一四回公害調停。県が初めて「遺憾の意」と中間処理案採用を表明、国と協議し「技術検討委員会」設置提案
2・6　高松地裁、経営者に対し一五一億円の代替費用前払いを命じる決定（3・17豊島観光と経営者に破産宣告、現場土地は破産財団に）
2・26　第一五回公害調停。排出企業への公害調停再開（排出企業のみ出席）
3・26　三者協議。公調委、中間合意調整案提示
3・30　「知事の姿勢を問う豊島住民大会」
3・31　第一六回公害調停。公調委、中間合意の調整案提示（合意不調）
3　「環瀬戸内海会議」「豊島ネット」ら、「未来の森」クヌギ・ウバメガシ植樹
4・6　緊急住民大会「県が責任を認めるなら損害賠償請求権を放棄」決議
4・11　三者協議。損害賠償請求権放棄の住民大会決議報告
4・16　三者協議
4・20　第一回「アースデイかがわ in 豊島」（約五〇〇名参加）
4・28　公調委、中間合意最終案提示
4・30　弁護団、県による中間処理で県が住民に土地使用料を支払う要求
5・5　「点から線へ、線から面へ」岐阜県御嵩町・柳川喜郎町長来島視察
5・15　公調委、土地使用料・責任問題・二次公害・傍聴問題について決議迫る
5・17　第一七回公害調停。期日取り消し
5・18　弁護団会議、中間合意について紛糾。「分裂は最悪の選択。足の遅いものに合わせる」
6・13　県議会、中間合意案了承。黒島啓県議と面談
6・15　中坊氏・住民ら、御嵩町処分場建設反対集会

参加（岐阜県）
6・22「廃棄物の撤去実現させる豊島住民大会」
6・22 岐阜県御嵩町、産業廃棄物処分場建設について初の住民投票で反対多数
6 アメリカの雑誌『タイム』、豊島・岐阜県御嵩町の特集
6・26 地元土庄町選出の岡田県議、巨額の公費投入について議会で批判「根無し草発言」
7・1 公調委、西山委員長退任、川嵜徳義氏就任、長谷川彗重委員から長崎護委員へ（南委員留任）
7・3「女性委員会」設置発起人会（交流センター約二〇名）
7・6「国民主権の実質化を」小豆島土庄町中央公民館大ホールで中坊氏、事件報告講演会一千名参加）
7・8 公調委川嵜新委員長と面談「武器対等の原則」
7・9 筑紫哲也「ニュース23」（TBS）不法投棄現場産廃上から全国放送
7・13「産廃の撤去を実現させる豊島住民大会」
7・14「大本営を移せ」住民会議小豆島本部設置（延べ一千人が小豆島で土庄町約六千戸訪問）
7・18「分裂は最悪の選択」中間合意成立
7・28 中間合意に基づき「豊島廃棄物等処理技術検討委員会」発足
7・31 第一回三者協議会。中間合意に反する県コンサルタント会社調査委託問題協議
7・8 第一回「処理技術検討委員会」（京都。県主催で非公開）
9・30 第三回三者協議会。委員に個別面会
10・13 技術検討委・永田委員長、個人見解表明
10・14 第四回三者協議会
10・21「貴委員会に豊島の未来をかける」技術検討委六名現場視察。対話集会
11・12 第三回技術検討委（東京）。冒頭と最後に発言認められる
11 県、コンサルタント会社と中間合意に沿う業務委託覚書締結
12・4 中坊氏と山陽放送曽根英二氏、第四五回菊池寛賞受賞
12・19 第一八回公害調停。住民と排出業者三社間で初めて調停成立（前例なし）
12・20 技術検討でプラントメーカー一一社現場視察
12・20・21 支援を訴え小豆島土庄町全土でローラー作戦（約六千戸一斉訪問）
12・26 排出企業から初の解決金振込み

一九九八（平成10）**年**

2・1 溶融実験のため現場産廃が初めて島外搬出（七二トンが茨城・福岡へ）

2・6「第二第三の豊島を作らせない」住民約五〇名が県営桟橋からデモ、全国三〇万人署名提出

2・15・16 産廃無害化の溶融焼却実験

3・24 平井知事、九月任期満了で引退表明

5・14 現場土地債権主張の大阪リゾート会社、高松地裁で敗訴

5・15 県検討会発足

7・5 住民会議、田尻宗昭記念基金第七回田尻賞受賞

7・10 報道「世界一〇大汚染地リスト、産廃の香川も選定」

7・15「豊島の心一〇〇万県民に！」キャンペーン開始（以後ほぼ毎日座談会開催）

7・20 講演会「中坊公平 in高松」（約二二〇〇名参加）

8・10 第一次技術検討委「暫定的な環境保全措置」報告書提出

8・13 県知事選挙公示。謝罪について候補者四名に公開質問状

8・18 第二次技術検討委員会始まる（副生成物の再資源化等）

8・30 香川県知事に真鍋武紀氏当選（任期〜二〇一〇・9・4）

9・4 平井知事退任「一番うれしかったことは瀬戸大橋開通。一番厳しかったことは豊島問題」

9 県、三菱マテリアル（株）直島製錬所との共同研究（溶融飛灰の金属回収）と直島町了解を公調委に通知

10「応じるわけにはいかない」土地使用料問題について真鍋知事議会答弁

10・19 真鍋知事定例記者会見「欲しいから要求しているのでしょう、お金が」

10・28 住民会議、日韓国際環境賞受賞（毎日新聞・朝鮮日報社）

12・4「謝罪問題は解決済み」知事、県議会にて答弁

12・6「瀬戸内海を守る豊島住民大会」

12・24 公調委見解表明。知事の県議会答弁は「中間合意第一項の精神に反している」

一九九九（平成11）**年**

1・31 豊島三自治会が汚染現場土地約二八・五ヘクタール取得（前例なし）

2 産廃処理モデル事業として厚生省財政支援で県、

約五〇億円の予算方針
2・27「緑よ戻れ　海よ歌え　ここに祈りを込めて」
加藤登紀子氏コンサート
3・7　一〇〇カ所目座談会記念集会（高松城址玉藻公園披雲閣、約三五〇名参加）
3・16「退路はない」県議選「政治に参加する会」発足。石井亨（住民会議代表・事務局）擁立
3・22　選挙事務所開所式
3・23　公調委、調停再開のため「調停委員会見解」提示（3・30までの回答要請）。県へ「適切な指導監督を怠ったことが深刻な事態を招いた」経緯の再確認要請
3・24「住民の真剣さに常に緊張して臨んだ」第二次技術検討委最終日、中杉委員
4・11　県議選で石井亨当選、女性委員会支援要請電話四万回以上
4・25「歴史の批判に耐えられる運動を」（中坊氏）住民大会で県議選報告
5・6　曽根英二氏（山陽放送）『ゴミが降る島　香川・豊島　産廃との二〇年戦争』刊
5・10　第二次技術検討委、最終報告「中間処理三溶融方式選定　汚染土壌含む廃棄物等約六六万トン無害化に一〇年、スラグ・飛灰等副生成物の再利用・再資源化等の基本計画」暫定的環境保全措置の必要性強調（三七〇ｍの連続遮水壁設置）
5・11　第三五回公害調停（一六回目、約二年ぶりの調停）。「廃棄物によって広範に汚染された地域を浄化修復することはわが国初めての取組み」「二一世紀を循環型社会とする目標」「〝後世にツケを回してはならない〟を基本に」「問題解決は〝共創の理念〟で（住民の行動はその実践であった）」技術検討委永田委員長、第二次最終報告書説明
7・6　石井県議、議会で知事に初の一般質問
7・27　中坊氏、司法制度改革審議会委員就任
7・29　前知事平井城一氏死去（享年七六歳）
8・27　県、直島町議会全員協議会で三菱マテリアル（株）内中間処理・施設整備提案
8・30「中間処理を直島で行う」知事記者会見で重大な方針転換発表（自民党県議の強い意向、豊島住民に通知なし）。県、直島町全戸パンフ配布「風評被害等の影響が生じた場合、県が責任をもって対応」（反対の直島漁協に風評被害対策三〇億円基金創設・五億円の緊急融資制度提示）
9・16　直島町長、町議会で受け入れ四条件表明（無公害・島の活性化・不利益への適切な対応・町民賛同）

9・30 直島案で中間処理案変更のため第三次技術検討委員会発足
10・17 第一回豊島原論（豊島ネット）。梶山正三氏（弁護士・理学博士）「全国の廃棄物紛争に学ぶ　豊島問題の意義」
10・23 第三次技術検討委（直島）。県、直島町民へ説明会
11・3 「環境、技術面で問題なし」第三次技術検討委、直島案で最終会合
11・14 第二回豊島原論（豊島ネット）。原田正純氏（医学博士・熊本学院大）「未来のいのち――水俣、ベトナム、環境ホルモン」

二〇〇〇（平成12）年

3・7 中坊氏、小渕恵三首相から内閣特別顧問に任命
3・21 三菱マテリアル労組、中間処理受入れ了承。直島漁協総会「受入れやむなし」
3・22 直島町議会、中間処理受入れ表明。直島町長、県に早期調停成立要請
3・23 「暫定的環境保全措置を先行して行う」知事、汚水水流出対策で突然の方針転換
3 中坊氏、警察刷新会議委員（7・13まで）
4・4 「最終調停は豊島で」川嵜委員長に要請（前例なし）
5・2 「5・26を事実上の調停成立日にする」公調委、住民と県に通知
5・8 公調委事務局と協議の末、最終合意案提出
5・18 報道「知事が謝罪する方針を固めた」「二職員にも処分の考え」
5・19 公調委、調停条項案提示
5・22～24 最終合意案受諾について地区別座談会
5・25 中坊氏、警察刷新会議後、川嵜委員長と面談
5・26 第三六回公害調停（東京）。最終合意により事実上の調停成立。「年寄りでも子供でもわかる最終調停を豊島で」（総理府外で調印の前例なし）。同日、豊島等不法投棄事件を契機に「大量生産・大量消費・大量廃棄」型経済社会から脱却し平成一二年度を〝循環型社会元年〟と位置づけ基本的枠組みとしての法制定を図るため「循環型社会形成推進基本法成立」（公布6・2）
5・28 阿左美信義弁護士死去（豊島弁護団・元日弁連副会長。享年六五歳）
5・29 知事、当時担当二職員に文書で反省を促す訓告処分、職員謝罪文を住民会議へ（二職員の当時上司四名は対象外）

5・31「廃棄物行政の誤りで多額の経費を必要とすることは県民に申し訳なく、謙虚に反省して教訓としたい」知事、臨時召集議会で住民傍聴のなか初めて県民に謝罪

6・1 県議会、調停条項満場一致で承認「直島町における風評被害対策条例」議決（全国初）

6・3「豊かな島を実現させる豊島住民大会」調停条項を承認。「豊島が美しい瀬戸内海の自然と調和する元の姿に戻るよう〝共創〟の理念に基づいて行動する決意」「〝誇りを持って住み続けられるふるさと〟を引き継いでいく」「二五年間で得た貴重な教訓と成果を深く心に刻み、これをも子供たちに引き継がせつつ、世界に一つしかない豊かな豊島を築いていく」

6・6「怨念から希望へ　第二第三の豊島をつくらない」。第三七回公害調停（豊島小学校体育館）。合意文書に調印、調停成立。真鍋知事「長期にわたり不安と苦痛を与えたことを認め、心からお詫びを」、川嵜委員長「これからは廃棄物を共通の敵に（住民の不撓不屈の闘いに心から敬意を表する）」、丹羽雄哉厚生大臣談話「今回の合意は過去最大の不法投棄事件の解決策として長く後世に伝えられる」

6・7 住民代表ら峰山視察。県庁に知事訪問お礼（おみやげ豊島石雪見灯籠）

7・31 調停条項六項（三）「申請人らと香川県の協力、豊島廃棄物処理協議会」に基づき協議員決定（住民・県弁護士含み七名ずつ）。会長＝南博方氏、会長代理＝岡市友利氏（原則年二回）

9・3 弁護団慰労会（豊島）。中坊氏より「豊島応援団」発足発表（弁護団解散）。

9・26「来年の四月まで現場を非公開にする」県の対応へ直ちに技術委員会開催要求、「公開の原則」確認

9・27 現場北海岸、遮水壁設置工事開始

10 住民会議組織一新

10・12「瀬戸内オリーブ基金」発足（呼びかけ＝中坊公平氏・安藤忠雄氏）

11 豊島から水俣へ豊島石地蔵寄贈

11・11 第二回技術委員会（非公開）。県政記者クラブから会議公開申入れ等審議

11・15「瀬戸内オリーブ基金記念植樹大会」中坊氏、安藤氏、島の子どもたち一二〇〇本植樹

12・7 県、直島産廃無害化中間処理施設建設工事を共同企業体ＪＶ（クボタ・西松建設・合田工務店）と請負仮契約（一四四億九〇〇〇万円）

二〇〇一（平成13）年
1・6 環境省設置。厚生省より廃棄物処理法を移管
2・8 安岐登志一住民会議議長死去（享年七一歳）
2・10 真鍋知事、葬儀弔辞。新議長に砂川三男就任
4・7 現場廃棄物層剝取り（助成＝地球環境基金、施工＝乃村工藝社）
5・5 石井友蔵元住民会議議長死去（享年八九歳）
6・3 調停成立一周年記念集会
6・4 元環境担当部長・廃棄物対策室室長山下氏環境大臣表彰「地域環境保全功労者」受賞（県知事推薦）に対し疑問報道、抗議声明文を知事に提出
6・5 大川真郎氏（元豊島弁護団）著『豊島産業廃棄物不法投棄事件 巨大な壁に挑んだ二五年のたたかい』（日本評論社）刊行
7 遮水壁設置工事終了
8・3 直島中間処理施設起工式
9・6 中坊氏・瀬戸内寂聴氏ら第一回瀬戸内オリーブ基金講演会（高松）

二〇〇二（平成14）年
3 暫定的環境保全措置工事終了
3・18 現場北海岸東端土地境界線問題、コンテナハウス持込み排除
3・21 環境水俣賞受賞（水俣市、共生社会部門）
4・15 公調委川嵜委員長現場視察。意見交換、オリーブ植樹
3・20 第九回技術委員会。浸出水トラブル等現場水対策、適切対応要請
4・21 「寸度たりとも侵食させぬ」土地境界問題、中坊氏現場視察
6・2 調停成立二周年記念集会。海岸清掃、「豊かなふる里わが手で守る」看板建替え、「手作り一日資料館」見学（のちの「心の資料館」）、「行政にたよらず島再生を」中坊氏講演、「お天道様はみてまっせ」朗読
6・30 川嵜義徳公調委委員長退任
9・24 知事、処理開始「四カ月程遅れる」

二〇〇三（平成15）年
1・15 県、直島環境センター設置
4・13 石井亨県議再選
4・15 海上輸送・高度排水処理施設地下水等処理始まる
4・16 午前九時四〇分、産廃撤去始まる
4・28 産廃発火（生石灰と混合中）
6・18 産廃特措法公布。豊島・青森岩手県境等不法

投棄事件へ国の財政支援
8・26 直島第二号溶融炉小爆発（県は「異常燃焼」）
9 焼却溶融炉施設、中間処理施設完成
9・18 産廃撤去（豊島の原状回復）・無害化処理（直島再資源化）本格開始
12・9 環境大臣、産廃特措法に基づく県の「豊島廃棄物等にかかる実施計画」同意、平成二四年度末（二〇一三年三月末日）まで一〇年で事業完了する方針
12『豊かさを問う 豊島事件の記録』発行

二〇〇四（平成16）**年**
1・8 小泉純一郎首相、現場視察
1・24 直島二号溶融炉で爆発。同日、第八回処理協議会で爆発報告
4・21 直島中間処理施設運転再開。
第五回「明日への環境賞」（朝日新聞社）受賞
5 小池百合子環境大臣現場視察。オリーブ植樹
8・30 激甚災害指定台風第一六号高潮被害
9・27 高松市新開西公園、ダイオキシン類基準値三倍検出
9・29 台風二一号未曾有多雨、ダイオキシン類管理基準値超過
10・9 岡田克也民主党代表現場視察
10・10 台風接近、管理基準値超過ダイオキシン類汚染水放出発表
12・6 県、降雨後、管理基準値超過ダイオキシン汚染水放出再度発表

二〇〇五（平成17）**年**
2・6 中坊氏すき焼き座談会
2・24 地球環境基金委員、現場視察
3・6 高松市ダイオキシン類汚染土壌処理問題、高松市・県来島し直島処理要請
8・12 高松市ダイオキシン類汚染土壌処理完了
11・8 西海岸に廃棄物層露出見つかる
12・1 冊子『豊かさを問うII 豊島事件の記録――調停成立五周年をむかえて』発行

二〇〇六（平成18）**年**
4・1 長坂三治住民会議議長就任
4・18 沈砂池2排水再開（ダイオキシン類汚染雨水海域流出問題解消）
4・22 第一〇回アースデイ、中坊氏講演
5・17 公調委、加藤和夫委員長現場視察
6・2 西海岸土壌除去

12・1　豊島に「瀬戸内オリーブ基金」事務局開設

二〇〇七（平成19）**年**

2・25　石井亨著『未来の森』発刊
4・8　石井県議、三選ならず
5・8　沈砂池2汚水五〇〇m³排出、栓破損
6・22　住民無視の手法に抗議、汚染土壌の水洗浄処理調査計画発覚
12・5　シルト状スラグ処理、三菱マテリアル（株）九州工場視察
12・21　直島二号溶融炉耐火煉瓦剝離事故

二〇〇八（平成20）**年**

3　京都に中坊氏訪問「夢を語ろうにも島のなかずたずた……〝人の世に熱あれ、人に光あれ〟（弱き者団結を）」
4　濱中幸三住民会議議長就任
6・7　川嵜義徳氏ら元・公調委職員一〇名現場視察
7・27　現場南・東後背地岩盤へ廃棄物のあった高さに印付け作業
10・9　南博方処理協議会会長退任、会長に岡市友利氏、会長代理に上田和弘氏
12・27　午前一〇時頃、直島二号溶融炉事故、運転停止

二〇〇九（平成21）**年**

2・20　仮置き土ロータリーキルン炉高温熱処理開始
2・24　汚染水沈砂池2流入事故
3・19　環境大臣、県「豊島廃棄物等にかかる実施計画」変更同意
8・5　直島ロータリーキルン炉クリンカ付着（焼塊）失火
8・17　窒素酸化物濃度上昇

二〇一〇（平成22）**年**

9・4　真鍋知事退任
9・5　浜田恵造氏香川県知事就任

二〇一一（平成23）**年**

4・24　濱中議長、土庄町町議当選
6・2　環境大臣、県の「豊島廃棄物等にかかる実施計画」変更同意
7・21　水洗浄処理業務、滋賀県大津市（株）山﨑砂利商店決定（技術審査通過四社入札、予定落札価格トン一万二〇〇〇円約五五%の六一〇〇円）
9・20　台風一五号のため現場水没

11・18 県、山﨑砂利商店（滋賀県大津市）と汚染土壌水洗浄業務契約
11・23 長坂三治前議長死去（享年八〇歳）
12・14 大津市住民、現場視察
12・26 大津市井上副市長、越直美市長要望書と大津住民申入れ書を香川県知事に提出

二〇一二（平成24）**年**

1・21 「第二第三の豊島をつくらない」立場からセメント原料化案に反対表明
2・7 大津市問題で地元自治連合会が越大津市長・嘉田由紀子滋賀県知事に搬入中止要望書提出
2・15 集膜分離装置本格稼働（雨水処理装置、西海岸へ放流）
3・12 大津市民二三〇名公害調停申請
8・10 「産廃特措法の期限延長法案」国会で可決され成立、有効期限一〇年間延長
9・9 浜田知事、来島、あらためて謝罪しセメント原料化方式に協力要請
12 県、実施計画変更環境省提出（変更三度目）

二〇一三（平成25）**年**

1・25 環境大臣、産廃特措法に基づく県の「豊島廃棄物等にかかる実施計画」変更を合意（三回目の変更同意、事業費五二〇億）
5・3 中坊公平弁護団長永眠

二〇一五（平成27）**年**

4 濱中議長、町議再選

二〇一六（平成28）**年**

6 三宅忠治住民会議議長就任

二〇一七（平成29）**年**

3・28 廃棄物及び汚染土壌の全量撤去完了
6・12 廃棄物及び汚染土壌の全量溶融完了
9・24 撤去完了式典

二〇一八（平成30）**年**

1・25 新しい廃棄物発見 八五トン
2・23 新しい廃棄物発見 三〇トン

① 会　　長　　1名
② 会長代理　　1名

(2) 会長及び会長代理は、学識経験者をもってあてる。

(3) 会長は、会務を総理するとともに会議の議長となる。

(4) 会長代理は、会長を補佐し、会長に事故あるときはその職務を代理する。

4 （協議会の開催）

(1) 協議会は、毎年2回（1月及び7月）開催するものとし、会長が招集する。

(2) 7名以上の協議会員の要求あるときは、会長は協議会を招集する。

(3) 前項の場合、開催を要求する協議会員は、あらかじめ協議会に提出する事項を書面で会長に通知しなければならない。

5 （意見聴取）

協議会は、必要に応じ、学識経験者等の出席を求めて意見を聴くことができる。

6 （傍聴）

申請人ら、豊島3自治会関係者及び香川県職員は、協議会の議事を傍聴することができる。

7 （庶務）

協議会の庶務は、香川県が行う。

8 （補則）

この要綱に定めるもののほか、必要な事項については協議会において定める。

以上

(6)　香川県は、申請人ら並びに豊島廃棄物処理協議会の会長及び会長代理に対し、あらかじめ委員会の議題を通知する。

(7)　香川県は、委員会の審議の結果了承された事項については公開する。

3 （技術アドバイザー）

(1)　香川県は、技術検討委員会の検討結果に従い、技術アドバイザーを設置する。香川県は、申請人らに対し、あらかじめ技術アドバイザー候補者の氏名を通知する。

(2)　香川県は、技術アドバイザーが行った指導・助言の内容を速やかに申請人らに連絡する。

4 （雑則）

(1)　委員会及び技術アドバイザーに関する費用は、香川県が負担する。

(2)　この大綱に基づく申請人らに対する通知・連絡等は、豊島廃棄物処理協議会の申請人側の協議会員のうちの1名に対して行うことをもって足りるものとする。

以上

豊島廃棄物処理協議会設置要綱

1 （目的）

調停条項6項（3）の規定に基づき、本件事業について協議するため、豊島廃棄物処理協議会（以下「協議会」という。）を設置する。

2 （協議会員）

(1)　協議会は、次の者をもって構成する。

①　学識経験者2名

②　申請人らの代表者等7名

③　香川県の担当職員等7名

(2)　学識経験者については、前項②及び③の者が各1名を推薦し、相手方の同意を得た上で協議会員に委嘱する。

(3)　学識経験者たる協議会員の任期は2年とする。

3 （役員）

(1)　協議会には、次の役員を置く。

調停委員会は、当事者双方及び利害関係人に本条項を読み聞かせたところ、それぞれその記載に相異がないことを承認して、署名押印した。

専門家の関与に関する大綱

調停条項7項の規定に基づき、本件事業への専門家の指導・助言等の大綱を、以下のとおり定める。

1 （基本原則）

香川県は、次に定めるところにより、専門家等による委員会及び技術アドバイザーを設置し、本件事業は、これらの指導及び助言等のもとに行う。

2 （委員会）

(1) 香川県は、本件事業を実施するため、技術検討委員会の検討結果に従い、次の事項を目的とする委員会を本件事業の進捗状況に合わせて設置する。ただし、エを目的とするものは、必要と認められない場合はこの限りではない。

ア 豊島内施設及び焼却・溶融処理施設等の計画・建築等並びに本件廃棄物等の搬出・輸送に関する技術的事項

イ 上記両施設等の運営・管理に関する事項

ウ 豊島内施設の撤去に関する技術的事項

エ 本件廃棄物等の撤去後の地下水等の浄化に関する事項

(2) 委員会は、香川県が関連分野の知見を有する専門家等の中から選任した委員で構成する。香川県は、申請人らに対し、あらかじめ委員の候補者の氏名を通知する。

(3) 委員会は、技術検討委員会の検討結果に従い、専門家の関与を必要とされる事項について、指導・助言・評価・決定を行う。

(4) 委員会は、委員長が招集する。申請人ら、豊島廃棄物処理協議会の会長又は会長代理から、委員長に対し、委員会開催の要求があったときは、委員長が開催の要否を決定する。

(5) 申請人ら並びに豊島廃棄物処理協議会の会長及び会長代理は、委員会の審議を傍聴し、意見を述べることができる。

やかに、当該施設が存在する土地の地上権を消滅させるとともに、当該施設を撤去してその土地を豊島3自治会に引き渡す。

(2) 北海岸の土堰堤の保全にかかる施設及び遮水壁とその関連施設（これらの施設については、地下水の遮水機能は解除する。）は、当該施設を存置する目的を達したときは、土地の一部になるものとし、これを豊島3自治会に引き渡す。

(3) 香川県は、本件処分地を引き渡す場合、あらかじめ、技術検討委員会の検討結果に従い、専門家により、本件廃棄物等の撤去及び地下水等の浄化が完了したことの確認を受け、本件処分地を海水が浸入しない高さとしたうえ、危険のない状態に整地する。

10 （排出事業者の解決金）

(1) 申請人らと香川県は、公調委平成5年（調）第4号、同第5号豊島産業廃棄物水質汚濁被害等調停申請事件において、排出事業者らが申請人らに既に支払った解決金3億2500万8000円のうち、申請人らは1億5500万8000円を取得し、香川県は本件廃棄物等の対策費用として1億7000万円を取得する。

(2) 申請人らは、香川県に対し、平成12年6月15日限り、上記1億7000万円を香川県の百十四銀行県庁支店の普通預金口座（口座番号66340）に振り込む方法により交付する。

(3) 上記調停事件において、玉岡株式会社が申請人らに支払うことを約した解決金の支払請求権は、申請人らが取得する。

11 （請求の放棄）

申請人らは、香川県に対する損害賠償請求を放棄する。

12 （本件紛争の終結等）

(1) 申請人らと香川県は、本調停によって本件紛争の一切が解決したことを確認する。

(2) 申請人らと香川県は、今後互いに協力して本調停条項に定めた事項の円滑な実施に努めるものとし、さらに、香川県においては、県内の離島とともに豊島について離島振興の推進に努力するものとする。

13 （費用負担）

本件調停手続に要した費用は、各自の負担とする。

以上

等と併せて処理することに合意が成立した物

6 （申請人らと香川県との協力、豊島廃棄物処理協議会）

(1) 香川県は、本件廃棄物等の搬出・輸送、地下水等の浄化、豊島内施設の設置・運営及び本件廃棄物等の焼却・溶融処理の実施（以下、これらを「本件事業」という。）は、申請人らの理解と協力のもとに行う。

(2) 香川県は、技術検討委員会の検討結果に従い、環境汚染が発生しないよう十分に注意を払い、本件事業を実施する。

(3) 申請人らと香川県は、本件事業の実施について協議するため、別に定めるところにより、申請人らの代表者等及び香川県の担当職員等による協議会（以下「豊島廃棄物処理協議会」という。）を設置する。

7 （専門家の関与）

香川県は、技術検討委員会の検討結果に従い、別に定めるところにより、関連分野の知見を有する専門家の指導・助言等のもとに本件事業を実施する。

8 （本件処分地の土地使用関係）

(1) 豊島3自治会は、香川県及び本件事業実施関係者が、本件事業を実施するため、本件処分地に立ち入り、必要な作業を行うことを認める。

(2) 豊島3自治会は、香川県に対し、別紙物件目録記載第2の各土地（以下「地上権設定地」という。）について、香川県を権利者とする次の内容の地上権を設定し、これに基づく登記手続をする。ただし、地上権設定及び抹消登記手続費用は香川県の負担とする。

ア 目的 豊島内施設の所有

イ 期間 豊島内施設の存置期間

ウ 地代 なし

(3) 香川県は、前号の地上権を他に譲渡しない。ただし、豊島3自治会の承諾があるときはこの限りではない。

(4) 香川県は、本件処分地を本件事業以外の目的に利用しない。

(5) 豊島3自治会の代表者及びその委任を受けた者は、あらかじめ香川県に通知したうえ、地上権設定地及び豊島内施設に立ち入ることができる。

9 （豊島内施設の撤去及び土地の引渡し）

(1) 香川県は、豊島内施設の各施設を存置する目的を達したときは、速苦痛を与えたことを認め、申請人らに対し、心から謝罪の意を表する。

2 （基本原則）

香川県は、本調停条項に定める事業を実施するにあたっては、技術検討委員会の検討結果に従う。

3 （廃棄物等の搬出等）

(1) 香川県は、技術検討委員会の検討結果に従い、本件処分地の廃棄物及びこれによる汚染土壌（以下「本件廃棄物等」という。）を豊島から搬出し、本件処分地内の地下水・浸出水（以下「地下水等」という。）を浄化する。

(2) 本件廃棄物等の搬出は、技術検討委員会の検討結果に示された工程に基づき、平成28年度末までに行う。

4 （豊島内施設）

香川県は、技術検討委員会の検討結果に従い、速やかに、次に定める措置を講じる（以下、これにより設置される施設を「豊島内施設」という。）。

(1) 地下水等が漏出するのを防止する措置

(2) 本件処分地外からの雨水を排除するための措置、本件処分地内の雨水を排除するための措置及び地下水等を浄化するための措置

(3) 本件廃棄物等を搬出するために必要な施設（本件廃棄物等の保管・梱包施設、特殊前処理施設、管理棟、場内道路及び仮桟橋を含む。）の設置

5 （焼却・溶融処理）

(1) 香川県は、技術検討委員会の検討結果に従い、搬出した本件廃棄物等を焼却・溶融方式によって処理し、その副成物の再生利用を図る。

(2) 本件廃棄物等の焼却・溶融処理は、技術検討委員会の検討結果に従い、香川県香川郡直島町所在の三菱マテリアル株式会社直島製錬所敷地内に設置される処理施設（以下「焼却・溶融処理施設」という。）において行う。

(3) 香川県は、焼却・溶融処理施設においては、本件廃棄物等の処理が終わるまでは本件廃棄物等以外の廃棄物の処理はしない。ただし、次に定める廃棄物等はこの限りではない。

ア 直島町が処理すべき一般廃棄物

イ 次項により設置する豊島廃棄物処理協議会において、本件廃棄物

置される技術検討委員会に調査検討を委嘱することなどが確認された。

3 技術検討委員会は、平成9年8月から同12年2月にかけて調査検討を行い、その成果を第1次ないし第3次の報告書にまとめた。その中で同委員会は、本件処分地の産業廃棄物等の処理は焼却・溶融方式によるのが適切であり、この方式による処理を、豊島の隣にある直島に建設する処理施設において、二次公害を発生させることなく実施することができる旨の見解を表明した。この焼却・溶融方式は、処理の結果生成されるスラグ、飛灰などの副成物を最終処分することなく、これを再生利用しようとするものであり、我が国が目指すべき循環型社会の21世紀に向けた展望を開くものといえる。

4 本調停において、香川県は、この事件の今日に至るまでの不幸な道程に鑑み、1項のとおり謝罪の意を表し、申請人らはこれを諒としたうえ、双方は、技術検討委員会が要請する「共創」の考えに基づき、直島において、本件処分地の産業廃棄物等を上記3の方式によって処理し、豊島を元の姿に戻すことを確認して、下記調停条項のとおり合意した。これにより本件調停は成立した。

5 当委員会は、この調停条項に定めるところが迅速かつ誠実に実行され、その結果、豊島が瀬戸内海国立公園という美しい自然の中でこれに相応しい姿を現すことを切望する。

なお、10項の解決金は、申請人らと排出事業者らとの間に成立した調停に基づき、排出事業者らが産業廃棄物等の対策費用をも含む趣旨で出捐したものである。このように、廃棄物の不法投棄にかかる事件において、その排出事業者が紛争の解決のため負担に応じた事例はなく、この調停は、この点において先例を開くものであったことを付言する。

調停条項

1 (香川県の謝罪)

香川県は、廃棄物の認定を誤り、豊島総合観光開発株式会社に対する適切な指導監督を怠った結果、本件処分地について土壌汚染、水質汚濁等深刻な事態を招来し、申請人らを含む豊島住民に長期にわたり不安と

豊島公害調停　最終合意文書

（2000年6月6日調印）

（略称）

以下、申請人ら437名及び参加人ら111名を併せて「申請人ら」、被申請人香川県を「香川県」、別紙物件目録記載第1の土地を「本件処分地」、香川県豊島廃棄物等処理技術検討委員会（第1次ないし第3次。追加分を含む。）を「技術検討委員会」、利害関係人家浦自治会、同唐櫃自治会及び同甲生自治会を「豊島3自治会」という。

前　文

1　香川県小豆郡土庄町に属する豊島は、瀬戸内海国立公園内に散在する小島の一つである。この豊島に、産業廃棄物処理業を営む豊島総合観光開発株式会社は、昭和50年代後半から平成2年にかけて、大量の産業廃棄物を搬入し、本件処分地に不法投棄を続けた。
豊島の住民は、平成5年11月、上記業者とこれを指導監督する立場にあった香川県、産業廃棄物の処理を委託した排出事業者らを相手方として公害調停の申立てをした。

2　当委員会は、調停の方途を探るため本件処分地について大規模な調査を実施した。その結果、本件処分地に投棄された廃棄物の量は、汚染土壌を含め約49.5万立方メートル、56万トンに達すること、その中には、重金属やダイオキシンを含む有機塩素系化合物等の有害物質が相当量含まれ、これによる影響は地下水にまで及んでいることが判明した。このような本件処分地の実態を踏まえ、調停を進めた結果、平成9年7月申請人らと香川県との間に中間合意が成立し、香川県は、本件処分地の産業廃棄物等について、溶融等による中間処理を施すことによって搬入前の状態に戻すこと、中間処理のための施設の整備等について、香川県に設

〈写真提供〉
廃棄物対策豊島住民会議
小谷将也
小林恵
橋爪慧
藤井弘
森島丈洋

著者紹介

石井 亨（いしい・とおる）

1960年香川県豊島生。1984年ビッグベンドコミュニティーカレッジ卒。元香川県議会議員、元廃棄物対策豊島住民会議事務局、元豊島公害調停選定代表人。著書に『未来の森』（農事組合法人てしまむら、2007）、共著書に『戦う住民のためのごみ問題紛争辞典』（リサイクル文化社、1995）『住民がみた瀬戸内海——海をわれらの手に』（環瀬戸内海会議編、技術と人間）、論文に「小論・豊島事件と住民自治」（『都市問題』91巻3号）ほか。

◎てしまびと（http://teshimabito.com/）

もう「ゴミの島《しま》」と言《い》わせない
豊島《てしま》産廃《さんぱい》不法《ふほう》投棄《とうき》、終《お》わりなき闘《たたか》い

2018年3月28日　初版第1刷発行©

著　者　石　井　　亨
発行者　藤　原　良　雄
発行所　株式会社　藤　原　書　店

〒162-0041　東京都新宿区早稲田鶴巻町523
電　話　03（5272）0301
FAX　03（5272）0450
振　替　00160-4-17013
info@fujiwara-shoten.co.jp

印刷・製本　中央精版印刷

落丁本・乱丁本はお取替えいたします
定価はカバーに表示してあります

Printed in Japan
ISBN978-4-86578-171-7

❸ **苦海浄土** ほか　第３部 天の魚　関連エッセイ・対談・インタビュー
「苦海浄土」三部作の完結！　解説・加藤登紀子
608 頁　**6500 円**　◇978-4-89434-384-9（2004 年 4 月刊）

❹ **椿の海の記** ほか　エッセイ 1969-1970　解説・金石範
592 頁　**6500 円**　◇978-4-89434-424-2（2004 年 11 月刊）

❺ **西南役伝説** ほか　エッセイ 1971-1972　解説・佐野眞一
544 頁　**6500 円**　◇978-4-89434-405-1（2004 年 9 月刊）

❻ **常世の樹・あやはべるの島へ** ほか　エッセイ 1973-1974　解説・今福龍太
608 頁　**8500 円**　**在庫僅少**◇978-4-89434-550-8（2006 年 12 月刊）

❼ **あやとりの記** ほか　エッセイ 1975　解説・鶴見俊輔
576 頁　**8500 円**　◇978-4-89434-440-2（2005 年 3 月刊）

❽ **おえん遊行** ほか　エッセイ 1976-1978　解説・赤坂憲雄
528 頁　**8500 円**　◇978-4-89434-432-7（2005 年 1 月刊）

❾ **十六夜橋** ほか　エッセイ 1979-1980　解説・志村ふくみ
576 頁　**8500 円**　**在庫僅少**◇978-4-89434-515-7（2006 年 5 月刊）

❿ **食べごしらえ おままごと** ほか　エッセイ 1981-1987　解説・永六輔
640 頁　**8500 円**　**在庫僅少**◇978-4-89434-496-9（2006 年 1 月刊）

⓫ **水はみどろの宮** ほか　エッセイ 1988-1993　解説・伊藤比呂美
672 頁　**8500 円**　◇978-4-89434-469-3（2005 年 8 月刊）

⓬ **天　湖** ほか　エッセイ 1994　解説・町田康
520 頁　**8500 円**　◇978-4-89434-450-1（2005 年 5 月刊）

⓭ **春の城** ほか　解説・河瀬直美
784 頁　**8500 円**　◇978-4-89434-584-3（2007 年 10 月刊）

⓮ **短篇小説・批評**　エッセイ 1995　解説・三砂ちづる
608 頁　**8500 円**　◇978-4-89434-659-8（2008 年 11 月刊）

⓯ **全詩歌句集** ほか　エッセイ 1996-1998　解説・水原紫苑
592 頁　**8500 円**　◇978-4-89434-847-9（2012 年 3 月刊）

⓰ **新作 能・狂言・歌謡** ほか　エッセイ 1999-2000　解説・土屋恵一郎
758 頁　**8500 円**　◇978-4-89434-897-4（2013 年 2 月刊）

⓱ **詩人・高群逸枝**　エッセイ 2001-2002　解説・臼井隆一郎
602 頁　**8500 円**　◇978-4-89434-857-8（2012 年 7 月刊）

別巻 **自　伝**　〔附〕未公開資料・年譜　詳伝年譜・渡辺京二
472 頁　**8500 円**　◇978-4-89434-970-4（2014 年 5 月刊）

“鎮魂”の文学の誕生

「石牟礼道子全集・不知火」プレ企画

不知火《しらぬひ》

〔石牟礼道子のコスモロジー〕

石牟礼道子・渡辺京二
大岡信・イリイチほか

インタビュー、新作能、童話、エッセイの他、石牟礼文学のエッセンスと、気鋭の作家らによる石牟礼論を集成し、近代日本文学史上、初めて民衆の日常的・神話的世界の美しさを描いた詩人の全体像に迫る。

菊大並製　二六四頁　**二二〇〇円**
（二〇〇四年二月刊）
◇978-4-89434-358-0

有明海問題の真相

よみがえれ！"宝の海"有明海

〈問題の解決策の核心と提言〉

広松 伝

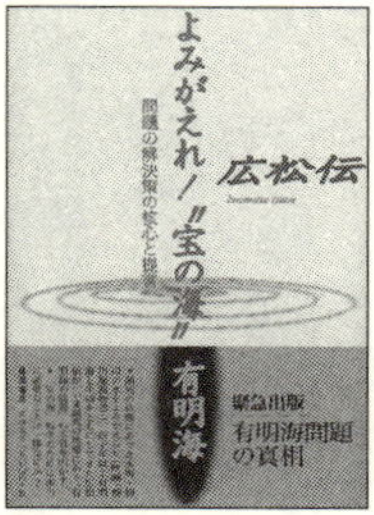

瀕死の状態にあった水郷・柳川の水をよみがえらせ（映画『柳川堀割物語』）、四十年以上有明海と生活を共にしてきた広松伝が、「いま瀕死の状態にある有明海再生のために本当に必要なことは何か」について緊急提言。

Ａ５並製　一六〇頁　**一五〇〇円**
（二〇〇一年七月刊）
◇978-4-89434-245-3

諫早干拓は荒廃と無関係

有明海はなぜ荒廃したのか

〈諫早干拓かノリ養殖か〉

江刺洋司

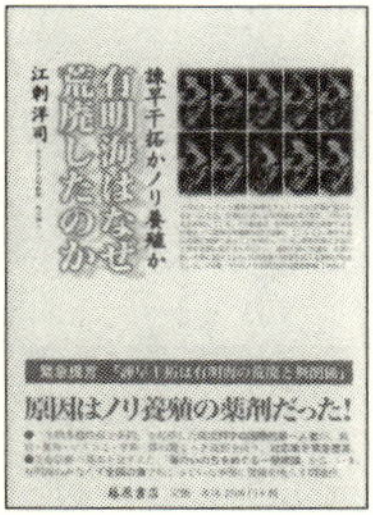

荒廃の真因は、ノリ養殖の薬剤だった！「生物多様性保全条約」を起草した環境科学の国際的第一人者が、政・官・業界・マスコミ・学会一体の驚くべき真相を抉り、対応策を緊急提言。いま全国の海で起きている事態に警鐘を鳴らす。

四六並製　二七二頁　**二五〇〇円**
（二〇〇三年一一月刊）
◇978-4-89434-364-1

湖の生理

新版 宍道湖物語

〈水と人とのふれあいの歴史〉

保母武彦監修
川上誠一著

国家による開発プロジェクトを初めて凍結させた「宍道湖問題」の全貌を示し、宍道湖と共に生きる人々の葛藤とジレンマを描く壮大な「水の物語」。「開発か保全か」を考えるうえでの何よりの教科書と評された名著の最新版。

小泉八雲市民文化賞受賞
Ａ５並製　二四八頁　**二八〇〇円**
（一九九二年七月／一九九七年六月刊）
在庫僅少◇978-4-89434-072-5

「循環」の視点から捉え直す

別冊『環』③

生活－環境革命

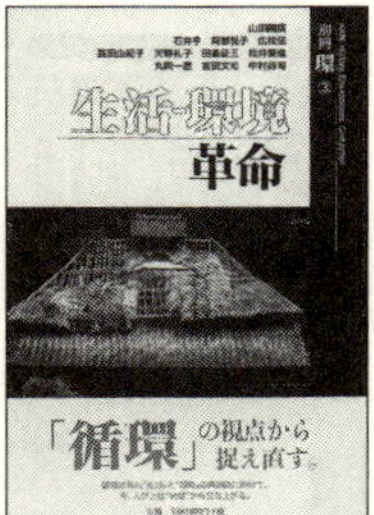

「生活－環境革命」宣言　山田國廣
〈座談会〉**生活－環境革命**
石井亨＋阿部悦子＋広松伝＋山田國廣
生活環境主義とは何か？　嘉田由紀子
ダムから見た日本　天野礼子
役人の発言　田島征三
ゴルフ場問題の現在　松井覺進
「みどりのフロンティア」を夢見て　丸岡一直
土壌・地下水汚染の現状と対策制度のあり方　吉田文和
キューバ島の日本人と朝鮮人　中村尚司

菊大並製　一九二頁　**一八〇〇円**
（二〇〇一年一一月刊）
◇978-4-89434-263-7